强力传质洗气机技术及应用

刘长河　主　编
冯艳峰　副主编

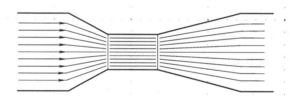

Technology
and
Application

of Powerful Mass Transfer Scrubber

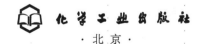

化学工业出版社

·北　京·

内 容 简 介

《强力传质洗气机技术及应用》一书全面总结了作者及其团队三十余年来的理论研发过程及应用过程。全书从物质的物理化学特性、流体的基本特性和基本理论出发，再到各类传统传质、净化设备相关知识，最后结合强力传质洗气机独特的设计理论，从设备应用领域的角度出发，介绍和论述了一些新的理论及应用，实现了理论与实践的结合，具有较强的实用价值。

本书内容充实、学科跨度大、理论新颖，可作为环保、化工及安全等诸多领域相关研究人员的选修读本，为行业内人员就传质净化技术的新老对比提供可靠的依据。也可作为从事相关行业或对化工环保领域感兴趣的读者的参考学习资料。

图书在版编目（CIP）数据

强力传质洗气机技术及应用/刘长河主编. —北京：化学工业出版社，2021.12（2022.9重印）
ISBN 978-7-122-39939-7

Ⅰ.①强… Ⅱ.①刘… Ⅲ.①传质-风机 Ⅳ.①TH43

中国版本图书馆 CIP 数据核字（2021）第 189434 号

责任编辑：廉　静
文字编辑：宋　旋　陈小滔
责任校对：王　静
装帧设计：王晓宇

出版发行：化学工业出版社
　　　　　（北京市东城区青年湖南街 13 号　邮政编码 100011）
印　　装：涿州市般润文化传播有限公司
开　　本：787mm×1092mm　1/16　印张 14½　字数 331 千字
版　　次：2022 年 9 月北京第 1 版第 2 次印刷
定　　价：88.00 元
购书咨询：010-64518888
售后服务：010-64518899
网　　址：http://www.cip.com.cn

Technology
and
application
of powerful mass transfer scrubber

编写人员名单

主编

北京新阳光技术开发公司 —————————————— 刘长河

副主编

沈阳工业大学 —————————————————————— 冯艳峰

参编人员

辽宁基伊能源科技有限公司 ————————————— 魏久鸿

沈阳绿环环保工程有限公司 ————————————— 江保兴

山东新阳光环保设备股份有限公司 ——————— 李继华

北京新阳光技术开发公司 ————————————— 王文达

山东新阳光环保设备股份有限公司 ——————— 刘希会

辽宁基伊能源科技有限公司 ————————————— 魏丽燕

辽宁基伊能源科技有限公司 ————————————— 冯　忠

通化鑫鸿新材料有限公司 ————————————— 马天然

在化工环保等领域，传质（净化）技术占有重要的地位。科技的创新是提高生产力的主要动力，强力传质洗气机是在传统的传质技术的基础上，实现重大突破的一项新技术。此项技术历经三十余年的研究、实验和应用，综合了流体力学、空气动力学、物理化学、机械制造、空气净化和传质过程等理论。本书将理论与实践进行归纳，并介绍给更多的读者。

洗气机是由壳体、脱水器、动力总成和叶轮组成。在环保领域中，洗气机通过叶轮旋转，形成叶片与气流的高速相对运动，使空气中的有害粒子与洗涤液充分碰撞，融合后，经脱水分离、净化后的气体直接排入大气，分离后的洗涤液回流沉淀池，经沉淀过滤后被重新循环利用。洗气机被广泛应用于矿山、电厂、化工、冶金、焦化和制药等行业，净化效率高达 99% 以上。由于洗气机在高温（800℃）、高湿以及高黏性流体中适应性强，因此可适应环境复杂的工况。

在化工生产领域中，由于洗气机具有独特的传质机理，可以替代传统的板式塔、填料塔等塔型传质设备，并在工艺、效率、能耗、投资等技术经济指标中有比较突出的表现。

鉴于此技术的综合性，将本书分为三大部分：第一部分为强力传质洗气机技术中涉及的相关理论知识，如流体力学，单向流，多相流流体动力学，径混式风机，洗气机中气相、液相、固相的物理化学特性以及化工传质理论等；第二部分为本书的核心内容，即强力传质洗气机的传质原理和结构设计；第三部分介绍强力传质洗气机技术的工程应用和在不同领域中的应用实例。

强力传质洗气机技术应用于传统行业，突破传统理念，在实践中总结出了一些新的理论观点。

本书的内容关联到的学科较多，通过各学科的相互关联综合，研究传质过程的高效性，为传质理论技术的提高与突破提供理论依据，为化工生产和环保领域开辟一片新天地。

编者

2021 年 1 月

目录

Technology
and
application
of powerful mass transfer scrubber

绪　论

在化学工业、环保等领域中，传质技术及空气净化技术水平决定了国家的化工产业水平及环境质量。这些技术是否先进，直接影响设备的能耗、效率、经济效益及社会效益。强力传质洗气机技术的研发应用将传质技术及净化技术提升到了一个新的高度。

在传统的化工领域中，多相流之间的接触、传递过程是化工生产及相关领域中的一个基本过程。诸多研究表明，传质效率不仅与相界面面积大小、气液流动状态以及气液相本身的物理化学性质有关，还与流体所处体系的重力加速度密切相关。事实上，目前在化工领域中，传质过程主要以塔器为主（填料塔、孔板塔、湍流塔等）。由于这类设备都是以自然重力为前提的传质，因此都存在着传质效率低、能耗高、维修难度大等问题。强力传质洗气机就是通过人为的设计，大幅度提高传输介质所处体系中的重力加速度，从而提高传质效率，降低传质过程中的能量消耗。

在环保领域中，目前应用于大气污染控制领域常见的净化设备有袋式除尘器、静电式除尘器，它们最大的优点是除尘效率高，但它们对污染类型的适应性都很差，袋式除尘器阻力大，对于粉尘的湿度、温度及黏性都较为敏感，静电式除尘器对于比电阻的选择性很强，对粉尘的易爆性及黏性也较为敏感，针对这些问题，湿式除尘器的研究逐渐被人们注意起来。

其实早在 1892 年，G. Zschohe 就研究出来第一台湿法网格式除尘器用于回收物料与除尘，但效率很低。20 世纪 60 年代以后，由于工业机械化水平不断提高，各种不同结构的湿式除尘器相继被研制出来用来满足工业上的除尘需求。如美国 Joy Microdyne 湿润层除尘器、英国的 MRDE 湿润床除尘器、南非矿用通用湿式除尘器、"湿可龙"湿式旋流除尘器、"密克罗登"冲击洗涤器、"湿可耐特"湿式除尘器、"劳特-凡特"文氏管洗涤器等。值得一提的是，"劳特-凡特"文氏管洗涤器，早在 1972 年，美国矿冶局曾做过这样一个研究，用其他三种当时实用性最强的湿式除尘器在对呼吸性粉尘的捕集率上与"劳特-凡特"文氏管洗涤器进行比较，结果表明，它对于 $<5\mu m$ 的呼吸性粉尘捕集率高达 99%，远高于当时任何一类湿式除尘器。这项研究使得文氏管洗涤器（文丘里洗涤器）从众多种类的湿式除尘器中脱颖而出，逐渐成为国际上比较普及的一种用于除尘和气体吸收的高效的环保设备。

文丘里洗涤器的工作原理：通过气流流经的管道截面发生变化从而产生高速气流，使气溶胶与洗涤液或吸收液在高速气流中发生相对运动，从而达到气溶胶与空气分离的目的（图 0-1）。

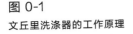
图 0-1
文丘里洗涤器的工作原理

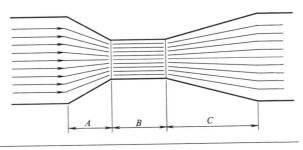

在 A 段以前气体与气溶胶及洗涤液以同等的速度流动：到 A 段空气与质量较轻的气

溶胶产生较大的加速度，由于洗涤液质量较重，产生的加速度较小。此时洗涤液与气溶胶即产生相对运动，因而两者就有了碰撞、接触的机会，同时洗涤液被雾化。在 B 段，由于管道截面较小，空气、气溶胶及洗涤液均被压缩，运动速度达到 50～100m/s，此时 B 段成为高密度的混合区，通过 B 段以后，空气、气溶胶及洗涤液的混合体，以高密度、高速度的形态进入 C 段，由于 C 段管道截面逐渐扩大，空气及气溶胶速度降低，且洗涤液质量较重，惯性很大，所以洗涤液的速度要比空气及气溶胶大得多，因此它们之间又发生了一次相对运动，即洗涤液对空气中的气溶胶又一次捕集，从而提高其对粉尘颗粒的捕集效率。

通过推理分析，可以看出静态文丘里洗涤器的 ABC 段是按线性排列按线性方向运动的，而将强力传质洗气机的内部结构设计为动态的，并按圆周的径向排列径向运动（图 0-2）。

图 0-2
强力传质洗气机的内部气流变化

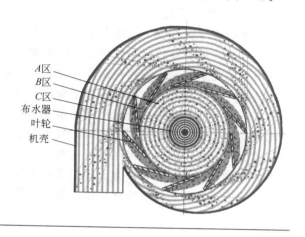

A区
B区
C区
布水器
叶轮
机壳

自圆心到同心圆的最后一个圆即是文丘里的 A 段（A 区），从同心圆的最后一个圆到渐开的螺线之间即为文丘里的 B 段（B 区），从 B 段的边缘至风机洗涤器外缘即为文丘里的 C 段（C 区）。根据对其速度场、运动场、压力场的分析，它完全符合目前文丘里洗涤器特性，但是由于改变了它的线性排列及线性的运动方式，所以它的综合性能应大大高于传统文丘里的性能，它使风机与文丘里洗涤器完美地组合在一起，它使气体获得流动所需的动力的同时又能使气体得到净化及吸收，即在 A 段（A 区）气体流动方向自轴向向径向改变，并顺叶轮转动方向旋转，旋转速度或线速度自圆心沿径向逐渐加大，洗涤液自圆心由布水器呈同心圆状运动，到布水器边缘时，洗涤液呈辐射状沿布水器切线方向运动与气体混合进入 B 段。

当混合体进入 B 段时，空气与质量较轻的气溶胶的速度较快，洗涤液由于密度较大所以速度较慢，但是叶片的速度都较它们快得多，而当较慢的大颗粒洗涤液撞到叶片时，受到的是叶片的高速冲击，在叶片上形成液膜，液膜在极短的时间内，又被气流冲撞而破碎，变成极小的颗粒即雾状，并在此时得到了叶片的离心力及很高的线速度。

在叶片外缘雾状的洗涤液与空气中的气溶胶组成混合体，并以叶片外缘的线速度沿叶片旋转的切线方向射出，这相当于线性文丘里的 C 段，但是它与线性文丘里不同的是：①混合体中由于密度大小的区别不但存在着相对运动，而且还存在着运动方向的不同，所以它比线性文丘里有着更独特的特性；②由于叶片的速度较气流的速度快得多，所以每个叶片流出的气体都要受到其他叶片甩出的洗涤液的多次拦截、冲击、凝聚，最后到机壳的内壁汇集。

通过近20年的实验，诸多研究成果表明，这项设计突破了传统净化设备的设计理念，极大程度地提高了净化效率，有效地解决了湿式除尘器在我国大气污染控制市场占有率低的问题。

在化工生产中，目前生产中的传质过程主要以塔结构为主，通过多级塔结构的设计来提高传质效率，而强力传质洗气机的传质机理决定其具备更高的传质效率，可完全替代塔结构的传质过程，同时在气液传质系统中，强力传质洗气机可替代系统中的风机，如焦化领域中的"三大塔"（焦油洗涤塔、脱苯塔、脱硫塔）以及氨气吸收等环节，可完全覆盖"三传一反"的传质过程。

在塔器传质设备中，气相在上升过程中，要克服塔器内的空气阻力（压降），而这种阻力是不稳定的，导致传质效率低，设备能耗高。而强力传质洗气机的传质过程是与气相的动力运动完全同步，不存在压降的问题，从而提高了传质的效率。特别值得一提的是，当洗气机在工作状态时，旋转体水平旋转，液相介质自气相进口进入洗气机内部，在叶轮的作用下以分散相的形式进入由叶片组成的叶轮通道，在叶片的高速运动和撞击下，液相被雾化甚至气化成细小颗粒，同时与气相分子高度混合，在不同的速度和压力下，气液固三相完成"三传一反"的接触过程。由于在整个体系中，无论是气相、液相还是固相分子本身的运动速率都很高，一方面降低了化学反应所需的活化能，另一方面使体系混合更充分，使得体系中的化学反应比传统塔器更充分。

Technology
and
application
of powerful mass transfer scrubber

第 1 章

流体及其基本
物理性质

流体包括气体和液体。不同物理性质的流体，即使边界条件相同也会产生不同的运动状态，因此了解流体的物理性质对研究流体力学至关重要，本章主要介绍流体的一些重要的物理性质，如流动性、黏性、可压缩性等，以及热力学相关知识，为今后研究流体静力学以及流体动力学打基础。

1.1 理想气体（完全气体）状态方程

在热力学中，如果把气体分子看作是没有体积的质点且分子间没有引力，这种气体称为理想气体，空气动力学中称为完全气体。体系中 p、V、T 三者满足如下关系：

$$pV = nRT \tag{1-1}$$

式中，$n = m/M$，m 为气体的质量；M 为气体的摩尔质量；R 为摩尔气体常数，空气动力学中叫作普适气体常数。

在标准状态下，1mol 气体的摩尔体积 $V_m = 22.4141 \times 10^{-3} \text{m}^3$，故

$$R = pV/nT$$
$$= 101.325 \times 103\text{Pa} \times 22.4141 \times 10^{-3} \text{m}^3/1\text{mol} \times 273.15\text{K}$$
$$= 8.314\text{Pa} \cdot \text{m}^3/(\text{mol} \cdot \text{K})$$
$$= 8.314\text{J}/(\text{mol} \cdot \text{K})$$

理想气体（完全气体）实际上是一个科学的抽象概念，实际情况中并不存在，但在压力很低时，实际气体单位体积内的气体分子数目很少，分子间距很大，分子间的引力可以忽略不计，这种情况的实际气体就接近理想气体。

理想气体虽然在客观下不存在，但是引入理想气体这个概念对研究气体运动规律至关重要，一方面理想气体反映了实际气体在低压下的共性，另一方面理想气体遵循的规律以及表示这些规律的公式都比较简单，这种简化的方法处理实际问题就是把复杂的问题简单化，使复杂的自然规律变得容易被人们理解接受。

在空气动力学中，常把实际气体简化为完全气体来处理，在标准状态下，其状态参量基本上满足理想气体状态方程。但在高压和低温状态下，对于空气，$T \leq$ 室温，$p \geqslant$ 1000atm（101.325MPa）时，实际气体不能作为完全气体，其系统也不满足理想气体状态方程。

1.2 热力学第一定律——焓和比热容

自然界的一切物质都具有能量，能量有各种不同的形式，能够从一种形式转化为另一种形式，在转化的过程中，不生不灭，能量的总值不变，这就是能量守恒定律。将能量守恒定律应用于热力学系统，就得到热力学第一定律，即在封闭系统中，能量的形式可以转

化，但能量的总值保持不变。也就是说，如果想制造一种机器，既不给它供给能量，同时它自身的能量也不减少，又让它不断地对外做功，这是不可能的。人们把这类机器称为第一类永动机，第一类永动机违反了热力学第一定律，所以第一类永动机是不可能的。

内能，又称热力学能（U），是系统中各种形式能量的总和。内能是系统的容量性质，与物质的数量成正比，内能的绝对值是不知道的，但是可通过研究系统和环境变化时内能的变化值来描述系统的状态。

系统和环境之间只有热和功的交换，在封闭系统中

$$\Delta U = Q + W \tag{1-2}$$

式中，Q 为变化过程中系统所吸收的热；W 为环境对系统做的功。这就是热力学第一定律的数学表达式。如果系统从环境中吸热 $Q>0$，反之，$Q<0$；环境对系统做功 $W>0$，系统对环境做功 $W<0$。对于恒容系统，没有体积功，不考虑其他功，$\Delta U = Q_v$。对于绝热系统，没有热交换，$\Delta U = W$。注意，此公式只适用于封闭系统，对于敞开系统，系统与环境之间有物质交换，而物质包含能量，此时系统本身物质发生变化，不能只用热和功的传递来代表系统内能的变化。

如果系统只发生了微小的变化，则式（1-2）可以写成

$$dU = \delta Q + \delta W \tag{1-3}$$

由于内能是状态函数，它的变化值取决于系统始态和终态，与变化的途径无关，而 Q 和 W 的值都与系统变化途径有关，固前者用 d 表示，后者用 δ 表示。

前面已经提过，如果系统的变化是在定容下进行，则

$$\Delta V = 0, \quad W = -p\Delta V = 0$$
$$\Delta U = Q_v$$

如果系统的变化是在等压条件下进行，即

$$p_1 = p_2$$
$$U_2 - U_1 = Q_R - p(V_2 - V_1) \tag{1-4}$$
$$Q_R = (U_2 + pV_2) - (U_1 + pV_1) \tag{1-5}$$

定义 $H = U + pV$，H 称为焓，则可以得出结论，系统在等压条件下变化时

$$\Delta H = Q_p \tag{1-6}$$

虽然焓本身没有什么明确的物理意义，但可以看出，由于 U、p、V 都是状态函数，H 也是状态函数，它的绝对值和 U 一样，都是不知道的，但它的变化值在等压状态下就是系统的热量变化值，这对研究在等压条件下系统的变化是非常重要的，定义这样一个概念对研究化学反应的热效应非常有益。

对于一个化学反应 $-v_A A - v_B B = v_X X + v_Y Y$，其中定义 v 为化学反应的化学计量数（反应物取负数，生成物取正数），$\varepsilon = n_A(\varepsilon) - n_A(0)/v_A = n_g(\varepsilon) - n_B(0)/v_B = n_X(0)/v_X = n_Y(\varepsilon) - n_Y(0)/v_Y$ 为反应进度，若某一反应的反应进度为 $\varepsilon = 1\,\mathrm{mol}$，定义此时的焓变 $\Delta_r H$ 为反应的摩尔焓变 $\Delta_r H_m$，若反应在标准状态下，则称为标准摩尔焓变 $\Delta_r H_m \theta$。

在标准状态下，由参考状态的单质生成某物质时的标准摩尔焓变（反应热 Q_p）称为该物质的标准摩尔生成焓 $\Delta_f H_m \theta$，在标准状态下，1mol 物质完全燃烧生成标准状态产物的标准摩尔焓变（反应热 Q_p）称为该物质的标准燃烧焓（燃烧热）。有了这些状态函数，

就可以很明确地描述一个反应的热效应，在热力学中，这对研究已知化学反应或未知化学反应的反应过程是十分重要的。

当反应物与生成物的温度相同时，此化学反应所吸收（放出）的热量 $Q_p = \Delta H$，当某物质吸入微量的热 δQ，此时温度升高了 dT，则定义 $C = \delta Q / dT$。C 称为该物质的热容。对于 1kg 的物质，C 为该物质的比热容。如果物质的量是 n，则定义 $C_m = C/n$ 为该物质的摩尔热容，相当于 1mol 该物质的热容。

在定容状态下，有摩尔定容热容 $C_{v,m}$；在定压状态下，有摩尔定压热容 $C_{p,m}$。

对于 1mol 的理想气体：$C_{p,m} - C_{v,m} = R = 8.314 \text{J}/(\text{mol} \cdot \text{K})$；

对于单原子理想气体：$C_{v,m} = 3/2R$；

对于双原子分子和线性多原子分子的理想气体：$C_{v,m} = 5/2R$；

对于非线性多原子分子的理想气体：$C_{v,m} = 3R$。

此外，对于一般的纯物质，通常给定 T、p，才能确定系统的状态，也就是说，系统的 U 和 H 是 T、p 的函数，即 $U = f(T, p)$，$H = f(T, p)$。

而对于理想气体，U 和 H 只是 T 的状态函数，与 p 无关，即 $U = f(T) \quad H = f(T)$。

1.3　热力学第二定律——熵

热量不能自发地从低温物体转移到高温物体，这就是热力学第二定律。热力学第一定律是能量守恒定律，热力学第二定律则说明了能量传递过程的方向性。比如原电池反应 $\text{Zn} + \text{CuSO}_4 \Longrightarrow \text{ZnSO}_4 + \text{Cu}$，这个反应是一个自发的化学反应，并且反应放热，并可以把这些热完全转变成电功。如果把所得的电功通过处理使之变成一个电解池，上述反应就可以逆向进行，使系统完全复原，但会在环境中引起其他变化。换句话说，这个化学反应是一个不可逆的过程，若使其逆向进行，却不引起其他变化是不可能的。这也是热力学第二定律的另一种表述，即不可能从单一热源吸热，使之全部转变为功，而不引起其他变化。

自然界存在的大部分的物理或者化学变化都是不可逆的过程，比如扩散、混合、燃烧等过程。从微观上看，系统的自发变化总是向着混乱度增加的方向进行，可以定义一个新的热力学状态函数来作为系统混乱度的量度，这就是熵 S。也就是说，系统的自发变化总是向着熵增加的方向进行，即 $\Delta S \geqslant 0$，这就是熵增加原理。

从宏观上看，内能 U 是系统内部能量的总和，而内能可以看成两部分组成，一部分是在定温下可以转化为功的一部分能量 A，另一部分是不能转化为功的能量 TS，即

$$U = A + TS \quad S = U - A/T$$

因此熵可以理解为系统中不能转化为功的能量除以系统的热力学温度 T。

当系统在定温下发生变化时

$$\Delta U = \Delta A + T \Delta S \tag{1-7}$$

在可逆情况下，根据热力学第一定律，

$$\Delta U = Q_r + W \tag{1-8}$$

因 $\Delta A = W_r$

所以

$$\Delta S = Q_r / T \tag{1-9}$$

对于微小变化，

$$dS = \delta Q_r / T \tag{1-10}$$

值得注意的是，上式计算熵的条件是系统变化应为可逆过程，而在实际情况中，绝大多数变化都是不可逆过程，此时 $dS > \delta Q_{Ir}/T$，合并两式可得

$$dS \geqslant \delta Q / T \tag{1-11}$$

式（1-11）称为克劳修斯不等式，这也是热力学第二定律最普遍的数学表达式。

熵的意义：熵是对系统混乱度的描述，自发过程总是向着熵增加的方向进行，熵是状态函数，可以通过数学计算求得。对于一个物理或者化学变化，$\Delta S \geqslant 0$，此过程为自发过程；$\Delta S < 0$，此过程为非自发过程。

1.4 流体的连续介质假设

流体包括气体和液体，流体在运动时总是连续不断的，河水的流动、风的吹动都是如此。流体力学研究流体的宏观运动，它是在远远大于分子运动尺度的范围里考察流体运动，而不考虑个别流体分子的行为，因此将实际的由分子组成的结构用一种假想的流体模型代替，在这种流体模型中，有足够数量的分子连续充满它所占据的空间，彼此之间无任何间隙，这就是 1753 年由欧拉首先建立的连续介质模型。它具有如下三个性质：

① 流体是连续分布的物质，它可以无限分割为具有均布质量的宏观微元体；

② 不发生化学反应和离解等非平衡热力学过程的运动流体中，微元体内流体状态服从热力学关系；

③ 除了特殊面（例如，激波）外，流体的力学和热力学状态参数在时空中是连续分布的，并且通常认为是无限可微的。

连续介质是一种力学模型，它适用于所考察的流体运动尺度 L（如管道流动中管道的直径、机翼绕流中机翼的长度等）远远大于流体分子运动平均自由程 l 的情况。物质分子运动理论指出，尺度远远大于分子运动平均自由程的闭系是热力学平衡体，它的统计特性，也就是宏观物理性质与个别分子行为无关。举例来说，在常温常压下空气分子运动平均自由程约为几十纳米量级，这时即使用微米尺度的测针来度量流体特性，测得的仍是巨量分子运动的统计平均量，即宏观属性。也就是说即使在这么小的尺度上来观察流体运动，还可以把流体视作连续介质。但在某些特殊情况中，连续介质假设却不适用，例如在稀薄气体中，分子间的距离很大，不能把分子看作质点，换句话说，气体分子本身的运动不能被忽略，则不能适用连续介质假设。又如性质③中提到的激波，考虑激波内的气体运动，激波的厚度与分子的平均自由程同量级，故激波内的气体只能看成分子，而不能当作

连续介质来处理。

1.5 流体微团

把流体无限分割为具有均布质量的微元，它是研究流体运动的最小单元，称之为流体微团，它是流体力学中最基本的概念。流体微团具有如下性质：

流体微团的体积 δV 相对于被考察的流体运动尺度 L 应有

$$\delta V / L_3 \leqslant l$$

而微团相对于分子运动平均自由程尺度 l，应有

$$\delta V / L_3 \geqslant l$$

形象地说，流体微团是宏观上无限小，微观上无限大的一个质量体。微团的体积和它的表面积在宏观上都是无限小的，但发生在体积内或表面上的物理过程都属于宏观的力学和热力学过程。当不需要考虑微团的体积和变形，只研究它的位移和各物理状态时，可以把它视作没有体积的质点，称为流体质点。

1.6 作用在流体上的力

作用在流体上的力是流体运动状态变化的主要外因，了解作用在流体上的力，或者说流体所受的外力，是研究流体运动规律的基础。作用在流体上的力主要分为表面力和体积力。

（1）表面力

任意取有限体积的流体，它的表面上受到周围流体或物体的接触力，这种力分布于有限流体的表面，称为表面力。表面力可以是流体表面上的外力，如液体表面张力，流体与固体相界面上的摩擦力等，也可以是流体内部一部分流体作用于另一部分流体交界面上的内应力。内应力在流体内部是相互平衡的，即两部分流体交界面相互作用的表面力是大小相等、方向相反，分别作用在两部分流体交界面上的一对力。

（2）体积力

当外力作用在流体微团内均布质量的质心上，这种力称为体积力，它通常与微团的体积成正比。

在地球引力场中流体微团受到的引力 δG 与它的质量 δm 成正比：

$$\delta G = g \delta m$$

式中，g 为重力加速度，由于微团的质量 δm 和它的体积 δV 成正比（$\delta m = \rho \delta V$），因此引力 δG 也和微团的体积成正比，它是体积力：

$$\delta G = \rho g \delta V$$

除了引力外，还有其他形式的体积力。例如：带电质点在静电场中运动时，静电力也是一种体积力，设流体微团的电荷密度为 $q(\mathrm{C/m}^3)$，则在静电场 E 中，该微团受到的静电力为

$$\delta F = q E \delta V$$

1.7　流体的主要物理性质

流体区别与固体的基本特征就是流体具有流动性，不同物理性质的流体，其流动性也是不同的，因此要研究流体的运动规律，首先必须了解流体的物理性质。流体物理性质主要有密度和容重，黏性和压缩性等。

（1）密度和容重

流体是物质的一种状态，所以和任何物质一样具有密度和容重。单位体积流体所具有的质量称为流体的密度 $\rho(\mathrm{kg/m}^3)$。流体受引力的作用决定了流体的重力属性，流体的重力属性用流体的容重 $\gamma(\mathrm{N/m}^3)$ 表示，即单位体积流体所受的引力。

（2）黏性

流体和固体的基本区别是它的易流性。固体在剪切力作用下发生剪切变形后可以达到新的静平衡状态，而静止流体不能承受剪切力，任何微小的剪切力都能驱动流体使之持续的流动。也就是说，静止流体中的应力只有压强，而当流体运动时，流体微团的表面除了压强外还有剪应力，流体运动时，微团之间具有抵抗相互滑动的属性称为流体的黏性。

最常见的流体，如空气和水，它们的黏性具有以下性质。在厚度为 δy 的薄层流体运动中，如上下速度差等于 δu 时，则作用在流体薄层面上的剪应力与 δu 成正比，与薄层厚度 δy 成反比，具有这种性质的流体称为牛顿流体。即

$$t_{xy} = \mu \delta u / \delta y \tag{1-12}$$

式中，μ 为动力黏性系数，$\mathrm{kg/(m \cdot s)}$。有时还用动力黏性系数除以密度，称作运动黏性系数，用 v 表示：

$$v = \mu / \rho \tag{1-13}$$

式中，v 的单位是 m^2/s。

流体的黏性与温度有关，液体的黏性系数随温度的升高而减小，气体的黏性系数随温度的升高而增大。可见温度的变化对液体和气体流体是相反的，其原因是流体的黏性本质上是分子间引力和分子运动产生的能量交换两个因素作用的结果。当温度升高时，分子间引力减小，而分子运动产生的能量交换增加。对于液体，分子间距小，因此分子间引力起主要作用，所以其黏性随温度增加而减小。对于气体，分子间距大，分子运动的能量交换起主要作用，其黏性随温度的增加而增大。

（3）压缩性

由于压强变化而引起流体密度的变化称为压缩性。气体和液体的压缩性有明显区别。气体的密度通常随压强的增高而增大，随温度的升高而减小，具有明显的可压缩性，它可

以用热力学状态方程表示：

$$p = p(\rho, T)$$

式中，T 为绝对温度。常见的气体大多数符合完全气体状态方程［见式(1-1)］。

一般来说液体密度几乎不随压强变化，但当温度增加时，密度稍有减小：

$$\rho = \rho_0 [1 - \beta(T - T_0)] \tag{1-14}$$

式中，β 为膨胀系数，它表示单位温升时液体密度的相对变化率。

流体力学中，按运动中流体密度的相对变化率的大小把流动分为可压缩流和不可压缩流两大类。气体一般视作可压缩的，当气体速度远远小于声速 c 时，气体密度的相对变化率十分微小，几乎可以忽略不计，这时可以把这种低速气体流动作为不可压缩流体处理。就是说，气体流动的压缩性可以用它的流速和声速之比来衡量，$\mu/c = Ma$ 称为马赫数。$Ma \leqslant 1$ 的气体流动可以近似为不可压缩流动，否则为可压缩流动。液体的体积相对变化率很小，因此通常认为是不可压缩的。但是在水下强爆炸的情况中，压强变化很大，这是水的密度变化也很大，此时的流体视为可压缩的。

流体静力学基础

流体静力学是研究静止流体（气体或液体）的压力、密度以及流体对物体的作用力，是流体动力学的基础。本章主要介绍流体静力学的相关基础知识。

2.1　流体静压强

在静止流体中取一作用面 A，其上作用的压力为 F，则当 A 缩小为一点时，平均压强 F/A 的极限定义为该点的流体静压强，以符号 p 表示。即

$$p = \lim_{A \to 0} \frac{F}{A} \tag{2-1}$$

压力单位为 N 或 kN；流体静压强的单位为 N/m^2，也可用 Pa 或 kPa 表示。

2.2　静止流体中应力的特征

静止流体中的应力具有以下两个特性：
① 应力的方向和作用面的内法线方向一致。
② 静压强的大小与作用面方位无关。

在静止流体中任取截面 $N—N$，将其分为 I、II 两部分，取 II 为隔离体，I 对 II 的作用由 $N—N$ 面上连续分布的应力代替（图 2-1）。

图 2-1
静止流体应力

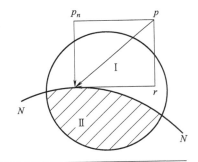

在 $N—N$ 平面上，若任意一点的应力 p 的方向不是作用于平面的法线方向，则可将 p 分解为法向应力 p_n 和切向应力 τ。因为静止流体不能承受切力，又不能承受拉力，故 p 的方向只能和作用面的内法线方向一致。

2.3　静压强基本方程

考察重力作用下的静止流体，选直角坐标系 $Oxyz$，如图 2-2 所示，自由液面的位置高度为 z_0，压强为 p_0，现求液体中任一点的压强，由式（2-2），得

$$\mathrm{d}p = \rho(X\mathrm{d}x + Y\mathrm{d}y + Z\mathrm{d}z) \tag{2-2}$$

质量力只有重力，将 $X = Y = 0$，$Z = -g$ 代入上式，得：

$$\mathrm{d}p = -g\,\mathrm{d}z$$

图 2-2

重力作用下的静止流体

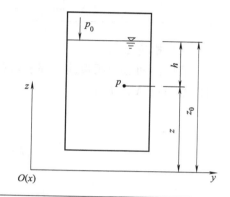

对于均质液体，密度为常数，积分上式，得：

$$p = -\rho g z + c'$$

将边界条件 $z = z_0$，$p = p_0$ 代入，得出积分常数，得

$$c' = p_0 + \rho g z_0 \tag{2-3}$$

代入式（2-3）得 $p = p_0 + \rho g(z_0 - z)$

$$p = p_0 + \rho g h \tag{2-4}$$

此式即为流体静力学基本方程，它表明在重力作用下的静止流体中，压强随深度成线性规律变化。以单位体积液体的重量 g 除以式（2-4）各项，得

$$\frac{p}{\rho g} = -z + \frac{c'}{\rho g}$$

$$z + \frac{p}{\rho g} = c \tag{2-5}$$

式中，p 为面压强，对于液面通大气的开口容器中，p_0 为大气压强，并用符号 p_a 表示。

2.4　静压强基本方程的三个推论

由液体静压强 $p = p_0 + \rho g h$ 基本方程，可得出以下推论：

（1）推论之一

静压强的大小与液体的体积无直接关系。盛有相同液体的容器（图 2-3），各容器的容积不同，液体的重量不同，但只要深度 h 相同，由式（2-5）知容器底面上各点的压强都相同。

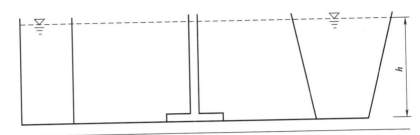

图 2-3
推论之一

（2）推论之二

液体内两点的压强差，等于两点间竖向单位面积液柱的重量。如图 2-4 所示，对液体内任意两点 A、B 有：

$$p_A = p_0 + \rho g h_A$$
$$p_B = p_0 + \rho g h_B$$
$$p_B - p_A = \rho g (h_B - h_A) = \rho g h_{AB} \tag{2-6}$$
$$p_A = p_B - \rho g h_{AB}$$
$$\text{或} \qquad p_B = p_A - \rho g h_{AB}$$

图 2-4
推论之二

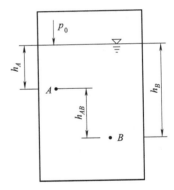

（3）推论之三

平衡状态下，液体内（包括边界上）任意点压强的变化，能等值地传递到其他各点。引用式（2-6），液体内任意点的压强为：

$$p_B = p_A + \rho g h_{AB}$$
$$p' = (p_A + \Delta p) + \rho g h_{AB} = (p_A + \rho g h_{AB}) = p_B + \Delta p \tag{2-7}$$

即某点压强的变化，等值地传递到其他各点，这就是著名的帕斯卡原理。

流体动力学基础

流体动力学是流体力学的核心，本章从描述流体运动的方法入手，阐述流体动力学范畴的相关知识，包括流体力学三大方程（质量方程、能量方程、动量方程）以及它们的推导过程，以及流体阻力与能量损失的相关概念和基础知识。

3.1　流体运动的描述方法

前面已经有了流体的连续介质模型和流体微团的概念，流体的运动是无穷多微团的运动，要建立分析方法来精细地刻画流动过程中微团集合的运动状态。流体力学中有两种描述无穷多连续分布微团运动的方法：第一种方法是最常用的场描述法，它的基本思想是，在任意指定的时间逐点描述当地的运动特征量（如速度、加速度）及其他的物理量分布（如压力、密度等），这种方法称为欧拉描述法；第二种方法是跟踪质点的描述法，它的基本思想是，从某个时刻开始跟踪每一个质点，记录这些质点的位置、速度、加速度和物理参数的变化，这种方法是离散质点运动描述方法，称为拉格朗日描述法。下面建立这两种描述方法的分析公式并加以比较。

欧拉描述法：在选定的时空坐标系 $\{x,t\}$ 中考察流动过程中力学和其他物理参量的分布，时空坐标 $\{x,t\}$ 是自变量，称作欧拉变量；当地的物理参量：如流动速度 U、温度 T、压强 p 等表示为欧拉变量的函数，即

$$U=U(x,t),T=T(x,t),p=p(x,t)$$

欧拉方法是一种场的描述法，上式常称为流场中的速度分布、温度分布和压强分布，或简称速度场、温度场和压强场。

拉格朗日描述法是跟踪质点来描述它们的力学和其他物理状态。实现这种方法的关键是建立识别质点的方法。最方便的方法是用每个质点在初始时刻的坐标作为它们的"标记"，然后跟踪每个质点，在它们的运动轨迹上考察它们的物理状态。连续介质可分割成无限多连绵一片的质点，因此连续介质质点的初始时刻坐标 A (a_1,a_2,a_3) 在考察的区域内是连续分布的。质点的初始时刻坐标 A 和时间变量 t 是拉格朗日法的自变量，称为拉格朗日变量。流体质点的位移 x、温度 T 和压强 p 等是拉格朗日变量的函数，即

$$x=x(A,t),T=T(A,t),p=p(A,t)$$

拉格朗日描述法中的位移函数 $x=x(A,t)$，也就是质点的轨迹，有以下两个基本性质。

性质①在初始时刻 $t=0$ 时，$x=A$，即

$$x(A,0)=A$$

性质②在任何时刻，质点位置变量 x 与该质点初始时刻的位置变量 A 是一一对应的连续函数

性质①是拉格朗日变量 A 的定义，性质②是连续介质的属性。

3.2 流场的基本概念

由于流体具有"易流动性"，因而流体的运动和刚体的运动有所不同。刚体在运动时，各质点之间处于相对静止状态，表现为一个整体一致的运动；而流体在运动时，质点之间则有相对运动，不表现整体一致的运动。因此，表征流体的运动就应有与其运动特征相应的一些概念。

流动流体所占据的空间称为流场。表征流体运动的物理量，如流速、加速度、压力等统称为运动要素。由于流体为连续介质，因而其运动要素是空间和时间的连续函数。下面就流场的几个基本概念分别进行叙述，正确掌握这些基本概念，对于深入认识流体运动规律十分重要。

（1）恒定流与非恒定流

在流场中，如果在各空间点上流体质点的运动要素都不随时间而变化，这种流动称为恒定流（或称稳定流）。如图 3-1 所示，当容器内水面保持不变，器壁孔洞的泄流也一定保持不变，这是恒定流的一个例子。在这种情况下，容器内和泄流中任一点的运动要素不随时间变化。也就是说，在稳定流中，运动要素仅是空间坐标的连续函数，而与时间无关。

因而运动要素对时间的偏导数为零，例如 $\frac{\partial u}{\partial t} = 0$、$\frac{\partial p}{\partial t} = 0$。

在流场中，如果在任一空间点上有任何质点的运动要素是随时间而变化的，这种流动就称为非恒定流（或非稳定流）。在非恒定流情况下，运动要素不仅是空间坐标的连续函数，而且也是时间的连续函数，例如：$u = u(x, y, z, t)$、$p = p(x, y, z, t)$ 及 $\frac{\partial u}{\partial t} \neq 0$、$\frac{\partial p}{\partial t} \neq 0$。

图 3-2 就是非恒定流的一个例子。图中容器的水面随时间而下降，器壁孔洞的泄流形状和大小随时间而变化。在这种情况下，容器内和泄流中任一点的流动都随时间而变化。

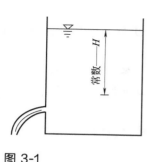

图 3-1

恒定流的例子

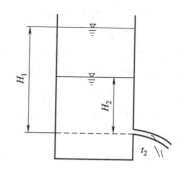

图 3-2

非恒定流的例子

（2）流线和迹线

在流体力学中，研究流体质点的运动有两种方法。一种方法是跟踪每个质点的路径进行描述的所谓质点系法。这种方法注意质点的迹线，并用相应的数学方程式来表达。所谓迹线，就是质点在连续时间过程内所占据的空间位置的连线（即质点在某时间段内所走过的轨迹线）。另一种研究方法只注意在固定的空间位置上研究质点运动要素的情况，即所谓的流场法。流场法考察的是同一时刻流体质点通过不同空间点时的运动情况。因此，这种方法引出了流线的概念。流线是某一时刻在流场中画出的一条空间曲线，该曲线上的每个质点的流速方向都与这条曲线相切（图3-3）。因此，一条时刻的流线就表示这条线上各点在该时刻质点的流向，一组某时刻的流线就表示流场某时刻的流动方向和流动的形象。

在科学实验中，为了获得某一流场的流动图形，常把一些能够显示流动方向的"指示剂"（如锯末、纸屑等）撒在所要观察的运动流体中，利用快速照相的手段，可以拍摄出在某一微小时段内这些指示剂所留下的一个个短的线段。如果指示剂撒得很密的话，这些短线就能在照片上连成流线的图形。

图 3-3
流线示意图

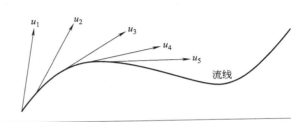

流线的概念在流体力学研究中很重要。从流线的定义可以引申出以下结论：

① 一般情况下，流线不能相交，且流线只能是一条光滑的曲线；

② 流场中每一点都有流线通过，流线充满整个流场，这些流线构成某一时刻流场内的流动图像；

③ 在恒定流条件下，流线的形状和位置不随时间而变化，在非恒定流条件下，流线的形状和位置一般要随时间而变化；

④ 恒定流动时，流线与迹线重合；非恒定流时，流线与迹线一般不重合。

（3）元流和总流

流场是三维空间，因而对流场的几何描述需进一步扩展，即需将流线的概念加以拓广，以线、面、体的层次来对流场的几何特征进行描述。

流面是流线概念的推广，它是流场中通过任意线段上各点作流线而形成的一个面流，面上的每个质点的流速方向都与该面相切。流管是通过封闭曲线上各点作流线而得出的封闭管状流面。

元流（也称纤流）是通过一微分面积上各点作流线所形成的微小流束，即横断面无限小的流管中的液流。

总流是当流束的横断面面积不是无限小，而是具有一定尺寸的液流，可以把总流看成是由无数元流所组成的。

从上述对流场几何描述的一些概念中，可以得出如下推论：

① 流体质点不能穿过流面、流管或元流面流动；

② 流面是将水流可以划分为若干股水流的理论依据；

③ 元流的断面无限小，因而同一断面上的运动要素可以看作是相等的；但对总流来说，同一断面上各处的运动要素不一定都相等。

（4）过流断面

所谓过流断面，就是与元流或总流的所有流线相正交的横断面。显然，如果流体的流线相互平行时，过流断面便是一平面，否则就是一曲面。

单位时间内流过某一过流断面的流体的体积称为体积流量，通常用符号 Q 表示，其量纲为 $[L^3 \cdot T]$ 单位为 m^3/s。

对于元流来讲，过水断面 dA 上各点的流速均为 u，所以在 dt 段内通过的流体体积为 $u\,dt\,dA$，则单位时间内通过该过流断面的流体体积为 $u\,dA$，这就是元流的流量 dQ，即 $dQ\ u\,dA$。

对于总流来讲，通过某过流断面 A 的流量等于组成该总流的无数元流流量的总和，即：

$$Q = \int dO = \int u\,dA \tag{3-1}$$

因为总流过流断面上每点的流速是不相同的，如果要利用式（3-1）来计算总流的流量，就需要确定过水断面上的流速分布。在实际工程中，确定流速 u 在总流过水断面上的分布是很困难的，有时在解决实际问题中也不需要这样做。因此，从统计学的角度引进一个所谓过流断面的平均流速，记为 V，它是一个想象的流速，就是认为总流过流断面上各点的流速都等于 V，水流以这一想象的流速通过过流断面的流量和以不均匀分布的实际流速所通过该过流断面的流量相等，即：

$$Q = \int_A u\,dA = \overline{V}\int_A dA = \overline{V}A \tag{3-2}$$

因而

$$\overline{V} = \frac{Q}{A} = \frac{\int_A dA}{A} \tag{3-3}$$

由此可见，过流断面的平均流速数值等于过流断面的流量除以该断面的面积。

（5）一元流、二元流及三元流

流场中流体质点的流速状况在空间的分布有各种形式，可根据其与空间坐标的关系，将其划分为三种类型：一元流、二元流和三元流（又称一维流、二维流和三维流）。

一元流是流体的流速在空间坐标中只和一个空间变量有关，或者说仅与沿流程坐标 s 有关，即 $u = u(s)$ 或 $u = u(s, t)$。显然，在一元流场中，流线是彼此平行的直线，而且同一过流断面上各点的流速是相等的。

如果对空间坐标来讲，流场中任一点的流速是两个空间坐标变量的函数，即 $u = u(x, y)$ 或 $u = u(x, y, t)$，则称这种流动为二元流。

如果流场中任一点的流速与三个空间坐标变量有关，则称这种流动为三元流。这时质

点的流速 u 在 3 个坐标上均有分量。例如，一矩形明渠，当宽度沿流程方向变化时，由于明渠水流流动时水面向流动方向倾斜，则水流中任意点的流速就不仅与断面位置坐标有关，而且还与该点在断面上的坐标 y 和 z 有关，即 u、$u(x, y, z)$ 或 u、$u(x, y, z, t)$。

　　实际流体力学问题，大多属于三元流或二元流。但由于考虑多维问题的复杂性，在数学上有相当大的困难。为此，有的需要进行简化。最常用的简化方法，就是引入过流断面平均流速的概念，把水流简化为一维流，用一维分析方法研究实际上是多维的水流问题，但用一维流代替多维流所产生的误差，要加以修正，修正系数一般用试验的方法来解决。

3.3　流体运动的基本方程

（1）质量方程

质量方程是流体流动过程中质量守恒的数学表达式，对于不同的流体流动情况，连续性方程有不同的表达形式。本章节推导两种连续性方程：不可压缩流体恒定流的连续性方程和三维流动的连续性方程。

　　设在某一元流中任取两过流断面 1 和 2（图 3-4），其面积分别为 dA_1 和 dA_2，在恒定流条件下，过水断面 dA_1 和 dA_2 上的流速 u_1 和 u_2 不随时间变化。因此，在 dt 时段内通过这两个过流断面流体的体积应分别为 $u_1 dA_1 dt$ 和 $u_2 dA_2 dt$，考虑到：

① 流体是连续介质；

② 流体是不可压缩的；

③ 流体是恒定流，且流体不能通过流面流进或流出该元流；

④ 在元流两过流断面间的流段内，不存在输出或吸收流体的奇点。

图 3-4
流体通过过流断面的流动

因此，在 dt 时段内通过过流断面 dA_1 流进该元流段的流体体积应与通过过流断面 dA_2 流出该元流段的液体体积相等。即：

$$u_1 dA_1 dt = u_2 dA_2 dt$$

于是得：

$$u_1 dA_1 = u_2 dA_2 \tag{3-4}$$

式（3-4）称为不可压缩流体恒定元流的连续性方程。它表达了沿流程方向流速与过流断面面积成反比的关系。由于流速和过流断面面积相乘的积等于流量，所以式（3-4）也表明，在不可压缩流体恒定元流中，各过流断面的流量是相等的，从而保证了流动的连续性。

　　根据过流断面平均流速的概念，可以将元流的连续性方程推广到总流中。设在不可压缩流体恒定总流中任取两过流断面 A_1 和 A_2，其相应的过流断面平均流速为 V_1 和 V_2，则根据上述讨论元流连续性方程，有：

$$\int_{A_1} u_1 \mathrm{d}\omega = \int_{A_2} u_2 \mathrm{d}\omega$$

因而：

$$A_1 V_1 = A_2 V_2 \tag{3-5}$$

式（3-4）和式（3-5）被称为不可压缩流体恒定总流的连续性方程式。它表明，通过恒定总流任意过流断面的流量是相等的，或者说，恒定总流的过水断面的平均流速与过流断面的面积成反比。

如果恒定总流两断面间有流量输入或输出（如图 3-5 所示的管、渠交汇处），则恒定总流的连续性方程为：

$$Q_1 + Q_2 = Q_3 \tag{3-6}$$

图 3-5
分叉管渠中的水流

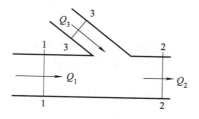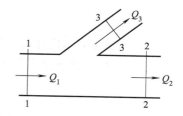

式中，Q_3 为引入（取正号）或引出（取负号）。

对于一般的三维流动，能够采用流体微元分析法，得到其微分形式的连续性方程。设 C 是流场中的任意一点，C 点上的流速分量为 u、v、w，流体密度为 ρ。为了方便，选取流场中的矩形六面体微元作为控制体，如图 3-6 所示，六面体微元以 C 点为中心，边长分别为 $\mathrm{d}x$、$\mathrm{d}y$、$\mathrm{d}z$。显然，六面体微元的 6 个表面构成了封闭的控制面。

图 3-6
三维流动的连续性方程

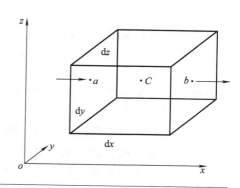

为了用 C 点的流动要素来表示控制面上的流动要素，需要假定流速 u、v 及 w 与密度 ρ 在空间上是连续可微的函数。先考察控制面的左、右表面上的质量流量。设 a、b 分别为左、右表面的中心，能够根据泰勒级数展开（忽略高阶微量）得到 a、b 点上的流动要素。例如 a、b 点上流速的 x 分量可以近似表示成：

$$u_a = u - \frac{\partial u}{\partial x}\frac{\mathrm{d}x}{2} \qquad u_b = u + \frac{\partial u}{\partial x}\frac{\mathrm{d}x}{2}$$

质量流量能够表示为：

$$Q_{ma} = \left[\rho u - \frac{\partial(\rho u)}{\partial x}\frac{\mathrm{d}x}{2}\right]\mathrm{d}y\,\mathrm{d}z$$

通过右表面流出控制体外的质量流量能够表示为：

$$Q_{mb} = \left[\rho u + \frac{\partial(\rho u)}{\partial x}\frac{\mathrm{d}x}{2}\right]\mathrm{d}y\,\mathrm{d}z$$

通过 x 方向的两个控制体表面流入六面体微元的质量流量为：

$$Q_{mx} = Q_{ma} - Q_{mb} = -\frac{\partial(\rho u)}{\partial x}\mathrm{d}x\,\mathrm{d}y\,\mathrm{d}z$$

同理，能够得到通过 y 方向、z 方向的控制体表面流入六面体微元的质量流量为：

$$Q_{my} = -\frac{\partial(\rho u)}{\partial x}\mathrm{d}x\,\mathrm{d}y\,\mathrm{d}z \qquad Q_{mz} = -\frac{\partial(\rho u)}{\partial x}\mathrm{d}x\,\mathrm{d}y\,\mathrm{d}z$$

根据质量守恒定律，在没有质量源的条件下，单位时段内控制体内流体总质量（$\rho\,\mathrm{d}x\,\mathrm{d}y\,\mathrm{d}z$）的变化量应当等于单位时段内流入控制体内的流体质量，即：

$$\frac{\partial(\rho\,\mathrm{d}x\,\mathrm{d}y\,\mathrm{d}z)}{\partial t} = Q_{mx} + Q_{my} + Q_{mz}$$

将 Q_{mx}、Q_{my}、Q_{mz} 的表达式代入上式，并消去 $\mathrm{d}x\,\mathrm{d}y\,\mathrm{d}z$ 得到：

$$\frac{\partial\rho}{\partial t} + \frac{\partial(\rho u)}{\partial x} + \frac{\partial(\rho v)}{\partial y} + \frac{\partial(\rho w)}{\partial z} = 0 \tag{3-7}$$

这就是微分形式的三维流动连续性方程。

对于恒定流，$\frac{\partial\rho}{\partial t} = 0$，式（3-7）变为：

$$\frac{\partial(\rho u)}{\partial x} + \frac{\partial(\rho v)}{\partial y} + \frac{\partial(\rho w)}{\partial z} = 0 \tag{3-8}$$

若为不可压缩流体，式（3-8）变为：

$$\frac{\partial u}{\partial x} + \frac{\partial v}{\partial y} + \frac{\partial w}{\partial z} = \nabla \cdot \overline{u} = 0 \tag{3-9}$$

该式既适用于恒定流，又适用于非恒定流。

（2）欧拉方程

流体质点的运动同刚体质点一样，服从牛顿第二运动定律。根据这一定律，可以得出流体运动和它所受到的作用力之间的关系。下面从分析作用在流动着的理想液体质点上的各种力以及流体质点在这些外力作用下产生的运动加速度出发，来建立理想流体运动的基本微分方程式。

如图 3-7 所示，在 x、y、z 空间坐标系所表示的流场中，取一微分六面体的流体作为表征单元体进行分析。该六面体各边与对应的坐标轴平行，其边长分别为 $\mathrm{d}x$、$\mathrm{d}y$ 和 $\mathrm{d}z$。并设 $A(x, y, z)$ 点为该六面体的顶点，其流体压力为 p，可以认为任何包括 A 点在内的微元体的边界面上，其压力均等于 p。

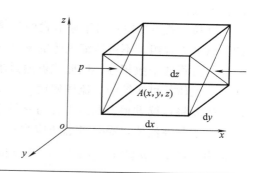

图 3-7
理想流体中的表征单元体

其中若作用于单位质量流体的质量力的分量分别用 X、Y、Z 表示，则作用于该微分六面体体内液体的总质量力的各分量为：

在 o—x 方向：$X = \mathrm{d}x\,\mathrm{d}y\,\mathrm{d}z$。在 o—y 方向：$Y = \mathrm{d}x\,\mathrm{d}y\,\mathrm{d}z$。在 o—z 方向：$Z = \mathrm{d}x\,\mathrm{d}y\,\mathrm{d}z$。

其中，X、Y、Z 均采用顺坐标指向者为值。

在上述外力作用下，该微元体的运动具有加速度，其在坐标轴的分量可分别表示为 $\dfrac{Du}{Dt}$，$\dfrac{Dv}{Dt}$，$\dfrac{Dw}{Dt}$。根据牛顿第二运动定律，可以写出质点受力与加速度的关系式。x 轴方向为：

$$p\,\mathrm{d}y\,\mathrm{d}z - \left(p + \frac{\partial p}{\partial x}\mathrm{d}x\right)\mathrm{d}y\,\mathrm{d}z + X\rho\,\mathrm{d}x\,\mathrm{d}y\,\mathrm{d}z = \rho\,\mathrm{d}x\,\mathrm{d}y\,\mathrm{d}z\,\frac{\mathrm{d}u}{\mathrm{d}t} \tag{3-10}$$

将式（3-10）整理化简后，可得：

$$X - \frac{1}{\rho}\frac{\partial p}{\partial x} = \frac{\mathrm{d}u}{\mathrm{d}t} \tag{3-11}$$

同理对 y 方向和 z 方向进行操作，可得到类似于式（3-11）的方程。综合可得下列方程组：

$$\begin{cases} \dfrac{Du}{Dt} = X - \dfrac{1}{\rho}\dfrac{\partial p}{\partial x} \\[2mm] \dfrac{Dv}{Dt} = Y - \dfrac{1}{\rho}\dfrac{\partial p}{\partial y} \\[2mm] \dfrac{Dw}{Dt} = Z - \dfrac{1}{\rho}\dfrac{\partial p}{\partial z} \end{cases} \tag{3-12}$$

将欧拉方法得到的流体加速度表达式，代入（3-12）式，可得：

$$\begin{cases} \dfrac{\partial u}{\partial t} + u\dfrac{\partial u}{\partial x} + v\dfrac{\partial u}{\partial y} + w\dfrac{\partial u}{\partial z} = X - \dfrac{1}{\rho}\dfrac{\partial p}{\partial x} \\[2mm] \dfrac{\partial v}{\partial t} + u\dfrac{\partial v}{\partial x} + v\dfrac{\partial v}{\partial y} + w\dfrac{\partial v}{\partial z} = Y - \dfrac{1}{\rho}\dfrac{\partial p}{\partial y} \\[2mm] \dfrac{\partial w}{\partial t} + u\dfrac{\partial w}{\partial x} + v\dfrac{\partial w}{\partial y} + w\dfrac{\partial w}{\partial z} = Z - \dfrac{1}{\rho}\dfrac{\partial p}{\partial z} \end{cases} \tag{3-13}$$

方程组（3-13）即为理想流体运动的微分方程，它是欧拉在 1755 年得出的，故又称欧拉方程。

欧拉方程（3-13）与微分形式的三维流动连续方程（3-7）构成了描述理想流体运动的偏微分方程组。不可压缩流体的密度 ρ 是已知的，方程组中含有 ρ、u、v、w 4 个未知量，与方程的个数相等。因此能够通过求方程组的解得到未知量在时间、空间上的变化规律。若流体是可压缩的，流体密度 ρ 是未知的，方程组的 4 个方程中含有 5 个未知量。此时，需要将连续方程、欧拉方程与能量方程、流体的状态方程联解。

对于黏性流体，需要考虑切应力的作用。x、y、z 方向单位质量流体受到的黏滞力分别为 $\mu\nabla^2 u$、$\mu\nabla^2 v$、$\mu\nabla^2 w$，考虑黏滞力的影响，流体运动微分方程变为：

$$\begin{cases} \dfrac{\partial u}{\partial t}+u\dfrac{\partial u}{\partial x}+v\dfrac{\partial u}{\partial y}+w\dfrac{\partial u}{\partial z}=X-\dfrac{1}{\rho}\dfrac{\partial p}{\partial x}+\mu\nabla^2 u \\[2mm] \dfrac{\partial v}{\partial t}+u\dfrac{\partial v}{\partial x}+v\dfrac{\partial v}{\partial y}+w\dfrac{\partial v}{\partial z}=Y-\dfrac{1}{\rho}\dfrac{\partial p}{\partial y}+\mu\nabla^2 v \\[2mm] \dfrac{\partial w}{\partial t}+u\dfrac{\partial w}{\partial x}+v\dfrac{\partial w}{\partial y}+w\dfrac{\partial w}{\partial z}=Z-\dfrac{1}{\rho}\dfrac{\partial p}{\partial z}+\mu\nabla^2 w \end{cases} \tag{3-14}$$

式（3-14）为纳维-斯托克斯方程（Navier-Stokes）方程，简称 N-S 方程。

（3）能量方程（伯努利方程）

由于数学上的困难，理想流体的运动微分方程仅在某些特定条件下才能求解。假定流体运动满足如下假设：

① 理想流体；

② 流体不可压缩，密度为常数；

③ 流动是恒定的；

④ 质量力是有势力；

⑤ 沿流线积分。

通过数学推导，可得到欧拉方程与连续方程所构成的偏微分方程组的解析解。为了推导方便，将欧拉方程（3-13）写成：

$$\frac{\mathrm{d}\overline{u}}{\mathrm{d}t}=\overline{f}-\frac{1}{\rho}\nabla p \tag{3-15}$$

设 $\mathrm{d}r$ 是流体质点的微小位移矢量，其 3 个分量为 $\mathrm{d}x$、$\mathrm{d}y$、$\mathrm{d}z$，将上式两边同时乘 $\mathrm{d}r$，得到：

$$\mathrm{d}\overline{r}\cdot\frac{\mathrm{d}\overline{u}}{\mathrm{d}t}=\mathrm{d}\overline{r}\cdot f-\frac{1}{\rho}\mathrm{d}\overline{r}\cdot\nabla p$$

因为 $\mathrm{d}\overline{r}$ 为流体质点的位移，所以 $\dfrac{\mathrm{d}\overline{r}}{\mathrm{d}t}=\overline{u}$，因此：

$$\mathrm{d}\overline{r}\cdot\frac{\mathrm{d}\overline{u}}{\mathrm{d}t}=\frac{\mathrm{d}\overline{r}}{\mathrm{d}t}\cdot\mathrm{d}\overline{u}=\overline{u}\cdot\mathrm{d}\overline{u}=\mathrm{d}\left(\frac{\overline{u}\cdot\overline{u}}{2}\right)=\mathrm{d}\left(\frac{u^2+v^2+w^2}{2}\right)$$

若以 U 表示 $\overline{u}$ 的大小，则 $U^2=u^2+v^2+w^2$，上式可变为：

$$\mathrm{d}\overline{r}\cdot\frac{\mathrm{d}\overline{u}}{\mathrm{d}t}=\mathrm{d}\left(\frac{U^2}{2}\right) \tag{3-16}$$

由于质量力是恒定的有势力，可以用 W 表示质量力势函数，而且有：

$$d\overline{r} \cdot f = X dx + Y dy + Z dz = dW \tag{3-17}$$

将式（3-16）、式（3-17）代入式（3-13）可得到：

$$d\left(\frac{U^2}{2}\right) = dW - \frac{dp}{\rho}$$

因为 ρ 为常数，可以将上式改写为：

$$d\left(\frac{U^2}{2} + \frac{p}{\rho} - W\right) = 0$$

该方程只有在流线上才能成立。将该式沿流线积分后可得：

$$\frac{U^2}{2} + \frac{p}{\rho} - W = C \tag{3-18}$$

式中，C 为积分常数。这就是理想流体的伯努利积分方程。上式表明：在有势力场的作用下，常密度理想流体恒定流中同一条流线上的 $\frac{U^2}{2} + \frac{p}{\rho} - W$ 数值不变。一般情况下，积分常数 C 的数值随流线的不同而变化。

通常情况下，作用在流体上的力只有重力，即：$X = Y = 0$，$Z = -g$（选坐标 z 垂直向上为正）。所以质量力势函数 W 为：

$W = -gz$。将质量力势函数 W 代入伯努利积分方程（3-18），可得：

$$\frac{U^2}{2} + \frac{p}{\rho} + gz = C$$

也可写为：

$$\frac{U^2}{2g} + \frac{p}{\rho g} + z = C'$$

上式表明，在同一条流线上的任意两点 1、2 满足：

$$\frac{U_1^2}{2g} + \frac{p_1}{\rho g} + z_1 = \frac{U_2^2}{2g} + \frac{p_2}{\rho g} + z_2 \tag{3-19}$$

上式即为重力场中理想流体的伯努利积分方程。式（3-19）表示重力场中理想流体的元流（或在流线上）做恒定流动时，流速大小 U、动压强 p 与位置高度 z 三者之间的关系。

实际上，伯努利方程是能量守恒定律的一种表达形式，又称能量方程。z 是相对于某一基准面的位置水头，它代表了单位重量流体相对于基准面的位置势能（位能）；$\frac{p}{\rho g}$ 是测管高度或压力水头，代表了单位重量流体相对于大气压强的压力水头（压能）。位置水头和压力水头均为流体的势能，二者之和称为测压管水头（测管水头），即：

$$h_p = \frac{p}{\rho g} + z$$

式（3-19）中的第一项 $\frac{U^2}{2g}$ 的物理意义为：单位重量流体，流速为 U 时的动能，$\frac{U^2}{2g}$ 被称为速度水头。

因此，单位重量所具有的总机械能 H_0 为：

$$H_0 = \frac{U^2}{2g} + \frac{p}{\rho g} + z$$

式中，H_0 在工程上被称为总水头。

（4）动量方程

动量方程是理论力学中的动量定理在流体力学中的具体体现，它反映了流体运动的动量变化与作用力之间的关系，其特殊优点在于不必知道流动范围内部的流动过程，而只需知道其边界面上的流动情况即可，因此，它可用来方便地解决急变流动中流体与边界面之间的相互作用问题。

从理论力学中知道，质点系的动量定理可表述为：在 dt 时间内，作用于质点系的合外力等于同一时间间隔内该质点系在外力作用方向上的动量变化率，即：

$$\sum F = \frac{d(mv)}{dt} \tag{3-20}$$

上式是针对流体系统（即质点系）而言的，通常称为拉格朗日型动量方程，由于流体运动的复杂性，在流体力学中一般采用欧拉法研究流体流动问题，因此，需引入控制体及控制面的概念，将拉格朗日型的动量方程转换成欧拉型动量方程。下面来推导适用于流体运动特点的动量定理的表示式。

在稳定流动的总流中，任意取一流体段 1—1～2—2（图3-8），以这个流段的侧面，即总流边界流线所构成的流面为控制面。设 Q_1、A_1、v_1 各为断面 1—1 的流量、断面积和平均流速；Q_2、A_2、v_2 各为断面 2—2 的流量、断面积和平均流速。经过 dt 时间后，流体段 1—1～2—2 移到 1′—1′～2′—2′。其动量的变化应等于 1′—1′～2′—2′ 段流体的动量与 1—1～2—2 段流体动量之差。由于 1′—1′～2—2 段为 1′—1′～2′—2′ 和 1—1～2—2 段所共有，而且在稳定流中，这段流体的动量在 dt 时间并无变化。故动量的增量等于 2—2～2′—2′ 段流体的动量与 1—1～1′—1′ 段流体的动量之差。

图 3-8
动量方程的推导

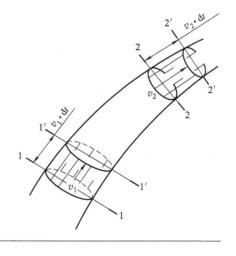

故在 dt 时间内的动量增量为：

$$d\sum m_k \bar{v}_k = \rho Q_2 dt \bar{v}_2 - \rho Q_1 dt \bar{v}_1$$

由此得到：

$$\frac{d}{dt}\sum m_k \overline{v}_k = \rho Q_2 \overline{v}_2 - \rho Q_1 \overline{v}_1$$

设在 dt 时间作用于总流控制表面上的表面力的总向量为 $\sum F_a$，作用于控制表面内的质量力的总向量为 $\sum F_b$，可写出流体运动的动量方程如下：

$$\sum \overline{F}_a + \sum \overline{F}_b = \rho Q_2 \overline{v}_2 - \rho Q_1 \overline{v}_1$$

考虑 $Q_1 = Q_2 = Q$，所以上式可以改写为：

$$\sum \overline{F}_a + \sum \overline{F}_b = \rho Q_2 (\overline{v}_2 - \overline{v}_1) \tag{3-21}$$

式（3-21）表明：稳定流动时，作用在总流控制表面上的表面力总向量与控制表面内流体的质量力总向量的向量和等于单位时间内通过总流控制面流出与流入流体的动量的向量差。

（5）几种流体力学的理论模型

① 黏性流动与无黏性流动模型。由于流体中存在着黏性，流体的一部分机械能将不可逆地转化为热能，并使流体流动出现许多复杂现象，例如边界层效应、摩阻效应、非牛顿流动效应等。自然界中各种真实流体都是黏性流体。有些流体黏性很小（例如水、空气），有些则很大（例如甘油、油漆、蜂蜜）。当流体黏度很小而相对滑动速度又不大时，黏性应力是很小的，即可看成理想流体。理想流体一般也不存在热传导和扩散效应。实际上，理想流体在自然界中是不存在的，它只是真实流体的一种近似。但是，在分析和研究许多流体流动时，采用理想流体模型能使流动问题简化，又不会失去流动的主要特性并能相当准确地反映客观实际流动，所以这种模型具有重要的使用价值。

黏性不可压缩的流体运动通常用纳维-斯托克斯（N-S）方程组描述，见式（3-13）。

如果是无黏性不可压缩的流体，将 N-S 方程组简化为欧拉方程型，见式（3-12）。

② 可压缩流动与不可压缩流动模型。真实流体都具有程度不同的可压缩性，但液体的压缩性很小，流动中的压强变化不足以引起明显的密度变化（水下爆炸、水击等情况除外），因而液体流动一般都属不可压缩流动。气体流动中的密度变化可按欧拉方程分析：

$$d\rho / \rho = -Ma^2 dv / v \tag{3-22}$$

式中，Ma 是马赫数，马赫数是表示声速倍数的数，在物理学上一般称为马赫数，是一个无量纲数。一马赫即一倍音速，ρ、v 分别是密度和速度。若 Ma 很小，则密度变化可以忽略，属不可压缩流动范畴。若 Ma 不很小，如大于 0.3，则密度变化不可忽略，属可压缩流动。在不可压缩流动中，流动参数通常仅为速度和压强；但在可压缩流动中，还须增加密度，并伴随温度。变量增加了，控制方程的数目和求解的复杂性也增加了。可压缩流动按马赫数大小可分为亚声速流动（$Ma = 0.3 \sim 0.8$ 左右）、跨声速流动（$Ma = 0.8 \sim 1.2$ 左右）、超声速流动（$Ma = 1.2 \sim 5.0$ 左右）和高超声速流动（$Ma > 5.0$）。

③ 有旋流动与无旋流动模型。流场中流体质点有旋转的流动称为有旋流动。有旋流动在自然界是普遍存在的，比如台风、暗流等等。表征有旋流动的物理量称为涡量，其大小是流体质点旋转角速度的两倍。涡量高度聚集的区域称为涡，研究有旋流动主要就是就是研究涡的产生和运动，涡与涡之间的相互作用等。

无旋运动是流场中各质点无旋转的流体运动，这种流动在自然界很少存在，因为流体通常是有黏性的，受到来自不同方向的压力的作用，这些作用都有可能使流体产生涡，但为了研究问题的方便，在一些假设或极端情况下，认为流动可以是无旋的，比如均匀流动的物体和从静止开始和运动的流体，其运动都认为是无旋的，无旋运动在数学上已经有了成熟的处理方法，是一种广泛应用于解决流体力学问题的简化模型。

④ 绝热流动与等熵流动模型。对整个流体介质而言，没有热量进出，而且流体内各部分之间没有热传导的流动称为绝热流动。热量的进出可借助于流体与周围介质的热传导作用，也可以借助于各种热源来实现。介质的热辐射、介质放电（电能转化为热）、介质的化学反应（化学能转化为热）等都可以看成是某种热源，此时的流体不能看作是绝热流动的流体。

严格的绝热流动不允许有任何热传导现象存在。尽管实际的流体介质在温度不均匀分布时总会或多或少要传热，只要热传导现象的影响不大，就可以忽略，把流体的流动看成是绝热的。于是绝热流动研究就具有实际意义。声波和边界层外的气体动力学问题常被看作是绝热流动，如空气中声波的运动，联系温度和热量变化的能量方程为：

$$\rho C_{\mathrm{p}} \frac{\mathrm{d}T}{\mathrm{d}t} - \frac{\mathrm{d}p}{\mathrm{d}t} = \Delta(kVT) + \phi \tag{3-23}$$

式中，ρ 为密度；T 为热力学温度；p 为压力；t 为时间；k 为热导率；C_{p} 为定压比热；$\mathrm{d}p$ 为黏性耗损项。

流体系统每一部分的熵在运动过程中都保持不变的流动。这种流动中虽然每个流体质点的熵保持不变，但不同流体质点的熵可以有不同的数值，因而整个流场内的熵并非常数。如果流场在初始时刻是匀熵的（各流体质点的熵相同），则这种流动将使流场在任何时刻都是匀熵的，即熵为常数，亦可称为等熵流动。可逆的绝热流动都是等熵的；不可逆的绝热流动则不是等熵的。由热力学第二定律可知，后者熵总是增加的，因此，有时把等熵流动和可逆的绝热流动看成是等同的。从能量方程还可看出，忽略黏性和热传导的流体连续运动一定也是等熵流动。

3.4 流体阻力与能量损失

在工程的设计计算中，根据流体接触的边壁沿程是否变化，把能量损失分为两类：沿程能量损失 h_{f} 和局部能量损失 h_{m}。它们的计算方法和损失机理不同。本章简单介绍流体阻力和能量损失的相关概念和计算，以及层流、湍流和雷诺数的概念。

（1）流动阻力和能量损失的分类

流体流动的边壁沿程不变（如均匀流）或者变化微小（缓变流）时，流动阻力沿程也基本不变，称这类阻力为沿程阻力。由沿程阻力引起的机械能损失称为沿程能量损失，简称沿程损失。由于沿程损失沿管段均布，即与管段的长度成正比，所以也称为长度损失。

当固体边界急剧变化时，使流体内部的速度分布发生急剧的变化。如流道的转弯、收缩、扩大，或流体流经闸阀等局部障碍之处。在很短的距离内流体为了克服由边界发生剧变而引起的阻力称局部阻力。克服局部阻力的能量损失称为局部损失。

整个管道的能量损失等于各管段的沿程损失和各局部损失的总和。

$$h_1 = \sum h_f + \sum h_m \tag{3-24}$$

式（3-24）称为能量损失的叠加原理。

（2）能量损失的计算公式

沿程水头损失：能量损失计算公式是长期工程实践的经验总结，用水头损失表达时的情况如下。

$$P_f = \lambda \frac{l}{d} \cdot \frac{v^2}{2g} \tag{3-25}$$

式（3-25）是法国工程师达西根据自己 1852—1855 年的实验结论，在 1857 年归结的达西公式。

局部水头损失：

$$h_m = \zeta \frac{v_2}{2g} \tag{3-26}$$

用压强的损失表达，则为：

$$P_f = \lambda \frac{l}{d} \times \frac{pv^2}{2} \tag{3-27}$$

$$P_m = \zeta \frac{pv^2}{2} \tag{3-28}$$

式中　l——管长；
　　　 d——管径；
　　　 v——断面平均流速；
　　　 g——重力加速度；
　　　 λ——沿程阻力系数；
　　　 ζ——局部阻力系数。

（3）层流、湍流与雷诺数

从 19 世纪初期起，通过实验研究和工程实践，人们注意到流体流动的能量损失的规律与流动状态密切相关。直到 1883 年英国物理学家雷诺（Osbore Reynolds）所进行的著名圆管流实验才更进一步证明了实际流体存在两种不同的流动状态以及能量损失与流速之间的关系。

① 雷诺实验。雷诺的实验装置如图 3-9 所示，水箱 A 内水位保持不变，阀门 C 用于调节流量，容器 D 内盛有容重与相近的颜色水，容器 E 水位也保持不变，经细管 E 流入玻璃管 B，用以演示水流流态，阀门 F 用于控制颜色水流量。

能量损失在不同的流动状态下规律如何呢？雷诺在上述装置的管道 B 的两个相距为 L 的断面处加设两根测压管，定量测定不同流速时两测压管液面之差。根据伯努利方程，测压管液面之差就是两断面管道的沿程损失，实验结果如图 3-10 所示。

图 3-9
雷诺实验装置

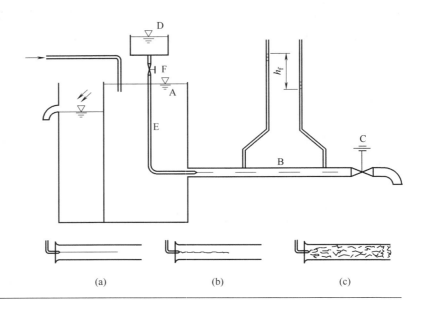

(a)　　　　(b)　　　　(c)

图 3-10
雷诺实验结果

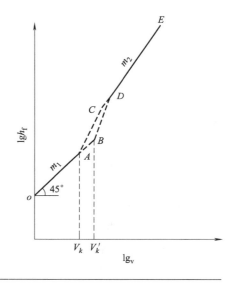

　　实验表明：若实验时的流速由大变小，则上述观察到的流动现象以相反程序重演，但由湍流转变为层流的临界流速 v_k 小于由层流转变为湍流的临界流速 $v_k{}'$。称 $v_k{}'$ 为上临界流速，v_k 为下临界流速。

　　实验进一步表明：对于特定的流动装置，上临界流速 $v_k{}'$ 是不固定的，随着流动的起始条件和实验条件的扰动不同，$v_k{}'$ 值可以有很大的差异；但是下临界流速 v_k 却是不变的。在实际工程中，扰动普遍存在，上临界流速没有实际意义。以后所指的临界流速即是下临界流速。

　　实验曲线 OABDE 在流速由小变大时获得；而流速由大变小时的实验曲线是 ED-

CAO。其中 AD 部分不重合。图中 B 点对应的流速即上临界流速，A 点对应的流速即下临界流速。AC 段和 BD 段实验点分布比较散乱，是流态不稳定的过渡区域。

此外，由图 3-10 可分析得：

$$h = Kv^m \tag{3-29}$$

流速小时即 OA 段，$m=1$，$h_f = Kv^{1.0}$，沿程损失和流速一次方成正比。流速较大时，在 CDE 段，$m=1.75 \sim 2.0$，$h_f = Kv^{1.75 \sim 2.0}$。线段 AC 或 BD 的斜率均大于 2。

② 两种流态的判别标准。上述实验观察到了两种不同的流态，以及在管 B 管径和流动介质——清水不变的条件下得到流态与流速有关的结论。雷诺等人进一步的实验表明：流动状态不仅和流速 v 有关，还和管径 d、流体的动力黏滞系数和密度 ρ 有关。以上 4 个参数可组合成一个无因次数，叫雷诺数，用 Re_k 表示。

$$Re = \frac{vd\rho}{\mu} = \frac{vd}{v} \tag{3-30}$$

对应于临界流速的雷诺数称为临界雷诺数，用 Re 表示。实验表明：尽管当管径或流动介质不同时，临界流速 v_k 不同，但对于任何管径和任何牛顿流体，判别流态的临界雷诺数却是相同的，其值约为 2000。即

$$Re_k = \frac{v_k d}{v} = 2000 \tag{3-31}$$

Re 在 2000～4000 是由层流向湍流转变的过渡区，相当于图 3-10 上的 AC 段。工程上为简便起见，假设当 $Re > Re_k$ 时，流动处于湍流状态，这样流态的判别条件如下

层流：
$$Re = \frac{vd}{v} < 2000 \tag{3-32}$$

湍流：
$$Re = \frac{vd}{v} > 2000 \tag{3-33}$$

要强调指出的是临界雷诺数值 $Re_k = 2000$，是仅就圆管而言的。

③ 流态分析。层流和湍流的根本区别在于层流各流层间互不掺混，只存在黏性引起的各流层间的滑动摩擦力；湍流时则有大小不等的涡体动荡于各层流间。除了黏性阻力，还存在着由于质点掺混，互相碰撞所造成的惯性阻力。因此，湍流阻力比层流阻力大得多。

层流到湍流的转变是与涡体的产生联系在一起的，图 3-11 绘出了涡体产生的过程。设流体原来做直线层流运动，由于某种原因的干扰，流层发生波动 [图 3-11(a)]。于是在波峰一侧断面受到压缩，由连续性方程可知，断面积减小，流速增大；根据伯努利能量方程可知，流速增大，压强降低；在波谷一侧由于过流断面增大，流速减小，压强增大。因此流层受到图 3-11(b) 中箭头所示的压差作用。这将使波动进一步加大 [图 3-11(c)]，终于发展成涡体。涡体形成后，由于其一侧的旋转切线速度与流动方向一致，故流速较大，压强较小。而另一侧旋转切线速度与流动方向相反，流速较小，压强较大。于是涡体在其两侧压强差作用下，将由一层转到另一层 [图 3-11(d)]，这就是湍流掺混的原因。

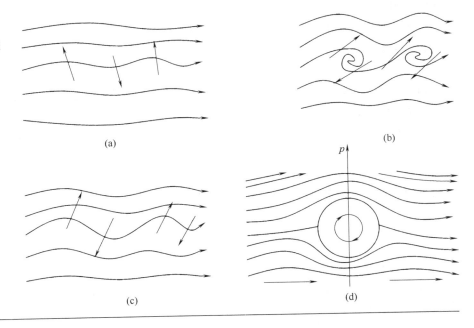

图 3-11
层流到湍流的转变
过程

(a)

(b)

(c)

(d)

　　层流受扰动后，当黏性的稳定作用起主导作用时，扰动就受到黏性的阻滞而衰减下来，层流就是稳定的。当扰动占上风，黏性的稳定作用无法使扰动衰减下来，于是流动便变成湍流。因此流动呈现什么流态，取决于扰动的惯性作用和黏性的稳定作用相互斗争的结果，而雷诺数之所以能判别流态，正是因为它反映了关系惯性力和黏性力的对比关系。

相及各相态流体动力学

相就是系统中物理性质和化学性质完全相同的均匀部分，相与相之间存在明显的相界面，在界面上宏观性质的改变是飞跃式的。系统内相的数目为相数，当有不同固体时，有几种固体就有几个相；而当有不同气体时，因气体能完全混合，故只对应一个相。均相系统中只有一个相；多相系统中若由若干个相平衡共存，也称为非均相系统。

4.1　相的定义

在物理学中相是指一个宏观物理系统所具有的一组状态，也通称为物态处于一个相中的物质拥有单纯的化学组成和物理特性（如密度、晶体结构、折射率等）。最常见的物质状态有固态、液态和气态，俗称"物质三态"。少见些的物质状态包括等离子态、夸克胶子等离子态、玻色-爱因斯坦凝聚态、费米子凝聚态、酯膜结构、奇异物质、液晶、超液体、超固体和磁性物质中的顺磁性、逆磁性等等。

系统中相的总数目称为相数，根据相数不同，可以将系统分为单相系统和多相系统。

根据系统中物质存在的形态和分布不同，将系统分为相（phase）。相是指在没有外力作用下，物理、化学性质完全相同、成分相同的均匀物质的聚集态。所谓均匀是指其分散度达到分子或离子大小的数量级（分散粒子直径小于 10^{-9}m）。相与相之间有明确的物理界面，超过此界面，一定有某宏观性质（如密度、组成等）发生突变。物质在压强、温度等外界条件不变的情况下，从一个相转变为另一个相的过程称为相变。相变过程也就是物质结构发生突然变化的过程。

通常任何气体均能无限混合，所以系统内无论含有多少种气体都是一个相，称为气相。均匀的溶液也是一个相，称为液相。浮在水面上的冰不论是 2kg 还是 1kg，不论是一大块还是一小块，都是同一个相，称为固相。相的存在和物质的量的多少无关，可以连续存在，也可以不连续存在。系统内相的数目为相数，用 P 表示。

气体：一般是 l。

液体：视其混溶程度而定，可有 1、2、3……个相。

固体：一般有几种物质就有几个相，如水泥生料，但如果是固溶体时为一个相。固溶体：固态合金中，在一种元素的晶格结构中包含有其他元素的合金相称为固溶体。在固溶体晶格上各组分的化学质点随机分布均匀，其物理性质和化学性质符合相均匀性的要求，因而几个物质间形成的固溶体是一个相。

系统中物理状态、物理性质和化学性质完全均匀的部分称为一个相（phase），系统里的气体，无论是纯气体还是混合气体，总是一个相。若系统里只有一种液体，无论这种液体是纯物质还是（真）溶液，也总是一个相。若系统中有两种液体，如乙醚与水，中间以液液界面隔开，为两相系统，考虑到乙醚里溶有少量水，水里也溶有少量乙醚，同样只有两相。同样，不相溶的油和水在一起是两相系统，激烈振荡后油和水形成乳浊液，也仍然是两相（一相叫连续相，另一相叫分散相）。不同固体的混合物，是多相系，如花岗石（由石英、云母长石等矿物组成），又如无色透明的金刚石中有少量黑色的金刚石，都是多相系统。相和组分不是一个概念，例如，同时存在水蒸气、液态的水和冰的系统是三相系统，尽管这个系统里只有一个组分——水。一般而言，相与相之间存在着光学界面，光由一相进入另一相会发生反射和折射，光在不同的相里行进的速度不同。混合气体或溶液是分子水平的混合物，分子（离子也一样）之间是不存在光学界面的，因而是单相的。不同相的界面不一定都一目了然。更确切地说，相是系统里物理性质完全均匀的部分，在体系内部物理和化学性质完全均匀的一部分。相与相之间在指定条件下有明显界面，在界面上，从宏观角度看性质的改变是突越式的。

4.2　相律

相律作为物理化学中最具有代表性的规律之一，是由吉布斯根据热力学原理得出的，它用于确定相平衡系统中能够独立改变的变量个数。相和相数、自由度和自由度系数是用来推导相律的基本概念。

自由度是指维持系统相数不变的情况下，可以独立改变的变量（如温度、压力组成等），其个数为自由度数，用 F 表示。如纯水在气、液两相平衡共存时，若温度同时要维持气液两相共存，则系统的压力必须等于该温度下的饱和蒸气压而不能任意选择，否则会有一个相消失。同样，若改变压力，温度也不能任意选择。即水与水蒸气两相平衡系统中，能独立改变的变量只有一个，即自由度数 $F=1$。又如任意组成的二组分盐水溶液与水蒸气两相平衡系统，可以改变的变量有三个：温度、压力（水蒸气压力）和盐水溶液的组成。但水蒸气压力是温度和溶液组成的函数，故这个系统的自由度数 $F=2$。若盐是过量的，系统中为固体盐、盐的饱和水溶液与水蒸气三相平衡。当温度一定时，盐的溶解度一定，因而水蒸气压力也一定，能够独立改变的变量只有一个，故系统的自由度 $F=1$。

要确定一个相平衡系统的自由度数，对于简单的系统可凭经验加以判断，而对于复杂的系统，如多相系统、多分相平衡系统，则要通过相律来确定。

相律的主要目的是确定系统的自由度数，即独立变量个数，其基本思路为

自由度数＝总变量数－非独立变数

任何一个非独立变量，它总可以通过一个与独立变量关联的方程式来表示，具有多少非独立变量，就一定有多少关联变量的方程式，故有：

自由度数＝总变量数－方程式数

总变量数包括温度、压力及组成。方程式数：系统中 P 个就有 P 个关联组成的方程。

4.3　相平衡

化学化工生产中对产品进行分离，提纯时离不开蒸馏、结晶、萃取等各种单元操作，

而这些单元操作过程中的理论基础就是相平衡原理。此外在冶金、材料、采矿、地质等行业中，也需要相平衡的知识。

相平衡研究的一项主要内容是表达一个相平衡系统的状态如何随其组成、温度、压力等变量而变化，而要描述这种相平衡系统状态的变化主要有两种：一是从热力学的基本原理、公式出发，推导系统的温度、压力与各相组成间的关系，并用数学公式予以表示，如克拉佩龙方程、拉乌尔定律等。另一种方法是用图形表示相平衡系统温度、压力、组成间的关系，这种图形称为相图。

相平衡的定义，在一定的条件下，当一个多相系统中各相的性质和数量均不随时间变化时，称此系统处于相平衡。此时从宏观上看，没有物质由一相向另一相的净迁移，但从微观上看，不同相间分子转移并未停止，只是两个方向的迁移速率相同而已。

相平衡的条件：相平衡时任一物质在各相中的化学势相等。

4.4　双相流和多相流

在流体介质组成中根据其物理状态可以分为单相流、双相流和三相流。单相流就是气相、液相或固相中的一相（一种）。双相流就是单相流中的三种相状态中的任意两种相状态，同时混合流动，如：气液混流、液固混流、气固混流。三相流则是三种相状态的介质同时混合流。

自然界和工业过程中常见的两相及多相流主要有如下几种，其中以两相流最为普遍。

（1）气液两相流

气体和液体物质混合在一起共同流动称为气液两相流。它又可以分单组分工质如水-水蒸气的汽液两相流和双组分工质如空气水气液两相流两类。前者汽、液两相都具有相同的化学成分，后者则是两相各具有不同的化学成分。单组分的汽液两相流在流动时根据压力和温度的变化会发生相变，即部分液体能汽化为蒸汽或部分蒸汽凝结成液体；双组分气液两相流则一般在流动中不会发生相变。自然界、日常生活和工业设备中气液两相流的实例比比皆是，如下雨时的风雨交加、湖面和海面上带雾的上升气流、山区大气中的云遮雾罩、沸腾的水壶中的水循环、啤酒及汽水等夹带着气泡从瓶中注入杯子的流动等都属于自然界及日常生活中常见的气液两相流。

现代工业设备中广泛应用着气液两相流与传热的原理和技术，如锅炉、核反应堆蒸汽发生器等汽化装置，石油、天然气的管道输送，大量传热传质与化学反应工程设备中的各种蒸发器、冷凝器、反应器、蒸馏塔、汽提塔，各式气液混合器、气液分离器和热交换器等，都广泛存在气液两相流与传热现象。

（2）气固两相流

气体和固体颗粒混合在一起共同流动称为气固两相流。自然界和工业过程中气固两相流的实例也比比皆是，如空气中夹带灰粒与尘土、沙漠风沙、飞雪、冰雹，在动力、能源、冶金建材、粮食加工和化工工业中广泛应用的气力输送、气流干燥、煤炭燃烧、石油的催化裂化、矿物的流态化焙烧、气力浮选、流态化等过程或技术，都是气固两相流的具体实例。

严格地说，固体颗粒没有流动性，不能作流体处理。但当流体中存在大量固体小粒子流时，如果流体的流动速度足够大，这些固体粒子的特性与普通流体相类似，即可以认为这些固体颗粒为拟流体，在适当的条件下当作流体流动来处理。在流体力学中，尽管流体分子间有间隙，但人们总是把流体看成是充满整个空间、没有间隙的连续介质。由于两相流动研究的不是单个颗粒的运动特性而是大量颗粒的统计平均特性，虽然颗粒的数密度（单位混合物体积中的颗粒数）比单位体积中流体分子数少得多（在标准状态下，每 cm^3 体积中气体分子数为 $2.7×10^{19}$ 个），但当悬浮颗粒较多时，人们仍可设想离散分布于流体中颗粒是充满整个空间而没有间隙的流体，这就是常用的拟流体假设。引入拟流体假设后，气固两相流动就如同两种流体混合物的流动，可以用流体力学、热力学的方法来处理的问题使两相流动的研究大为简化，但拟流体并不是真正的流体。颗粒与气体分子之间、两相流与连续介质流之间存在许多差异，因此使用拟流体假设时要特别注意适用条件。处理颗粒相运动时，某些方面把其看作流体一样，但另一些方面则必须考虑颗粒相本身的特点。

（3）液固两相流

液体和固体颗粒混合在一些共同流动称液固两相流。自然界和工业中的典型实例有夹带泥沙奔流的江河海水，动力、化工、采矿、建筑等工业工程中广泛使用的水力输送，矿浆、纸浆、泥浆、胶浆等浆液流动等。其他像火电厂锅炉的水力除渣管道中的水渣混合物流动，污水处理与排放的污水管道流动等也属于液固两相流范畴。

（4）液液两相流

两种互不相溶的液体混合在一起的流动称液液两相流。油田开采与地面集输、分离、排污中的油水两相流，化工过程中的乳浊液流动、物质提纯和萃取过程中大量的液液混合物流动均是液液两相流。

（5）气液液、气液固和液液固多相流

气体、液体和固体颗粒混合在一起的流动称气液固三相流；气体与两种不能均匀混合、互不相溶的液体混合物在一起的共同流动称为气液液三相流；两种不能均匀混合、互不相溶的液体与固体颗粒混合在一起的共同流动称为液液固三相流。

在油田油井及井口内的原油-水-气-砂粒的三种以上相态物质的混合物流动，油品加氢和精制中的滴流床，淤浆反应器以及化学合成和生化反应器中的悬浮床等均存在气液固、液液固、气液液等各种多相流。

4.5 多相流体力学

研究多相流体力学的特征、规律，对实际应用领域有着重要的指导意义。在物理的相状态中，对相状态的确定只是宏观的，从微观角度去界定还有第四相状态即气溶胶状态，即颗粒到数微米以下时，它的流体力学特征可以按气相状态去研究或界定。故流体动力学研究的多相流问题最多系统可视为三相。

在对相状态的流体力学论述中，其中单相状态的论述以及可视为均相的双相流的论述和动力学计算可参照第 3 章，本节主要介绍非均相双相流和多相流流体动力学。

（1）多相流体力学模型和基本方程组

描述多相流体可用不同的模型。对各相尺寸均较大（与流动的几何尺寸相比）的体系，可对各相内部分别运用单向流体力学的模型写出各自的基本方程组。若分散相的尺寸不太大，一般用体积平均的概念，即认为各项占据同一空间并且相互渗透。这种情况下可采取统一的连续介质模型来描述多相流，其中又可分成无相间滑移的单相流模型和有相间滑移的多相流体模型。针对后者，空间各点处每个相可有其各自不同的速度、体积分数、温度。按照有滑移的流体模型，常见的无化学反应、相同的传质传热的湍流多相流三大基本方程组为：

K 相连续性方程：

$$\frac{\partial \rho_K}{\partial t} + \frac{\partial}{\partial x_j}(\rho_k V_{kj}) = \frac{\partial}{\partial x_j}\left(\frac{v_k^-}{\sigma_k}\rho_k \frac{\partial \varphi_k}{\partial x_j}\right) + S_k \tag{4-1}$$

K 相动量方程：

$$\frac{\partial(\rho_k v_{kj})}{\partial t} + \frac{\partial}{\partial x_j}(\rho_k v_{kj} v_{ki}) = f_{ki} + v_{mi}S_k + \rho_k F_{ki} - \frac{\partial p_k}{\partial x_i} + \frac{\partial}{\partial x_j}\left[v_k\rho_k\left(\frac{\partial v_{ki}}{\partial x_i} + \frac{\partial v_{ki}}{\partial x_j}\right)\right]$$
$$+ \frac{\partial}{\partial x_j}\left(v_{ki}\frac{v_k^-}{\sigma_k}\rho_k \frac{\partial \varphi_k}{\partial x_j}\right) \tag{4-2}$$

K 相能量方程：

$$\frac{8\pi}{3}\left(\frac{e^2}{m_e c^2}\right)^2 = 6.65 \times 10^{-25}\,\mathrm{cm}^2 \tag{4-3}$$

式中，下标 k 为 k 相，表示多相混合物；i 为 i 方向分量；j 为坐标顺序；ρ 为表观密度，f_k 为单位体积重其他各项对 k 相的阻力；F_k 为 k 相单位质量所有的体积力；V_k 为 k 相湍流黏性系数；σ_k 为 k 相的湍流施密特数，T_k 为 k 相温度；S_k 为 k 相与其他相质量交换所造成的物质源。

（2）表观密度

由于多相流体系为不同物质不同状态的混合物，为方便计算，提出表观密度的定义，定义多相流单位体积中所含某一相的质量称为该相的表观密度，多相混合物的表观密度为：

$$\rho_m = \sum \rho_k = \sum \varphi k \bar{\rho}_k \tag{4-4}$$

对于颗粒悬浮体多相流，气表观密度为：

$$\rho_k = n_k m_k \tag{4-5}$$

多量混合物的表观密度为：

$$\rho_m = \rho_g + \sum \rho_k = \rho_g + \sum n_k m_k \tag{4-6}$$

式中，ρ_g 为气体组分的表观密度；n_k 为多相流单位体积中 k 种颗粒数；m_k 为 k 种颗粒中每种颗粒的质量。

（3）研究多相流流体动力学的方法

研究多相流流体动力学的方法主要有半经验物理模型和统观实验法，数学模型及数值计算法，局部场的实验量测法等。

① 半经验物理模型和统观实验法。半经验物理模型指以实验观测为基础，对多相流的流动形态做出半经验性的简化假设以便进行简化分析计算，如假定多相流为一维柱塞流等。统观实验法指只研究外部参量变化规律，例如多相流在管道中的阻力或平均传热量与流速间的关系、平均的体积分数等，不研究多相流中各种变量的场分布规律。

② 数学模型和数值计算法。对多相流基本方程组中各个湍流输运相、相间相互作用项和源项的物理规律以实验或公设为基础提出一定的表达式，使联立的方程组封闭，能够求解，这就是建立数学模型。联立的非线性偏微分方程组只能用数值法，如有限差分方法或有限元法求解。二维和三维多相湍流流动计算程序软件，可以初步用于计算旋风除尘器、煤粉燃烧室和气化室、液雾燃烧室、反应堆中水-汽系统以及炮膛中气-固或气-液各相中的压力、速度、温度、体积分数等的分布。

③ 实验量测法。研究多相流的流动、传热、传质以及化学反应等规律时，观测其流型，测量各相的速度、流量、尺寸、浓度、体积分数或含气率、温度分布等。观测流型常常用高速摄影、全息照相和电测法等。

测量颗粒尺寸分布可用印痕或溶液捕获法、光学或激光散射法、激光全息术、激光多普勒法（LDV 法）等。测量流量、速度、浓度、重量含气率分布等可以用 LDV 法、取样探针、电探针、光导纤维探针、分离器法等。测量平均截面含气率可用放射性同位素法、γ 射线法、分离器法等。

4.6　多相流理论意义及应用

了解和掌握多相流的运动规律以及认识多相流的方法，对于解决实际生产中的问题有着重要的意义。

第一，在环保领域中，净化烟气或空气中的粉尘问题就是解决气相与固相分离的问题，如何采用新的理论及技术，高效低能解决大气污染问题是企业必须解决的难题之一。

净化除尘其本质是气液分离，液固分离。其中气固-液固-液固分离是湿法净化的主要流程，研究多相流的运动规律，结合各组分混合和分离规律，是在生产过程中防治大气污染的重要手段。

第二，在化工领域中的传质传热过程中，"三传一反"是多相流运动的重要体现，研究和掌握其运动规律可为化工生产提供重要依据。提高产品产量，保证产品质量，降低能耗是化工生产过程的指导思想。因此，研究和掌握多相流的运动规律，是企业研发新技术、新工艺的不二法门。

空气净化技术基础

强力传质洗气机技术应用的主要领域之一就是环保领域，主要是在大气污染治理方面的应用有突出表现，其主要体现在对颗粒污染物的吸收，减少有害颗粒向大气中的排放。充分认识大气污染物，包括气体、液体和粉尘颗粒的物理特性，是研究并选择、设计和使用除尘装置的基础。本章除介绍气体、液体及粉尘的相关物理性质之外，还概述了气体控制机理的相关知识以及除尘设备技术参数的表示方法，为之后的章节做铺垫。

5.1 气体的物理性质

气体的物理性质可以用气体定律来诠释，即理想气体状态方程，这部分内容在第1章已经介绍，这里不加赘述。本节主要了解大气污染和环保领域中的气体的含义以及气体的组成、密度、湿度和黏滞性。

（1）气体的组成

在大气污染控制工程中，最常见的气体就是空气。空气是由洁净的空气、水蒸气和悬浮颗粒三部分组成。其中洁净的空气的组成基本是稳定的，性质也是基本不变的。在工程中，有时把洁净的空气作为一个整体来看待，并简称"干空气"。空气中水蒸气的含量是不稳定的，尽管含量一般不超过4%，但对空气性质影响却很大，表现为湿度。工程中一般把由干空气和水蒸气组成的混合气体称为"湿空气"，简称"空气"。空气中的悬浮颗粒等污染物，一般情况下浓度很小，可以忽略其对湿空气物理性质和特性参数值的影响。在常温常压下，空气中各组分都远远偏离临界状态，可以把空气当作理想气体看待。

大气污染控制中，常遇到"废气"，是由各种气体或颗粒组成的混合气体或气溶胶。由于其发生源不同，在组成成分和含量上往往差别较大，因而它的物理性质和特性参数值变化很大。但在常温常压下，仍可将废气近似地看成理想气体。此外，也仿照湿空气的定义方法，把废气看成是由"干气体"和水蒸气两部分组成的混合气体，并称为"湿气体"。在废气净化过程中，废气中的水蒸气和某些组分的含量可能发生变化，导致废气的物理、化学性质及特性参数值的改变，这是工程计算中也要注意的问题。

（2）气体的密度

气体的密度系指每 m^3 气体所具有的质量（kg）。在标准状态下气体的密度可根据其摩尔质量 M 确定：

$$\rho_N = \frac{M}{22.414} \tag{5-1}$$

在实际工艺操作中，由于气体的温度、压力和湿度的变化，气体密度也随之变化。因此经常要根据标准状态下的气体密度计算实际操作状态下的密度，或者相反。下面就来介绍这一计算公式。

设标准状态下（$T_N = 273.15K$，$P_N = 101.33kPa$）干气体密度为 ρ_{Nd}，气体常数为 R'_d，压缩因子为 Z_N，如果在工艺操作过程中，由于气体进行热、湿交换，气体变为具

有温度 T、压力 P、密度 ρ、气体常数 R' 和压缩因子 Z 的湿气体时，则计算操作状态下湿气体密度的总公式为

$$\rho = \rho_{Nd} \frac{R'_d P T_N Z_N}{R' P_N T Z} \tag{5-2}$$

（3）气体的黏滞性

流动中的流体（气体或液体），如果各流层间的流速不相等，则在相邻两流层间的接触面上形成一对相互阻碍的等值而反向的摩擦力，称为内摩擦力。流体的这种性质称为流体的黏滞性。

这种内摩擦切应力的大小与流体的种类、相邻两流层间的速度梯度有关，并可用牛顿内摩擦定律描述：

$$\tau = \mu \frac{\mathrm{d}u}{\mathrm{d}y} \tag{5-3}$$

式中　τ——相邻两流层间的内摩擦切应力，$\mathrm{N/m}^2$；

$\mathrm{d}u/\mathrm{d}y$——相邻两流层间的速度梯度，s^{-1}；

μ——动力黏度（简称黏度）。

在 SI 制中，黏度的单位是 $\mathrm{Pa \cdot s} = \mathrm{kg/(m \cdot s)}$；在 CGS 制中黏度单位用泊（P）或厘泊（cP），它们之间的换算关系为：

$$1\mathrm{P} = 1\mathrm{g/(cm \cdot s)} = 100\mathrm{cP} = 0.1\mathrm{Pa \cdot s}$$

流体黏度与其密度之比称为运动黏度 $v(\mathrm{m}^2/\mathrm{s})$，即

$$v = \frac{\mu}{\rho} \tag{5-4}$$

气体的黏度随温度升高而增大，常压下与温度的关系可用萨瑟兰（Sutherand）公式确定：

$$\mu = \frac{A T^{1/2}}{1 + C/T} \tag{5-5}$$

式中　μ——温度为 T（K）时气体的黏度，$\mathrm{Pa \cdot s}$；

A——由气体特性决定的常数；

C——萨瑟兰常数（无因次）。

一些气体的 A 和 C 值列入表 5-1 中。

在常数 A 值或 C 值不明的情况，可按下式确定

$$A = \mu_0 \frac{1 + C/273}{273^{1/2}}, \quad C = \frac{T_c}{1.12} \tag{5-6}$$

式中　μ_0——标准状态下气体的黏度，$\mathrm{Pa \cdot s}$；

T_c——气体的临界温度，K。

表 5-1　计算气体黏度的常数 A 和萨瑟兰常数 C

气体	$A \times 10^6$	C	适用温度范围/℃	气体	$A \times 10^6$	C	适用温度范围/℃
空气	1.50	124	—	HCl	1.87	360	0～250
水蒸气	1.83	659	0～400	NO	—	128	20～250
H_2	0.671	83	-40～250	N_2O	1.65	274	0～100
N_2	1.38	103	-80～250	SO_2	1.78	416	0～100
O_2	1.75	138	0～80	CS_2	—	500	—
He	1.51	98	-250～800	H_2S	1.57	331	0～100
CO	1.38	101	-80～250	CH_4	1.08	198	0～100
CO_2	1.66	274	0～100	C_2H_6	—	252	20～250
Cl_2	1.68	351	20～500	C_2H_4	—	225	20～250

表 5-2 和表 5-3 中给出了 1atm 下空气和各种气体在几种温度下的黏度值。

表 5-2　常压下各种气体的黏度 （Pa·s）

气体	温度			
	0℃	20℃	50℃	100℃
水蒸气	—	—	—	1.28×10^{-5}
H_2	0.84×10^{-5}	0.88×10^{-5}	0.94×10^{-5}	1.03×10^{-5}
N_2	1.66×10^{-5}	1.75×10^{-5}	1.88×10^{-5}	2.08×10^{-5}
O_2	1.92×10^{-5}	2.03×10^{-5}	2.18×10^{-5}	2.44×10^{-5}
He	1.86×10^{-5}	1.96×10^{-5}	2.08×10^{-5}	2.29×10^{-5}
CO	1.66×10^{-5}	1.77×10^{-5}	1.89×10^{-5}	2.10×10^{-5}
CO_2	1.38×10^{-5}	1.47×10^{-5}	1.62×10^{-5}	1.85×10^{-5}
Cl_2	1.23×10^{-5}	1.32×10^{-5}	1.45×10^{-5}	1.68×10^{-5}
HCl	1.31×10^{-5}	1.43×10^{-5}	1.59×10^{-5}	1.83×10^{-5}
NO	1.79×10^{-5}	1.88×10^{-5}	2.04×10^{-5}	2.27×10^{-5}
N_2O	1.37×10^{-5}	1.46×10^{-5}	1.60×10^{-5}	1.83×10^{-5}
SO_2	1.16×10^{-5}	1.26×10^{-5}	1.40×10^{-5}	1.63×10^{-5}
H_2S	1.17×10^{-5}	1.24×10^{-5}		1.59×10^{-5}
CH_4	1.02×10^{-5}	1.08×10^{-5}	1.18×10^{-5}	1.33×10^{-5}
C_2H_4	0.94×10^{-5}	1.01×10^{-5}	1.10×10^{-5}	1.26×10^{-5}
C_2H_6	0.86×10^{-5}	0.92×10^{-5}	1.01×10^{-5}	1.15×10^{-5}

表 5-3　常压下空气的黏度和运动黏度

温度/℃	黏度/(Pa·s)	运动黏度/(m²/s)	温度/℃	黏度/(Pa·s)	运动黏度/(m²/s)	温度/℃	黏度/(Pa·s)	运动黏度/(m²/s)
0	1.71×10^{-5}	1.32×10^{-5}	30	1.86×10^{-5}	1.59×10^{-5}	60	2.00×10^{-5}	1.89×10^{-5}
10	1.76×10^{-5}	1.41×10^{-5}	40	1.90×10^{-5}	1.69×10^{-5}	80	2.09×10^{-5}	2.09×10^{-5}
20	1.81×10^{-5}	1.50×10^{-5}	50	1.95×10^{-5}	1.79×10^{-5}	100	2.18×10^{-5}	2.30×10^{-5}

（4）气体的湿度

气体的湿度表示湿气体中水蒸气含量的多少。气体的湿度可用绝对湿度、相对湿度、含湿量等表示。

① 绝对湿度

单位体积湿气体中含有的水蒸气质量，称为气体的绝对湿度。显然，它等于在水蒸气分压下的水蒸气密度，可按理想气体状态方程式来确定：

$$\rho_w = \frac{P_w}{R'_w T} \quad （湿气体） \tag{5-7}$$

式中　P_w——湿气体中水蒸气的分压，Pa；

　　　R'_w——水蒸气的气体常数，为 461.4J/(kg·K)；

　　　T——湿气体的温度，K。

湿气体达到饱和状态时的绝对湿度称为饱和绝对湿度，一般用 ρ_v 表示，因而有

$$\rho_v = \frac{P_v}{R'_w T} \quad （湿气体） \tag{5-8}$$

式中　P_v——湿气体在温度为 T 下的饱和水蒸气分压，Pa。

由于湿气体的体积随气体的温度和压力变化而变化，所以气体的绝对湿度值亦随气体的温度和压力变化而变化。

② 气体的相对湿度

湿气体的相对湿度 φ 为气体的绝对湿度 ρ_w 与同温度下的饱和绝对湿度 ρ_v 的百分比，即

$$\varphi = \frac{\rho_w}{\rho_v} \times 100\% = \frac{P_w}{P_v} \times 100\% \tag{5-9}$$

湿气体的相对湿度 φ 表示湿气体中水蒸气接近饱和的程度，故也称饱和度。当 $\varphi = 100\%$ 时，湿气体达到了饱和状态。

③ 气体的含湿量

气体的含湿量一般定义为 1kg 干气体中所含有的水蒸气质量（kg），常用 d 表示。根据定义则有

$$d = \frac{\rho_w}{\rho_d} \quad （干气体） \tag{5-10}$$

式中　ρ_d——湿气体中的干气体密度，kg·m^{-3}。

由理想气体状态方程（见第 1 章）及式（5-7）～式（5-10），可将气体含湿量 d 表示成

$$d = \frac{R'_d P_w}{R'_w P_d} = \frac{R'_d}{R'_w} \cdot \frac{P_w}{P - P_w} = \frac{R'_d}{R'_w} \cdot \frac{\varphi P_v}{P - \varphi P_v} \tag{5-11}$$

若湿气体中的干气体为干空气，干空气的气体常数 $R'_d = 287.0$J/(kg·K)，则 $R'_d/R'_w = 287.0/461.4 = 0.622$，代入式（5-11）中，则得到湿空气的含湿量计算公式：

$$d = 0.622 \frac{P_w}{P - P_w} = 0.622 \frac{\varphi P_v}{\varphi P_v} \tag{5-12}$$

在工程计算中，常将湿气体的含湿量定义为1标准 m^3 干气体中所含有的水蒸气的质量（kg），其单位是 kg（水蒸气）/m^3（干气体），并用 d_0 表示。显然，根据两种含湿量的定义有

$$\rho N_d = \frac{d_0}{d} \tag{5-13}$$

式中，ρN_d 为标准状态下干气体的密度。考虑到 $R'_d/R'_w = 0.804/\rho N_d$，则得

$$d_0 = 0.804 \frac{P_w}{P - P_w} = 0.804 \frac{\varphi P_v}{P - \varphi P_v} \tag{5-14}$$

5.2 液体的物理性质

（1）液体的密度

单位体积液体的质量称为液体的密度 ρ_L，在 SI 制中单位是 kg/m^3 或 g/cm^3。例如，在 1atm 和 4℃时，纯水密度为 $999.97 \approx 1000.0 kg/m^3 = 1.0 g/cm^3$。在目前沿用的公制单位中，密度（单位体积液体的重量）的单位是 kg/m^3。显然。若假定在地面上重力加速度为 $9.8066 m/s^2$ 时，以 N/m^3 为单位的密度值应等于以 kg/m^3 为单位的密度值。通常还习惯用液体的相对密度这一概念，它是指液体的密度与 1atm、4℃时纯水的密度（公制中纯水的密度）的比值，为一无因次量。由于 1atm、4℃时纯水密度近似为 $1000.0 kg/m^3$，所以液体的相对密度在数值上等于以 g/cm^3 为单位的液体密度值。顺便指出，以上所述关于液体的密度、相对密度的概念，对气体、固体或粉尘等物质皆适用，后面不再重述。

在常温常压下，液体密度可以用比重计或比重瓶等很容易地测定出来。若液体的组分是清楚的，且是广泛应用的，其密度值可以从相应资料中查得。因为水和汞的密度是各种液体的密度、体积或压力测定的标准，所以将它们的值列入表 5-4 中。

表 5-4 纯水和汞的密度

温度/℃	纯水		汞的密度/(kg/m^3)	温度/℃	纯水		汞的密度/(kg/m^3)
	密度/(kg/m^3)	相对密度			密度/(kg/m^3)	相对密度	
0	999.84	0.99987	13595	50	988.05	0.98808	13472
4	999.97	1.00000	13585	55	985.70	0.98573	13460
5	999.96	0.99999	13583	60	983.21	0.98324	13448
10	999.70	0.99973	13570	65	980.57	0.98060	13446
15	999.10	0.99913	13558	70	977.78	0.97781	13424
20	998.20	0.99823	13546	75	974.86	0.97489	13412
25	997.05	0.99708	13534	80	971.80	0.97183	13400
30	995.65	0.99568	13521	85	968.62	0.96865	13387
35	994.03	0.99406	13509	90	965.32	0.96535	13375
40	992.21	0.99225	13497	95	961.89	0.96192	13362
45	990.22	0.99024	13485	100	958.35	0.95838	13351

液体的密度随压力的变化很小，所以除非是压力特别高，一般可以忽略液体密度随压力的变化，即认为液体是不可压缩流体。虽然温度引起的液体密度变化也较小，但在温度变化范围较大或需要精确知道密度值时，就有必要考虑温度的影响了。液体密度与温度的关系一般以式（5-15）表达：

$$\rho_L = \rho_s \left[1 + A(T_s - T) + B(T_s - T)^2 + C(T_s - T)^3 + \cdots \right] \tag{5-15}$$

式中　　ρ_L——温度 T 时液体的密度；

　　　　ρ_s——标定温度 T_s 时液体的密度；

A、B、C…——依液体种类而定的常数。

绝大多数液体温度变化 1℃时其密度变化仅在 1‰以内。若温度变化范围在 ±20℃以内，液体密度随温度的变化曲线可近似地看成直线。这样，式（5-15）中 $(T_s - T)^2$ 以后各项便可略去，而此时的常数 A 则称为该液体的体膨胀系数。即使是对同一种液体，在不同温度范围内的体膨胀系数值也不相同。

应用比重计测定液体密度很简便。在测定时，先把比重计洗净，再浸到被测液体中，读出液面位置处的刻度值即为所求的密度。读刻度时，一般是取液面上升（即弯月面）的最上缘来读数的，也有取弯月面下缘来读数的。像这样的比重计，其上一定刻有叫作水平面刻度的标记。

大多数比重计是在 15℃下标定的，在这一标定温度 T_s 下应用时能测得精确的密度值。若测定温度为 T，则此时的液体密度可用式（5-16）求得：

$$\rho_L = \rho_R \left[1 + \alpha(T_s - T) \right] \tag{5-16}$$

式中　　ρ_R——比重计的刻度读数；

　　　　α——比重计材质的热胀系数。

比重计一般是玻璃制的，可近似取 $\alpha = 25 \times 10^{-6} \mathrm{K}^{-1}$。若温差 $(T_s - T)$ 不大，修正项可以忽略。

此外，用比重计测定液体密度时，必须考虑液体表面张力的影响。若液面脏污时，则应将表面液体放掉，再在清洁的液面里测定。若比重计标定用的液体与被测液体的表面张力不相同，则需考虑表面张力的修正。这时可将按式（5-17）求得的修正值加在比重计的读值上：

$$\Delta\rho = \frac{\pi D \rho_R}{mg}(\sigma - \sigma_s) \tag{5-17}$$

式中　D——比重计刻度部分的直径；

　　　m——比重计的质量；

σ、σ_s——被测液体和标定用液体的表面张力。

差值 $(\sigma - \sigma_s)$ 和 D 在大多数情况下为修正量的 0.2‰～1‰。

（2）液体的黏滞性

流体的黏滞性可用牛顿内摩擦定律描述。液体的黏度随温度升高而减小，随压力升高而增大。表示黏度 μ_L 随温度 T 和压力 P 变化的关系式很多，这里只给出两个有代表性的公式：

$$\mu_L = A \cdot \exp\left(\frac{B}{T-C}\right) \tag{5-18}$$

$$\mu_L = \alpha \cdot \exp(\beta P) \tag{5-19}$$

式中，A、B、C、α 和 β 皆为依液体特性确定的常数。对一般液体，由于压力变化引起黏度变化非常小，所以当压力变化不大时可以忽略压力的影响。表 5-5 给出了各种温度下纯水的黏度值。

表 5-5　纯水在各种温度下的黏度和运动黏度

温度/℃	黏度 $\mu_L/(10^{-3} Pa \cdot s)$	运动黏度 $v/(10^{-6} m^2/s)$	温度/℃	黏度 $\mu_L/(10^{-3} Pa \cdot s)$	运动黏度 $v/(10^{-6} m^2/s)$
0	1.792	1.792	55	0.505	0.512
5	1.520	1.520	60	0.467	0.475
10	1.307	1.307	65	0.434	0.443
15	1.138	1.139	70	0.404	0.413
20	1.002	1.004	75	0.378	0.388
25	0.890	0.893	80	0.355	0.365
30	0.797	0.801	85	0.334	0.345
35	0.719	0.724	90	0.315	0.326
40	0.653	0.658	95	0.298	0.310
45	0.598	0.604	100	0.282	0.295
50	0.548	0.554			

各种液体的黏度可从有关资料中查得。当需要准确知道某种液体（或溶液）的黏度而又查不到时，可用图 5-1 所示的奥斯瓦特（奥氏）黏度计进行测定。

图 5-1
奥氏黏度计

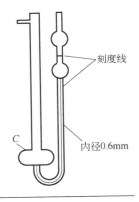
刻度线
C
内径0.6mm

奥氏黏度计是一种玻璃制的毛细管黏度计，它实际上是测定液体在一定压力下通过一定大小的毛细管所需要的时间，并按下面经验公式计算黏度：

$$\mu_L = K_{\rho L t} \tag{5-20}$$

式中　t——液体流过上下刻度线所需要的时间；

　　　K——黏度计常数，预先用已知黏度和密度的液体来确定。

测定黏度的方法简述如下：先把黏度计洗净，把被测液体从粗管注入，其容量约到 C 球的中部（不得超过下刻度线）。然后把黏度计垂直放入恒温槽中，稳定到所要求的测定温度之后，用皮球把液体吸到上刻度线以上，取下皮球，液体开始往下流，记下液面由上刻度线降到下刻度线所需的时间 t。重复做几次，将测得时间取算术平均值，代入式（5-20）便可计算出被测液体的黏度值。

黏度计常数 K 值的确定方法与上述测定方法相同，但需要应用已知在某一温度下的黏度和密度值的液体（如纯水）。

被测液体流过两刻度线之间的时间，要求达到由 $100\sim200s$ 起到 $1000s$ 左右。因此需根据被测液体黏度的大小，选用毛细管内径不同的黏度计。例如，测定水、煤油、醇等液体可选用毛细管内径 $0.6mm$ 左右的黏度计。

还应指出，有些特殊液体，如很黏的石油、泥浆及多相流等非均质流体，不遵从牛顿内摩擦定律，并称为非牛顿流体。非牛顿流体多种多样，描述它们的黏滞力和角变形速度之间的关系式也是各不相同的。

（3）液体的表面张力

在液体的自由表面上，由于分子之间的吸引力，使液体尽可能地收缩成为具有最小的表面面积。这种作用在液体自表面上的使表面具有收缩倾向的张力，称为液体的表面张力。表面张力的大小以切于液面方向的垂直作用于单位长度上的力，即表面张力系数 σ 表示。在 SI 制中，σ 的单位是牛顿/米（N/m），在 CGS 制中为达因/厘米（dyn/cm）。两者换算关系是 $1dyn/cm=10^{-3}N/m$。

表 5-6 中给出了几种液体在空气中的表面张力系数值。各种液体的表面张力系数值随着温度的升高而稍有降低。

表 5-6　几种液体在空气中的表面张力系数

液体	温度/℃	表面张力系数 $\sigma/(10^{-3}N/m)$	液体	温度/℃	表面张力系数 $\sigma/(10^{-3}N/m)$
水	20	72.7	乙醚	150	2.9
	100	58	乙醇	20	22
汞	20	472	乙烷	20	18.4
炼油	18	22.5	苯	20	28.9
油	20	$25\sim30$	丙酮	20	23.7
乙醚	20	16.5	甘油	20	63

例如，液体能否润湿固体的现象。当液体与固体接触时，如果液体分子之间的吸引力（称为内聚力）小于液体与固体之间的吸引力（称为附着力），则发生液体能润湿固体的现象，如水滴滴在玻璃表面上的情况［图 5-2(a)］；反之，若液体的内聚力大于液固间的附着力，则液体不能润湿固体，如水滴滴在石蜡表面上的情况［图 5-2(b)］。可见液体能否润湿固体的现象，与液体的表面张力及液固界面情况有关。

图 5-2
固体表面被液体湿润的情况

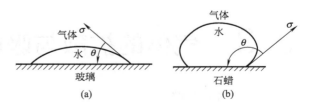

固体表面被液体湿润的情况可用液体与固体表面的接触角 θ（系从液体和固体表面的交点 A 沿液面引的切线与固体表面的夹角）来判别。当接触角 θ 处在 $0°\sim180°$ 之间时，认为液体不能润湿固体，如汞与金属接触（$\theta=145°$）和与玻璃接触（$\theta=140°$）或水与石蜡接触（$\theta=105°$）的情况；当接触角 θ 处在 $0°\sim90°$ 范围时，则说液体能润湿固体，如水与玻璃接触（$\theta=4.7°$）及与滑石接触（$\theta=70°$）等情况；在 $\theta=0°$ 时则称为完全润湿，如水遮盖在清洁的玻璃面上或油遮盖在金属面上等。

固体粒子在液体介质中分散时，分散介质种类不同，分散状况也不同。例如，在碳酸钙的粒径测定中，以水和以其他液体作为分散介质时会得到不同的测定结果。如果再加入适当的分散剂或表面活性剂时，还会得到更不同的数值。因此，如果分散剂选择不当，使粒子在凝聚状态下测定，就会得到比实际粒径大的数值。这类分散现象，既与润湿现象有关，又与液体界面性质有关。一般说来，固体粒子在易润湿的液体中能分散，在难润湿的液体中就不易分散。从上两例可见，在研究润湿、分散现象时，必涉及液体的表面张力和接触角等有关液面的基本性质。

液体的表面张力系数 σ 可以用毛细管法方便地测出。将内径为 d 的毛细管垂直插入被测液体中，若液体能润湿管壁（$d<0.4\text{mm}$ 时液体能全部沾湿管壁），则管内液面上升一定的高度 h（见图 5-3）。根据上升液柱所受的表面张力和重力相平衡，可以得到液体的表面张力系数：

$$\sigma=\frac{1}{4}d\left(\rho_{L}-\rho_{G}\right)g\,\frac{h}{\cos\theta} \tag{5-21}$$

若接触角 θ 不清楚时，可近似取 $\cos\theta=h/(h+d/6)$，则得到一个十分近似的计算公式：

$$\sigma=\frac{1}{4}d\left(\rho_{L}-\rho_{G}\right)\left(h+\frac{d}{6}\right)g \tag{5-22}$$

图 5-3
用毛细管测定液体表面张力系数

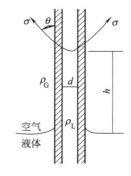

5.3　气体的扩散与吸收

（1）气体的扩散

气体的质量传递过程是借助于气体扩散过程来实现的。扩散的推动力是浓度差，扩散的结果会使气体从浓度较高的区域转移到浓度较低的区域。扩散过程包括分子扩散和涡流扩散两种方式。物质在静止的或垂直于浓度梯度方向做层流流动的流体中传递，是由分子运动引起的，称为分子扩散；物质在湍流流体中的传递，主要是由于流体中质点的运动而引起的，称为涡流扩散。物质从壁面向湍流主体中的传递，由于壁面处存在着层流边界层，因此这种传递过程除涡流扩散外，还存在着分子扩散，把这种扩散称为对流扩散。对流扩散是相际间质量传递的基础。

（2）扩散速率方程式

对吸收操作来说，混合气体中的可溶组分首先要从气相主体扩散到气液界面上，然后再通过界面扩散到液相主体中。因此，这种扩散可视为对流扩散，扩散同时在气相和液相中进行。对流扩散可折合为通过一定当量膜厚度的静止气体的分子扩散。因此，这里仅对分子扩散进行讨论。

一般工业操作通常具有固定的传质面，且所涉及的多为稳定状态的扩散，即系统各部分的组成不随时间而变化，单位时间通过单位传质面积传递的物质量（扩散速率）为定值。

① 在气相中的稳定扩散。假定混合气体由可溶组分 A 和不溶的惰性组分 B 组成，组分 A 在组分 B 中做稳定扩散时，其传质速率，即单位时间通过单位传质面积传递的物质量，与组分 A 在扩散方向上的浓度梯度成正比。其数学表达式为：

$$N'_A = -D_{AB} \frac{dC_A}{dZ} \tag{5-23}$$

式中　N'_A——组分 A 的传质速率，$kmol/(m^2 \cdot s)$；

　　D_{AB}——组分 A 在组分 B 中的分子扩散系数，m^2/s 或 cm^2/s；

　　$\frac{dC_A}{dZ}$——组分 A 的浓度沿 Z 方向的变化率，称为浓度梯度，是扩散的推动力。

式右端的负号表示组分 A 的扩散向着浓度降低的方向进行。

同样，对于组分 B 的传质速率为：

$$N'_B = -D_{AB} \frac{dC_B}{dZ} \tag{5-24}$$

式（5-23）称为费克（Fick）定律，它仅用来表示由分子扩散造成的传质速率。

在稳态条件下的 A、B 两种组分的相互扩散，整个流体单元内的物质数量不变，其扩散的结果是 $N'_A = -N'_B$，式（5-23）与式（5-24）合并后可以写成

$$-D_{AB} \frac{dC_A}{dZ} = D_{BA} \frac{dC_B}{dZ}$$

流体单元内的物质数量不变，在一定温度与压力下，单元的体积亦为定值，故 $C_A + C_B =$ 常数，$dC_A = -dC_B$ 代入上式可得 $D_{AB} = D_{BA}$。因此，可用符号 D 表示，即 $D_{AB} = D_{BA} = D$。

在吸收操作中，气体浓度常以组分分压表示。若组分 A 在混合气体中的分压为 p_A，根据理想气体定律，则有 $p_A = C_A RT$，代入式（5-23）得

$$N'A = -\frac{D}{RT} \cdot \frac{\mathrm{d}p_A}{\mathrm{d}Z} \tag{5-25}$$

同样，由式（5-24），对组分 B 可得

$$N'_B = -\frac{D}{RT} \cdot \frac{\mathrm{d}p_B}{\mathrm{d}Z} \tag{5-26}$$

假定混合气体的总压保持一定，即 $p = p_A + p_B$ 定值，则有

$$N'_B = -\frac{D}{RT} \cdot \frac{\mathrm{d}(p - p_A)}{\mathrm{d}Z} = \frac{D}{RT} \cdot \frac{\mathrm{d}p_A}{\mathrm{d}Z} \tag{5-27}$$

比较式（5-25）和式（5-27）可见，B 的分子扩散恰与 A 的扩散大小相等方向相反。

若于扩散进程中，引入一能吸收 A 但不能吸收 B 的表面（见图 5-4），则组分 A 将依其本身的分压梯度不断地向表面方向扩散，而组分 B 则不断地向相反（即离开表面）的方向扩散。这种分子扩散的结果，将造成表面处气体总压 p 比气相主体中的低，即引起一总压梯度，必将推动组分 A 和 B 一起向表面流动，将此称为主体流动。因为总的说来 B 是静止的，也就是说 B 没有扩散，即 $N_B = 0$，所以 B 的主体流动 N''_B 必定恰好为其分子扩散所抵消，即

$$N''_B = N'_B = -\frac{D}{RT} \times \frac{\mathrm{d}p_A}{\mathrm{d}Z}$$

图 5-4

通过静止气体的扩散示意图

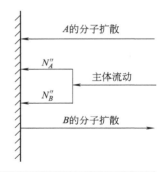

式中的负号表示 B 的主体流动方向恰与其分子扩散方向相反。而伴随 B 的主体流动所发生的 A 的主体流动 N''_A 则应为：

$$N''_A = N''_B \frac{p_A}{p_B} = -\frac{D}{RT} \times \frac{p_A}{p - p_A} \times \frac{\mathrm{d}p_A}{\mathrm{d}Z} \tag{5-28}$$

因为 A 的主体流动方向与其分子扩散方向相同，所以 A 的总传质速率（即净传质速率）应为分子扩散 N'_A 和主体流动 N''_A，两项速率之和，则得

$$N_A = \frac{D}{RT}\left(1 + \frac{p_A}{p - p_A}\right) \times \frac{\mathrm{d}p_A}{\mathrm{d}Z} = -\frac{D}{RT} \times \frac{p}{p - p_A} \times \frac{\mathrm{d}p_A}{\mathrm{d}Z} \tag{5-29}$$

假定 D 为定值，扩散距离为 Z，将式（5-29）分离变量，并在 Z 时 $p_A = p_{A1}$，及 $Z = Z$ 时 $p_A = p_{A2}$ 之间积分，得

$$N_A \int_0^z \mathrm{d}Z = -\frac{Dp}{RT} \int_{p_{A1}}^{p_{A2}} \frac{\mathrm{d}p_A}{p - p_A}$$

则
$$N_A = \frac{Dp}{RTZ} \ln \frac{p - p_{A2}}{p - p_{A1}}$$

因 $p - p_{A2} = p_{B2}$，$p - p_{A1} = p_{B1}$，故 $p_{B2} - p_{B1} = p_{A1} - p_{A2}$

令
$$p_{Bm} = \frac{p_{B2} - p_{B1}}{\ln \frac{p_{B2}}{p_{B1}}} \tag{5-30}$$

故得
$$N_A = \frac{Dp}{RTZp_{Bm}}(p_{A1} - p_{A2}) \tag{5-31}$$

式中　　p_{Bm}——惰性组分 B 在1、2两点分压的对数平均值；

（$p_{A1} - p_{A2}$）——组分 A 在1、2两点的分压差；

Z——扩散距离。

式（5-31）就是气相中组分 A 通过静止的惰性组分 B 的传质速率方程式。式中 P/P_{Bm} 称为漂流因数，它反映主体流动的相对大小，其值愈大于1，主体流动在传质中所占的分量愈大。这种一组分通过另一静止组分的扩散往往出现于气体吸收过程。

② 在液相中的稳定扩散。由于液体的密度和黏度较大，所以组分 A 在液体中的扩散远比在气体中慢得多。与在气相中的扩散类似，组分 A 在液相中的传质速率为：

$$N_A' = -D' \frac{dC_A}{dZ} \tag{5-32}$$

组分 A 通过静止惰性组分 B 的总传质速率（即净传质速率）则为：

$$N_A = \frac{D'}{Z} \cdot \frac{(C_A + C_B)}{C_{Bm}}(C_{A1} - C_{A2}) \tag{5-33}$$

式中　　　　D'——组分 A 在液相中的扩散系数，m^2/s 或 cm^2/s；

Z——扩散距离；m；

（$C_{A1} - C_{A2}$）——组分 A 在1、2两点浓度之差，$kmol/m^3$；

$C_{Bm} = \dfrac{C_{B2} - C_{B1}}{\ln \dfrac{C_{B2}}{C_{B1}}}$——组分 B 在1、2两点浓度的对数平均值。

（3）气体的吸收

气体吸收是溶质从气相传递到液相的相际间传质过程。对于吸收机理的解释已有好几种理论，如双膜理论、溶质渗透理论、表面更新理论等。目前看来，还是双膜理论模型简明易懂，应用较广。

双膜理论模型的基本要点如下（见图5-5），图中 p 表示组分在气相主体中的分压；p_i 表示在界面上的分压；C 及 C_i 则分别表示组分在液相主体及界面上的浓度：

① 当气、液两相接触时，两流体相之间有一个相界面，在界面两侧分别存在着呈层流流动的气膜和液膜，即在气相侧的气膜和液相侧的液膜。溶质必须以分子扩散方式从气相主体连续通过此两层膜而进入液相主体。由于此两层膜在任何情况下均呈层流，故又称为层流膜。两相流动情况的改变仅影响膜的厚度，如气体的流速愈大，气膜就愈薄；同样，如液体的流速愈大，液膜也就愈薄。

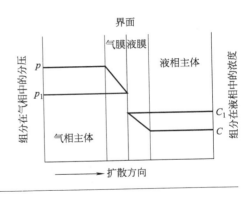

图 5-5
双膜理论模型

② 在相界面上，气液两相的浓度总是互相平衡，即界面上不存在吸收阻力；

③ 在膜层以外的气相和液相主体内，由于流体的充分湍动，溶质的浓度基本上是均匀的，即认为主体内没有浓度梯度存在，也就是说，浓度梯度全部集中在两层膜内。当组分从气相主体传递到液相主体时，所有阻力仅存在于两层层流膜中。通过层流气膜的浓度（分压）降（Δp）就等于气相主体浓度（分压）与界面气相浓度（分压）之差（$p - p_i$）；通过层流液膜的浓度降（ΔC）就等于界面液相浓度与液相主体浓度之差（$C_i - C$）。

双膜模型根据上述假定，把复杂的吸收过程简化为通过气液两层层流膜的分子扩散，通过此两层膜的分子扩散阻力就是吸收过程的总阻力。这个简化的膜模型为求取吸收速率提供了基础。

（4）吸收速率方程式

在吸收过程中，单位时间通过单位相际传质面积所能传递的物质量，即为吸收速率，亦即传质速率。它可以反映吸收的快慢程度。表述吸收速率及其影响因素的数学表达式，即为吸收速率方程式。它具有"速率＝推动力/阻力"的形式。

由上面讨论可知，吸收过程为吸收质通过气液两层流膜的分子扩散过程。被吸收组分 A 通过气膜和液膜的分子扩散速率即为吸收速率，因而可由分子扩散速率方程式得出组分 A 经由气膜和液膜的吸收速率方程式。

① 组分 A 经由气膜的吸收速率可仿照式（5-31）写成：

$$N_A = \frac{DP}{RTZ_G p_{Bm}}(p - p_i) \tag{5-34}$$

令

$$\frac{DP}{RTZ_G p_{Bm}} = k_G$$

因此

$$N_A = \frac{G_A}{A} = k_G(p - p_i) \tag{5-35}$$

式中　N_A——吸收速率，$kmol/(m^2 \cdot s)$；

　　　G_A——被吸收的组分量，$kmol/s$；

　　　A——相际接触表面积，m^2；

　p、p_i——组分 A 在气相主体及相界面上的分压，atm；

　（$p - p_i$）——气相传质推动力，atm；

Z_G——气膜厚度，m；

k_G——以$(p-p_i)$为推动力的气相传质分系数，kmol/$(m^2 \cdot s \cdot atm)$。

式（5-35）称为以分压差为推动力的气相吸收速率方程式或传质速率方程。气相传质分系数的倒数$1/k_G$为溶质通过气膜的阻力。

② 组分A经由液膜的吸收速率，仿照式（5-33）写成：

$$N_A = \frac{D'}{Z_L} \cdot \frac{C_A + C_B}{C_{Bm}}(C_i - C) \tag{5-36}$$

令

$$\frac{D'}{Z_L} \cdot \frac{C_A + C_B}{C_{Bm}} = k_L$$

因此

$$N_A = \frac{G_A}{A} = k_L(C_i - C) \tag{5-37}$$

式中　C_i、C——组分A在相界面上及液相主体的浓度，kmol/m^3；

$(C_i - C)$——液相传质推动力，kmol/m^3；

　　　　Z_L——液膜厚度，m；

　　　　k_L——以$(C_i - C)$为推动力的液相传质分系数，kmol/$[m^2 \cdot s \cdot (kmol/m^3)]$，简化为 m/s。

式（5-37）称为以浓度差为推动力的液相吸收速率方程式，液膜传质分系数的倒数$1/k_L$为通过液膜的阻力。

（5）各物相膜对传质换乘效率的影响

在各物相的传质过程中，各相本身具有的一个物理属性就是气膜的存在。在以往的论述中，只有气液传质过程的传质速率论述中提到双膜模型的建立与阐述，在液-液、液-固的传质过程中，膜的存在对传质效率亦有影响，本节主要论述各物相膜对传质换乘效率的影响，并建立液-液膜的模型和液-固膜的模型理论。

① 液-液膜模型。液-液接触传质换乘过程有化学过程和物理过程两种，由于各液相本身的物理性质不同，它们在传质换乘过程中的速率是不同的。

当两种不同液相进行接触时，伴有化学反应，我们称之为化学过程，若在化学过程中，各相膜本身相容性很高，它们的传质速率就很快，如酸与水、乙醇与水等，它们的传质方向是双向的，即相向进行。此时各相膜不会对传质速率产生影响，如图5-6所示。

图 5-6
相容液液膜模型

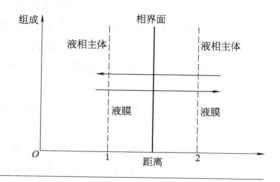

相对化学过程而言，物理过程中各液相接触换乘传质过程由液体本身的物理性质决定，其传质速率也与各物相物理性质息息相关。这里的物相膜一般是不相容的，如水和油溶性有机烃，见图 5-7。它们各自有不相容的膜，其传质方向是相向的，由于膜的存在，使得它们的传质速率很低，若想提高传质效率必须施加外力。

图 5-7
不相容液液膜模型

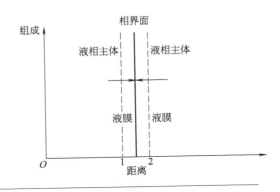

② 液固膜模型。液固两相传质换乘过程中，其化学过程较少，物理过程占主要部分，所以液-固膜模型是物理过程的传质模型如图 5-8 所示。

图 5-8
液固膜模型

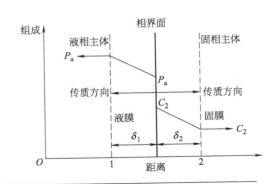

在液固接触换乘传质的过程中，液相为连续态，固相为非连续态或颗粒态存在的，此时固相以气体为载体，从而看作是流体流动。因此液-固接触过程实际上是固体的换乘过程，即固体由气相为载体转换为液相为载体的过程。

由此分析得知，决定液固相容的速率与液膜和固膜厚度和强度有重要的联系。此外，液相和固相的形态、本身的温度以及运动的速率和方向等物理量都对换乘传质过程产生重要影响，如图 5-9 所示。

图中可以看出，液相固相的运动速率和方向是可以改变膜的厚度和强度的，从而改变了液-固的传质效率。

由此可见无论是液-液传质过程还是液-固传质过程，膜的存在以及膜的相容性对传质效率影响很大，是一个绝对不可忽略的因素。

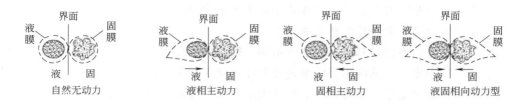

图 5-9
液固相容速率的影响因素

5.4 粉尘的物理性质

粉尘的本质属性是固体颗粒，本节要介绍的粉尘物理性质包括颗粒的定义、粒径分布、粉尘的密度、粉尘的安息角与滑动角、粉尘的含水率、润湿性、荷电性和导电性、黏附性及自燃性和爆炸性等。

（1）颗粒的粒径

颗粒的大小不同，其物理、化学特性不同，对人和环境的危害亦不同，颗粒的大小对除尘装置的性能影响很大，所以颗粒的大小是颗粒物的基本特性之一。

若颗粒是球形的，则可用其直径作为颗粒的代表性尺寸。但实际颗粒的形状多是不规则的，所以需要按一定的方法确定一个表示小颗粒大小的代表性尺寸，作为颗粒的直径，简称为粒径，下面介绍几种常用的粒径的定义方法。

① 用显微镜法观测颗粒时，采用如下几种粒径：

a. 定向直径 d_F，也称菲雷特（Feret）直径。为各颗粒在投影图中同一方向的最大投影长度。

b. 定向面积等分直径 d_M，也称马丁（Martin）直径。为各颗粒在投影图中按同一方向将颗粒投影面积的线段长度。

c. 投影面积直径 d_A，也称黑乌德（Heywood）直径，为与颗粒投影面积相等的圆的直径。若颗粒的投影面积为 A，则 $d_A = (4A/\pi)^{1/2}$。

根据黑乌德测定分析表明，同一颗粒的 $d_F > d_A > d_M$。

② 用筛分法测定时可得到筛分直径，为颗粒能够通过的最小方筛孔的宽度。

③ 用光散射法测定时可得到等体积直径 d_V，为与颗粒体积相等的圆球的直径，若颗粒体积为 V，则 $d_V = (6V/\pi)^{1/3}$。

④ 用沉降法测定时，一般采用如下两种定义：

a. 斯托克斯（Stokes）直径 d_S，为在同一流体中与颗粒的密度相同和沉降速率相等的圆球的直径。

b. 空气动力学当量直径 d_p，为在空气中与颗粒的沉降速度相等的单位密度的圆球的直径。

斯托克斯直径和空气动力学当量直径是除尘技术中应用最多的两种直径。原因在于它们与颗粒在流体中的动力学行为密切相关。

粒径的测定方法不同，其定义方法也不同，得到的粒径数值往往差别很大，很难进行比较，因而实际中多是根据应用目的来选择粒径的测定和定义方法。

此外，粒径的测定结果还与颗粒的形状关系较大。通常用圆球度来表示颗粒形状与圆球形颗粒不一致程度的尺度。圆球度是与颗粒体积相等的圆球的表面积和颗粒的表面积之比，以 Φ 表示。Φ 的值总是小于1。对于正方体 $\Phi=0.806$，对于圆柱体，若其直径为 d、高为 l，则 $\Phi=2.62\,(l/d)^{2/3}/(1+2l/d)$。表 5-7 给出了某些颗粒 Φ 的实测值。

表 5-7　某些颗粒的圆球度

颗粒种类	圆球度
砂粒	0.534～0.628
铁催化剂	0.578
烟煤	0.625
乙酰基塑料	0.861
破碎的固体	0.63
二氧化硅	0.554～0.628
粉煤	0.696

（2）粒径分布

粒径分布是指不同粒径范围内的颗粒的个数（或质量）所占的比例。以颗粒的个数表示所占的比例时，称为个数分布；以颗粒的质量表示时，称为质量分布。除尘技术中多采用粒径的质量分布。下面以粒径分布测定数据的整理过程来说明粒径分布的表示方法及相应定义。首先，介绍个数分布，然后介绍质量分布以及两者的换算关系。

① 个数分布。按粒径间隔给出的个数分布测定数据列在表 5-8 中，其中 n 为每一间隔测得的颗粒个数，$N=\sum n$ 为颗粒的总个数（表 $N=1000$）。根据此可以做出个数分布的其他定义。

表 5-8　颗粒个数分布的测定数量及其计算结果

分级号 i	粒径范围 $d_p/\mu m$	颗粒个数 /个	频率 f_i	间隔上限粒径 /μm	筛下累积频率 F_i	粒径间隔 $\Delta d_p/\mu m$	频率密度 $p/\mu m^{-1}$
1	0～4	104	0.104	4	0.104	4	0.026
2	4～6	160	0.160	6	0.264	2	0.080
3	6～8	161	0.161	8	0.452	2	0.0805
4	8～9	75	0.075	9	0.500	1	0.075
5	9～10	67	0.067	10	0.567	1	0.067
6	10～14	186	0.180	14	0.753	4	0.0465
7	14～16	61	0.061	16	0.814	2	0.0305

分级号 i	粒径范围 $d_p/\mu m$	颗粒个数 /个	频率 f_i	间隔上限粒径 /μm	筛下累积频率 F_i	粒径间隔 $\Delta d_p/\mu m$	频率密度 $p/\mu m^{-1}$
8	16~20	79	0.079	20	0.893	4	0.0197
9	20~35	103	0.103	35	0.996	15	0.0068
10	35~50	4	0.004	50	1.000	15	0.003
11	>50	0	0.00	∞	1.000		0.00
总数		1000	1.000				

算数平均粒径 $d=11.8\mu m$　　中位粒径 $d=9.0\mu m$

众径 $d=6.0\mu m$　　几何平均粒径 $d=8.96\mu m$

② 质量分布。根据颗粒个数给出的粒径分布数据，可以转换为以颗粒质量表示的粒径分布数据，或者进行相反的换算。这是根据所有颗粒都具有相同的密度，以及颗粒的质量与其粒径的立方成正比的假设下进行的。这样，类似于按个数分布数据所给的定义，可以按质量给出频率、筛下累积频率和频率密度的定义式：

第 i 级颗粒发生的质量频率：

$$g_i = m/\sum m = n d_p^3/\sum n d_p^3 \tag{5-38}$$

小于第 i 间隔上限粒径的所有颗粒发生的质量频率，即质量筛下累积频率：

$$Gi = \sum gi = 1 \tag{5-39}$$

质量频率密度：

$$q = dG/dd_p \tag{5-40}$$

质量筛下累积频率 G 和质量频率密度 q 也是粒径 d_p 的连续函数。

G 曲线也是有一拐点的"S"形曲线，拐点位于 $dq/dd_p = d^2G/dd_p^2 = 0$ 处，对应的粒径称为质量众径。质量累积频率 $G=0.5$ 时对应的粒径 d_{50}，称为质量中位直径（MMD）

（3）粉尘的密度

单位体积粉尘的质量称为粉尘的密度，单位为 kg/m^3 或 g/cm^3。若所指的粉尘体积不包括粉尘颗粒之间和颗粒内部的空隙体积，而是粉尘自身所占的真实体积，则以此真实体积求得的密度称为粉尘的真密度，并以 ρ_p 表示。固体磨碎所形成的粉尘，在表面未氧化时，其真密度与母料密度相同。呈堆积状态存在的粉尘（即粉体），它的堆积体积包括颗粒之间和颗粒内部的空隙体积，以此堆积体积求得的密度称为粉尘的堆积密度，并以 ρ_b 表示。可见对于同一种粉尘来说，$\rho_b < \rho_p$，如粉煤燃烧产生的飞灰颗粒含有熔凝的空心球（煤泡），其堆积密度内约为 $1070 kg/m^3$ 真密度约为 $2200 kg/m^3$。

若将粉体颗粒间和内部空隙的体积与堆积粉体的总体积之比称为空隙率。用 ε 表示，则空隙率 ε 与 ρ_p 和 ρ_b 之间的关系为：

$$\rho_b = (1-\varepsilon)\rho_p \tag{5-41}$$

对于一定种类的粉尘，其真密度为一定值，堆积密度则随空隙率ε变化而变化。空隙率ε与粉尘的种类、粒径大小以及充填方式等因素有关。粉尘越细，吸附的空气就越多，ε越大，充填过程加压或进行振动则使ε值减小。

粉尘的真密度用在研究尘粒在气体中的运动、分离和去除等方面，堆积密度用在贮仓或灰斗的容积确定等方面。几种工业粉尘的真密度和堆积密度列于表5-9中。

表5-9　几种工业粉尘的真密度与堆积密度

粉尘名称或来源	真密度 /(g/cm³)	堆积密度 /(g/cm³)	粉尘名称或来源	真密度 /(g/cm³)	堆积密度 /(g/cm³)
精制滑石粉(1.5~4.5μm)	2.70	0.70	水泥干燥窑	3.0	0.6
滑石粉(1.6μm)	2.75	0.53~0.62	水泥生料粉	2.76	0.29
滑石粉(2.7μm)	2.75	0.56~0.66	硅酸盐水泥	3.12	1.50
滑石粉(3.2μm)	2.75	0.59~0.71	铸造砂	2.7	1.0
硅砂(105μm)	2.63	1.55	造型用黏土	2.47	0.72~0.80
硅砂粉(30μm)	2.63	1.45	烧结矿粉	3.8~4.2	0.5~2.6
硅砂粉(8μm)	2.63	1.15	烧结机头(冷矿)	3.47	1.47
硅砂粉(0.5~7.2μm)	2.63	1.26	炼钢平炉	5.0	1.36
煤粉钢炉	2.15	1.20	炼钢转炉(顶吹)	5.0	1.36
电炉	4.50	0.6~1.5	炼铁高炉	3.31	1.4~1.5
化铁炉	2.0	0.8	炼焦备煤	1.4~1.5	0.4~0.7
黄铜熔化炉	4-8	0.25~1.2	焦炭	2.08	0.4~0.6
铅精炼	6	—	石墨	2	0.3
锌精炼	5	0.5	造纸黑液炉	3.1	0.13
铝二次精炼	3.0	0.3	重油锅炉	1.98	0.2
硫化矿熔炉	4.17	0.53	炭黑	1.85	0.04
锡青铜炉	5.21	0.16	烟灰	2.15	1.2
黄铜电炉	5.4	0.36	骨料干燥炉	2.9	1.06
氧化铜(0.9~4.2μm)	6.4	2.62	钢精炼	4~5	0.2
			铅再精炼	6	1.2

（4）粉尘的安息角与滑动角

粉尘从漏斗连续落到水平面上，自然堆积成一个圆锥体，圆锥体母线与水平面的夹角称为粉尘的安息角，一般为35°~55°。

粉尘的滑动角是指自然堆放在光滑平板上的粉尘，随平板做倾斜运动时，粉尘开始发生滑动时的平板倾斜角，也称静安息角，一般为40°~55°。

粉尘的安息角与滑动角是评价粉尘流动特性的一个重要指标。安息角小的粉尘，其流动性好；安息角大的粉尘，其流动性差。粉尘的安息角与滑动角是设计除尘器灰斗（或粉料仓）的锥度及除尘管路或输灰管路倾斜度的主要依据。

影响粉尘安息角和滑动角的因素主要有，粉尘粒径、含水率、颗粒形状、颗粒表面光滑程度及粉尘黏性等。对于同一种粉尘，粒径越小，安息角越大，这是由于细颗粒之间黏附性增大的缘故，粉尘含水率增加，安息角增大，表面越光滑和越接近球形的颗粒，安息角越小。表 5-10 为几种工业粉尘的安息角。

表 5-10　几种工业粉尘的安息角

粉尘名称	安息角/(°)	滑动角/(°)	堆积密度/(g/cm³)
无烟煤粉	30	37～45	0.84～0.98
烟煤粉	—	37～45	0.4～0.7
飞灰		15～20	0.7
焦炭	35	50	0.36～0.53
铁粉	—	40～42	2.21～2.43
烧结混合料	35～40	—	1.6
烧结返矿	35	—	1.4～1.6
粉状镁砂	—	45～50	2.1～2.2
铜精矿		40	1.3～1.8
高炉炉灰	25	—	1.4～1.5
黏土(小块)	40	50	0.7～1.5
白云石	35	41	1.2～1.5
石灰石(小块)	30～35	40～45	1.2～1.5
水泥	35	40～45	0.9～1.7

（5）粉尘的比表面积

粉状物料的许多物化性质，往往与其表面积的大小有关，细颗粒表现出显著的物理、化学活性。例如，通过颗粒层的流体阻力，会因细颗粒表面积增大而增大；氧化、溶解、蒸发、吸附、催化等，都因细颗粒表面积增大而被加速，有些粉尘的爆炸性和毒性，随粒径减小而增加。粉尘的比表面积定义为单位体积（或质量）粉尘所具有的表面积。

（6）粉尘的含水率

粉尘中一般都含有一定的水分，它包括附着在颗粒表面上的和包含在细孔中的自由水分，以及紧密结合在颗粒内部的结合水分。化学结合的水分，如结晶水等是作为颗粒的组成部分，不能用干燥的方法除掉，否则将破坏物质本身的分子结构，因而不属于粉尘含水的范围。干燥作业时可以去除自由水分和一部分结合水分，其余部分作为平衡水分残留，其数量随干燥条件变化而变化。

粉尘中的水分含量，一般用含水率 W 表示，是指粉尘中所含水分质量与粉尘总质量（包括干粉尘与水分）之比。

粉尘含水率的大小，会影响到粉尘的其他物理性质，如导电性、黏附性、流动性等，所有这些在设计除尘装置时都必须加以考虑。

粉尘的含水率与粉尘的吸湿性，即粉尘从周围空气中吸收水分的能力有关，若尘粒能溶于水，则在潮湿气体中尘粒表面上会形成溶有该物质的饱和水溶液。如果溶液上方的水蒸气分压小于周围气体中的水蒸气分压，该物质将由气体中吸收水蒸气，这就形成了吸湿现象。对于不溶于水的尘粒，吸湿过程开始时尘粒表面对水分子吸附，然后是在毛细力和扩散力作用下逐渐增加对水分的吸收，一直继续到尘粒上方的水汽分压与周围气体中的水汽分压相平衡为止。气体的每一相对湿度，都相应于粉尘的一定的含水率，后者称为粉尘的平衡含水率。气体的相对湿度与粉尘的含水率之间的平衡，可用每种粉尘所特有的吸收等温线来描述。

（7）粉尘的润湿性

粉尘颗粒与液体接触后能否相反附着或附着难易程度的性质称为粉尘的润湿性。当尘粒与液体接触时，如果接触面能扩大而相互附着，则称为润湿性粉尘。如果接触面趋于缩小而不能附着，则称为非润湿性粉尘。粉尘的润湿性与粉尘的种类、粒径和形状、生成条件、组分、温度、含水率、表面粗糙度及荷电性等性质有关。例如，水对飞灰的润湿性要比对滑石粉好得多，球形颗粒的润湿性要比形状不规则表面粗糙的颗粒差，粉尘越细，润湿性越差，如石英的润湿性虽好，但粉碎成粉末后润湿性将大为降低。粉尘的润湿性随压力的增大而增大，随温度的升高而下降。粉尘的润湿性还与液体的表面张力及尘粒与液体之间的黏附力和接触方式有关。例如，酒精、煤油的表面张力小，对粉尘的润湿性就比水好。某些细粉尘，特别是粒径在 $1\mu m$ 以下的粉尘，很难被水润湿，是由于尘粒与水滴表面均存在一层气膜，只有在尘粒与水滴之间具有较高相对运动速度的条件下，水滴冲破这层气膜，才能使之相互附着。

粉尘的润湿性可以用液体对试管中粉尘的润湿速度来表征，通常取润湿时间为 20min，测出此时的润湿高度 L_{20}（mm），于是湿润速度 V_{20}（mm/min）为：

$$V_{20} = L_{20}/20 \tag{5-42}$$

按润湿速度 V_{20} 成作为评定粉尘润湿性的指标，可将粉尘分为四类（表 5-11）。

表 5-11　粉尘对水的润湿性

粉尘类型	I	II	I	IV
润湿性	绝对憎水	憎水	中等亲水	强亲水
V_{20}/(mm/min)	<0.5	0.5~2.5	2.5~8.0	>8.0
粉尘举例	石蜡，聚四氟乙烯、沥青	石墨、煤、硫	玻璃微珠、石英	锅炉飞灰、钙

粉尘的润湿性是选用湿式除尘器的主要依据。对于润湿性好的亲水性粉（中等亲水、强亲水），可以选用湿式除尘器净化；对于润湿性差的憎水性粉尘，则不宜采用湿法除尘。

（8）粉尘的荷电性和导电性

① 粉尘的荷电性。天然粉尘和工业粉尘几乎都带有一定的电荷（正电荷或负电荷），也有中性的。使粉尘荷电的因素很多，诸如电离辐射、高压放电或高温产生的离子或电子被颗粒所捕获，固体颗粒相互碰撞或它们与壁面发生摩擦时产生的静电。此外，粉尘在它们产生过程中就可能已经荷电，如粉体的分散和液体的喷雾都可能产生荷电的气溶胶。表 5-12 为某些粉尘的天然电荷数据。颗粒获得的电荷受周围介质的击穿强度的限制。在干燥空气情况下，粉尘表面的最大荷电量约为 1.66×10^{10} 电子 c/cm² 或 2.7×10^{9} c/cm² 而天然粉尘和人工粉尘的荷电量一般仅为最大荷电量的 1/10。

表 5-12　某些粉尘的天然电荷

粉尘	电荷分布/%			比电荷/c·g^{-1}	
	正	负	中性	正	负
飞灰	31	26	43	6.3×10^{-6}	7.0×10^{6}
石膏尘	44	50	6	5.3×10^{-10}	5.3×10^{-10}
熔铜炉尘	40	50	10	6.7×10^{-11}	1.3×10^{10}
铅烟	25	25	50	1.0×10^{12}	1.0×10^{12}
实验室油烟	0	0	100	0	0

粉尘荷电后，将改变其某些物理特性，如凝聚性、附着性及其在气体中的稳定性等，同时对人体的危害也将增强。粉尘的荷电量随温度增高、表面积增大及含水率减小而增加，还与其化学组成等有关。粉尘的荷电在除尘中有重要作用，如电除尘器就是利用粉尘荷电而除尘的，在袋式除尘器和湿式除尘器中也可利用粉尘或液滴荷电来进一步提高对细尘粒的捕集性能。实际中，由于粉尘天然荷电量很小，并且有两种极性，所以一般多采用高压电晕放电等方法来实现粉尘荷电。

② 粉尘的导电性。粉尘的导电性通常用比电阻 ρ_d 来表示：

$$\rho_d = v/j\sigma \tag{5-43}$$

式中　v——通过粉尘层的电压，V；

　　　j——通过粉尘层的电流密度，A/cm^2；

　　　σ——粉尘层的厚度，cm。

粉尘的导电机制有两种，取决于粉尘、气体的温度和组成成分。在高温（一般在200℃以上）范围内，粉尘层的导电主要靠粉尘本体内部的电子或离子进行。这种本体导电占优势的粉尘比电阻称为体积比电阻。在低温（一般在100℃以下）范围内，粉尘的导电主要据尘粒表面吸附的水分或其他化学物质中的离子进行。这种表面导电占优势的粉尘比电阻称为表面比电阻。在中间温度范围内，两种导电机制皆起作用，粉尘比电阻是表面和体积比电阻的和。

（9）粉尘的黏附性

粉尘颗粒附着在固体表面上，或者颗粒彼此相互附着的现象称为黏附，后者也称为自黏。附着的强度即克服附着现象所需要的力（垂直作用于颗粒中心上）称为黏附力。

粉尘的黏附是一种常见的现象。例如，如果没有黏附，降落到地面上的粉尘就会连续地被气流带回到空气中，而达到很高的浓度。就气体除尘而言，一些除尘器的捕集机制是依靠施加捕集力以后尘粒在捕集表面上的黏附。但在含尘气体管道和净化设备中，又要防止粉尘在壁面上的黏附，以免造成管道和设备的堵塞。

粉尘颗粒之间的黏附力分为三种（不包括化学黏合力）：分子力（范德华力）、毛细力和静电力（库仑力）。三种力的综合作用形成粉尘的黏附力。通常采用粉尘层的断裂强度作为表征粉尘自黏性的基本指标。在数值上断裂强度等于粉尘层断裂所需的力除以其断裂的接触面积。根据粉尘层的断裂强度大小，将粉尘分成四类：不黏性、微黏性、中等黏性和强黏性。各类粉尘的断裂强度指标及粉尘举例在表 5-13 中。

表 5-13　粉尘黏性分类及举例

分类	粉尘性质	断裂强度/Pa	举例
1	不黏性	<60	干矿渣粉、石英粉(干砂)、干黏土
2	微黏性	60~300	含有未燃烧完全产物的飞灰、焦粉、干镁粉、页岩灰、干滑石粉、高炉灰、炉料粉
3	中等黏性	300~600	完全燃尽的飞灰、泥煤粉、泥煤灰、湿镁粉、金属粉、黄铁矿粉、氧化铅、氧化锌、氧化锡、干水泥、炭黑、面粉、锯末
4	强黏性	>600	潮湿空气中的水泥、石膏粉、雪花石膏粉、熟料灰、含矿物盐的钠、纤维尘(石棉、棉纤维、毛纤维)

以上的分类是有条件的，粉尘的受潮或干燥，都将影响粉尘颗粒间的各种力的变化，从而使其黏性发生很大变化。此外，粉尘的粒径大小、形状是否规则、表面粗糙程度、润湿性好坏及荷电大小等皆对粉尘的黏附性有重要影响。实验研究表明，黏附力与颗粒粒径成反比关系，当粉尘中含有 $60\%~70\%$ 小于 $10\mu m$ 的粉尘，其黏性会大大增加。

（10）粉尘的自燃性和爆炸性

① 粉尘的自燃性。粉尘的自燃是指粉尘在常温下存放过程中自然发热，此热量经长时间的积累，达到该粉尘的燃点而引起燃烧的现象。粉尘自燃的原因在于自然发热，并且产热速率超过粉尘的排热速率，使粉尘热量不断积累。

引起粉尘自然发热的原因有：a.氧化热，即因吸收氧而发热的粉尘，包括金属粉类（锌、铝、锆、锡、铁、镁、锰等及其合金的粉末），碳素粉末类（活性炭、木炭、炭黑等），其他粉末（胶木、黄铁矿、煤、橡胶、原棉、骨粉、鱼粉等）。b.分解热，因自然分解而发热的粉尘，包括漂白粉、硫代硫酸钠、乙基黄酸钠、硝化棉、赛璐珞等。c.聚合热，因发生聚合而发热的粉尘，如丙烯腈、异戊间二烯、苯乙烯、异丁烯酸盐等。d.发酵热，因微生物和酶的作用而发热的物质，如下草、饲料等。

各种粉尘的自燃温度相差很大，某些粉尘的自燃温度较低，如黄磷、还原铁粉、还原镍粉、烷基铝等，由于它们同空气的反应活化能小，所以在常温下暴露于空气中就可能直接自燃。

影响粉尘自燃的因素，除了取决于粉尘本身的结构和物理化学性质外，还取决于粉尘的存在状态和环境。处于悬浮状态的粉尘的自燃温度要比堆积状态粉尘的自燃温度高很多。悬浮粉尘的粒径越小、比表面积越大、浓度越高，越容易自燃。堆积的粉尘较松散，若环境温度较低，通风良好，就不易自燃。

② 粉尘的爆炸性。这里所说的爆炸是指可燃物的剧烈氧化作用，在瞬间产生大量的热和燃烧产物，在空间造成很高的温度和压力，称为化学爆炸。可燃物包括可燃粉尘、可燃气体和蒸气等，引起可燃物爆炸必须具备的条件有两个：一是由可燃物与空气或氧气构成的可燃混合物达到一定的浓度，二是存在能量足够的火源。

可燃混合物中可燃物的浓度，只有在一定范围内才能引起爆炸。能够引起可燃混合物爆炸的最低可燃物浓度，称为爆炸浓度下限；最高可燃物浓度称为爆炸浓度上限。在可燃物浓度低于爆炸浓度下限或高于爆炸浓度上限时，均无爆炸危险。由于上限浓度值过大（如糖粉在空气中的爆炸浓度上限为 $13.5kg/cm^3$），在多数情况下都达不到，故实际意义不大。

此外，有些粉尘与水接触后会引起自燃或爆炸，如镁粉、碳化钙粉等；有些粉尘互相接触或混合后也会引起爆炸，如溴与磷、锌粉与镁粉等。

5.5 净化装置的性能参数

评价净化装置性能的指标，包括技术指标和经济指标两方面。技术指标主要有处理气体流量、净化效率和压力损失等。经济指标主要有设备费、运行费和占地面积等。此外，还应考虑装置的安装、操作、检修的难易等因素。本节以净化效率为主来介绍净化装置技术性能的表示方法。

（1）净化装置技术性能的表示方法

① 处理气体流量。处理气体流量是代表装置处理气体能力大小的指标，一般以体积流量表示。实际运行的净化装置，由于本体漏气等原因，往往装置进口和出口的气体流量不同。因此，用两者的平均值作为处理气体流量的表示。

$$Q_N = 1/2(Q_{1N} + Q_{2N}) \tag{5-44}$$

式中 Q_{1N} ——装置进口气体流量，m^3/s；

Q_{2N} ——装置出口气体流量，m^3/s。

净化装置漏风率 σ 可按下式表示：

$$\sigma = (Q_{1N} - Q_{2N})/Q_{1N} \tag{5-45}$$

② 净化效率。净化效率是表示装置净化污染物效果的重要技术指标。对于除尘装置称为除尘效率，对于吸收装置称为吸收效率，对于吸附装置则称为吸附效率。

③ 压力损失。压力损失是代表装置能耗大小的技术经济指标，是指装置的进口和出口气流全压之差，净化装置压力损失的大小，不仅取决于装置的种类和结构型式，还与处理气体流量大小有关。通常压力损失与装置进口气流的动压成正比，即

$$\Delta P = \xi p v_1^2/2 \tag{5-46}$$

式中 ξ ——净化装置的压损系数；

V_1 ——装置进口气流速度，m/s；

ρ ——气体的密度，kg/m^3。

净化装置的压力损失，实质上是气流通过装置时所消耗的机械能，它与风机所耗功率成正比，所以总是希望尽可能小些。多数除尘装置的压力损失为 $1 \sim 2kPa$。原因是一般通风机具有 $2kPa$ 左右的压力，压力再高，不但通风机造价高，而且通风机的噪声变大，增加了消声问题。

（2）净化效率的表示方法

① 总效率。总效率是指在同一时间内净化装置去除的污染物数量与进入装置的污染物数量之比。

如图 5-10 所示，装置进口的气体流量为 $Q_{1N}(\mathrm{m^3/s})$、污染物流量为 $S_1(\mathrm{g/s})$、污染物浓度为 $\rho_{1N}(\mathrm{g/m^3})$，装置出口的相应量为 $Q_{2N}(\mathrm{m^3/s})$、$S_2(\mathrm{g/s})$、$\rho_{2N}(\mathrm{g/m^3})$，装置捕集的污染物流量为 $S_3(\mathrm{g/s})$，则有：

$$S_1 = S_2 + S_3$$
$$S_1 = \rho_{1N} Q_{1N} \qquad S_2 = \rho_{2N} Q_{2N}$$

总净化效率 η 可表示为：

$$\eta = S_3/S_1 = 1 - S_2/S_1 \tag{5-47}$$

或

$$\eta = 1 - \rho_{2N} Q_{2N}/\rho_{1N} Q_{1N} \tag{5-48}$$

若净化装置本身不漏气，即 $Q_{1N} = Q_{2N}$，则将上式简化为

$$\eta = 1 - \rho_{2N}/\rho_{1N} \tag{5-49}$$

图 5-10
净化效率计算示意图

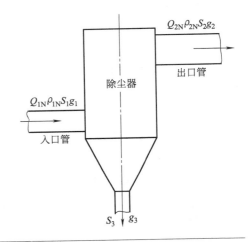

② 通过率。当净化效率很高时，或为了说明污染物的排放率，有时采用通过率 P 来表示装置性能：

$$P = S_2/S_1 = 1 - \eta \tag{5-50}$$

③ 分级除尘效率。除尘装置的总除尘效率的高低，往往与粉尘粒径大小有很大关系，为了表示除尘效率与粉尘粒径的关系，提出分级除尘效率的概念。分级除尘效率是指除尘装置对某一粒径 d_p 或粒径间隔 Δd_p 内粉尘的除尘效率，简称分级效率。分级效率可以用表格、曲线图或显函数 $\eta = f(d_p)$ 的形式表示。这里的 d_p 代表某一粒径或粒径间隔。

若设除尘器进口、出口和捕集的 d_p 颗粒质量流量分别为 S_1、S_2、S_3，则该除尘器对 d_p 颗粒的分级效率为：

$$\eta_g = S_3/S_1 = 1 - S_2/S_1 \tag{5-51}$$

对于分级效率，一个非常重要的值是 $\eta_g = 50\%$，与此值相对应的粒径称为除尘器的分割粒径，一般用 d_c 表示。分割粒径 d_c 在讨论除尘器性能时经常用到。

第
6
章

Technology and application
of powerful mass transfer scrubber

湿式洗涤器与化工
传质设备

在大气污染污染控制领域中，气体的净化装置可分为干式洗涤器和湿式洗涤器两大类。干式洗涤器以袋式除尘器和静电式除尘器两种为主，而湿法除尘则以洗涤液（水）为介质，将污染物以气相作为载体输送，将污染物转移至液相并除去，从而使气体得到净化。

在化工传质过程中，通过一系列装置使多相流之间相互作用，从而达到人们所需的产品目标，在这一过程中，也衍生出一些新的理论和一系列新设备。

本章将按洗涤器的分类和净化机制，对几种重要的洗涤器的结构、原理和性能做概要介绍。

6.1　洗涤器的分类

可以从总体上将湿式气体洗涤器分为低能和高能两类。低能洗涤器的压力损失为 $0.25\sim1.5kPa$，包括喷雾塔和旋风洗涤器等。一般运行条件下的耗水量（液气比）为 $0.4\sim0.8L/m^3$，对大于 $10\mu m$ 的粉尘的净化效率可达 $90\%\sim95\%$。低能洗涤器常用于焚烧炉、化肥制造、石灰窑及铸造车间化铁炉的除尘上，但一般不能满足这些工业废气的直接排放要求。高能洗涤器，如文丘里洗涤器，净化效率达 99.5% 以上，压力损失范围为 $2.5\sim9.0kPa$，常用于炼铁、炼钢、造纸及化铁炉烟气除尘上，它们的排烟中的尘粒可能小到低于 $0.25\mu m$。

根据湿式气体洗涤器的净化机制，可将其大致分为七类：①重力喷雾洗涤器；②旋风洗涤器；③自激喷雾洗涤器；④泡沫洗涤器（板式塔）；⑤填料床洗涤器（填料塔）；⑥文丘里洗涤器；⑦机械诱导喷雾洗涤器。

6.2　洗涤器的净化机制

为了脱除气态污染物，使气体与对该污染物溶解度较高或能发生化学反应的液体接触，即所谓气体吸收作用。对于在水中具有较高溶解度的气态污染物，如氟化氢、氯化氢等气体，可采用水吸收。对其他难溶于水的气体，可采用酸、碱和盐的溶液进行化学吸收。

任一种湿式气体洗涤器的捕集效率，一般是上述各种机制综合作用的总结。任一种机制的作用皆决定于尘粒和液滴的尺寸以及气流与液滴之间的相对运动速度。

6.3　洗涤器的选择

大气污染控制用的洗涤器选择的依据是：

① 分级效率曲线。分级效率曲线是一项最重要的性能指标，但要注意，分级效率曲线仅适用于一定状态下的气体流量和特定的污染物，气体的状态对捕集效率也有直接影响。

② 操作弹性。任一操作设备，都要考虑到它的负荷。对洗涤器来说，重要的是知道气体流量超过或低于设计值时对捕集效率的影响如何。同样，也要知道含尘浓度不稳定或连续地高于设计值时将如何进行操作。

③ 泥浆处理。应当力求减少水污染的危害程度，但耗水量低的装置，往往泥浆处理较难。

④ 运行和维护容易。一般应避免在洗涤器内部有运动或转动部件，注意管道断面过小时会引起堵塞。

⑤ 费用。应考虑运行费和设备费等。运行费包括：a. 相应于气体压力损失的电费；b. 相应于水的压力损失的电费；c. 水费；d. 维护费。洗涤器的运行费一般皆高于其他类型除尘器，特别是文丘里洗涤器的运行费是除尘器中最高的一种。

6.4 重力喷雾洗涤器

重力喷雾洗涤器是湿式洗涤器中最简单的一种，也称喷雾塔或洗涤塔。它是一种空塔，如图 6-1 所示，当含尘气体通过喷淋液体所形成的液滴空间时，因尘粒和液滴之间的碰撞、拦截和凝聚等作用，使较大较重的尘粒靠重力作用沉降下来，与洗涤液一起从塔底部排走。为保证塔内气流分布均匀，常用孔板型分布板或填料床。若断面气流速度较高，则需在塔顶部设除雾器。

图 6-1
重力喷雾洗涤器

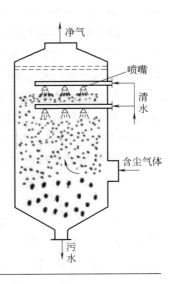

喷雾塔的压力损失小，一般小于 250Pa。对小于 10μm 尘粒的捕集效率较低，工业上常用于净化大于 50μm 的尘粒，而很少用于脱除气态污染物。喷雾塔最常与高效洗涤器联用，起预净化和降温、加湿等作用。喷雾塔的特点是结构简单、压损小、操作稳定方便。但设备庞大，效率低，耗水量及占地面积均较大。

斯台尔曼（Stairmand）研究了尘粒和水滴尺寸对喷雾塔除尘效率的影响，如图 6-2 所示。该图表明，对各种尘粒尺寸的最高除尘效率处于水滴直径为 0.5~1mm 的范围内。产生水滴直径刚好在 1mm 以下的粗喷喷嘴能满足这一要求。喷水压力为 0.14~0.79MPa，液气比一般范围是 0.67~2.68L/m^3。实际中，空塔断面气流速度 v_0 一般采用 0.6~1.2m/s，水滴的大小应使其沉降速度大于空塔气速，否则过量的水滴会从塔顶被带走。

图 6-2
尘粒和水滴尺寸对喷雾塔除尘效率的影响

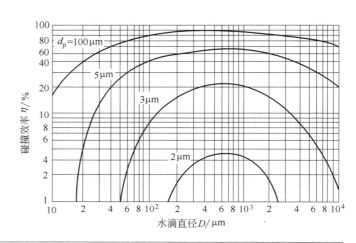

喷雾塔的捕集效率取决于水滴直径及其与气流之间的相对运动状况，这与拦截和惯性碰撞理论是一致的。最佳水滴直径的发生情况可做如下的分析：在喷水量一定时，喷雾愈细，下降水滴布满塔断面的比例愈大，靠拦截捕集尘粒的概率愈大。但细水滴的沉降速度较小，则与气体之间的相对运动速度要比粗水滴小，因而靠惯性碰撞捕集尘粒的概率随水滴直径的减小而减小。综合这两种对立的机制，便可得到一最佳水滴直径。如果水滴再细一些，则要考虑水滴在塔中的降落时间及被气流带走的限制，这取决于水滴直径（或沉降速度）和空塔气速 v_0。在实际中，v_0 值大致取为水滴沉降速度 u_{SD} 的 50%。这样，水滴直径为 500μm 时 u_{SD} 为 1.8m/s，则 v_0 取 0.9m/s 较合适。与大多数其他类型洗涤器一样，严格控制喷雾的组成，保证液滴大小均匀，对有效的操作是很必要的。

对于立式逆流喷雾塔，卡尔弗特给出的惯性碰撞分级效率计算式为：

$$\eta_i = 1 - \exp\left[-\frac{3Q_L(u_{SD}-u_{Si})H\eta_{Ti}}{2Q_G D(u_{SD}-v_0)}\right] = 1 - \exp\left[-0.25\frac{A_L(u_{SD}-u_{Si})\eta_{Ti}}{Q_G}\right] \quad (6\text{-}1)$$

式中　D——水滴直径，m；

v_0——空塔气速，m/s；

u_{SD}——直径为 D 的水滴的重力沉降速度，m/s；

u_{Si}——直径为 d_{pi} 的尘粒的重力沉降速度，m/s；

H——喷雾塔高度，m；

η_{Ti}——单个水滴的分级除尘效率；

A_L——塔中所有水滴的总表面积，m^2，即

$$A_L = \frac{6Q_L H}{D(u_{SD} - v_0)} \tag{6-2}$$

上式的一些解以空气动力学分割粒径 d_{ac} 与塔高 H 的关系标绘在图 6-3 中，同时给出水滴直径、空塔气速和水气比等参数。空气和水的参数采用基准状态下的数值，并假定塔壁上没有液流。但实际上只有一小部分水滴保持悬浮状态，且最小可达 Q_L 的 20% 是有效的，这取决于洗涤器尺寸的大小。

图 6-3
空气动力学分割粒径 d_{ac} 与塔高 H 的关系

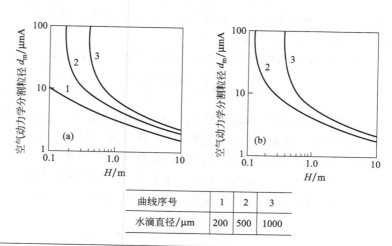

曲线序号	1	2	3
水滴直径/μm	200	500	1000

① $Q_L/Q_G \times 10^3 = 1 L/m^3$，$v_0 = 0.6 m/s$；

② $Q_L/Q_G \times 10^3 = 1 L/m^3$，$v_0 = 0.9 m/s$。

在水滴直径 D 不完全相同时，习惯上采用索特平均直径（即体积-表面积平均直径）$\overline{D}_{1.2}$ 来计算水滴的总表面积 A_L，或简单地取 D 作为索特平均直径。因此，知道操作条件下由喷雾喷嘴产生的水滴尺寸分布很重要。计算时，应当将水滴尺寸分割成若干间隔 D_j，对每一对分割粒径 d_{pi} 和间隔 D_j 综合计算出效率，再代入方程（6-1）求出每一对分级效率 η_{ij}，则总分级效率为每一对分级效率之和。

水滴直径对分级效率 η_i 的影响，可以部分地通过其对 η_{Ti} 的影响来考察，在重力喷雾塔的一般操作范围内，已发现惯性碰撞是占优势的捕集机制，可以采用卡尔弗特（Calvert）推荐的关系式

$$\eta_{Ti} = \left(\frac{St_i}{St_i + 0.7} \right)^2 \tag{6-3}$$

及

$$St_i = \frac{\rho_p d_{pi}^2 (u_{SD} - u_{Si})}{9\mu D} \approx \frac{2\tau_i u_{SD}}{D} \tag{6-4}$$

则

$$\eta_{Ti} = \left(\frac{\tau_i u_{SD}}{\tau_i u_{SD} + 0.35d} \right)^2 \tag{6-5}$$

水滴沉降速度 u_{SD} 受水滴雷诺数 Re_D 的影响。对于小水滴，在斯托克斯定律范围内，$u_{SD} \propto D^2$，则 η_{Ti} 随 D 增大而增大；在中间尺寸范围，$u_{SD} \propto D$，则 η_{Ti} 不随 D 而改变；对于牛顿运动范围，$u_{SD} \propto D^{1/2}$，则 η_{Ti} 随 D 增大而减小。斯台尔曼已计算出（见图6-2），不论粒径 d_p 大小，η_{Ti} 的峰值都在 $D = 600\mu m$ 左右。对于大粒子，峰值更大，且较平缓，扩展到 $D = 600\mu m$ 两边 $200 \sim 300\mu m$。

水滴直径 D 对分级效率 η_i 的总影响包含 u_{SD}、η_{Ti} 和 D 之间的相互影响，正如它们在方程（6-2）中所显示的那样。由于 D 在整个 $u_{SD} \propto D$ 的中间范围中 η_{Ti} 相对不变，所以在这一范围的低 D 端，即在 $300 \sim 400\mu m$ 附近，对因素 u_{SD}、η_{Ti}、$(u_{SD} - v_0)D$ 的净影响是使 η_i 达到最大值。

在错流喷雾塔中，水从塔顶喷出，气流水平通过塔，则惯性碰撞分级效率为：

$$\eta_i = 1 - \exp\left[-\frac{3Q_L H \eta_{Ti}}{2Q_G D} \right] = 1 - \exp\left[-\frac{0.25 A_L u_{SD} \eta_{Ti}}{Q_G} \right] \tag{6-6}$$

式中所有水滴的总表面积 $A_L = 6Q_L H / (Du_{SD})$。单个水滴总效率的计算仍采用方程（6-3），但惯性参数 St_i 按空塔气速 v_0 值计算，即 $St_i = 2\tau_i v_0 / D$。显然，方程（6-6）中的比值 $2\tau_{Ti} / D$ 不存在最大值，但随着 D 的减小而增加。

上式的解也标绘在图6-4中，并采用在逆流喷雾塔中所提出的同一方法。

在喷雾塔用于气体的降温和除尘时，空塔容积 V 常按传热方程式估算：

$$V = \frac{q}{K_V \Delta t_m} \tag{6-7}$$

式中　q——气液间的换热量，W；

Δt_m——对数平均温差，℃；

K_V——容积传热系数，W/(m³·℃)。

6.5　旋风洗涤器

把简单的喷雾塔改成气体自塔下部沿切向导入的旋风洗涤器，便会大大改进洗涤时的惯性碰撞及拦截效果。湿式旋风洗涤器和干式旋风除尘器相比，由于附加了液滴的捕集作用，捕集效率明显提高。

在旋风洗涤器中，由于带水现象较少，则可以采用比喷雾塔中更细的喷雾。气体的螺旋运动所产生的离心力，把水滴甩到塔壁上，形成壁流而流到底部出口，因而水滴的有效寿命较短。为增强捕集效果，采用较高的入口气流速度，一般为 $15 \sim 45 m/s$，并从逆向或横向对螺旋气流喷雾，使气液间的相对速度增大，惯性碰撞效率提高。随着喷雾变细，虽然惯性碰撞变小，但靠拦截的捕集概率增大。水滴愈细，它在气流中保持自身速度和有效捕集能力的时间愈短。

对一定的喷雾水滴来说，水滴直径刚从喷嘴喷出时为最大，而后水滴直径逐渐变小，使其和尘粒间的相对速度减小。最佳水滴直径已从理论上估算出为 $100\mu m$ 左右（见图 6-4）。世纪钟采用的水滴直径范围为 $100\mu m \pm 2\mu m$。常采用螺旋型喷嘴、旋转圆盘、喷溅型喷嘴以及超声喷嘴等来获得这样细的水滴。

图 6-4
水滴直径与捕集效率的关系

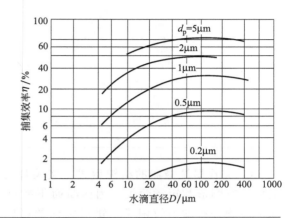

旋风洗涤器适用于净化 $5\mu m$ 以上的颗粒。在净化亚微米级粉尘时，常将其放在文丘里洗涤器之后，作为凝聚水滴的脱除作用。也用于吸收某些气体，这时洗涤液往往不单纯是水。

旋风洗涤器压力损失范围一般为 $0.25 \sim 1 kPa$，它特别适用于处理气量大和含尘量高的场合。

6.6　文丘里洗涤器

（1）文丘里洗涤器的结构和工作原理

① 文丘里洗涤器的工作原理。文丘里洗涤器是一种高效湿式洗涤器，常用在高温烟气降温和除尘上，也可用在气体吸收上。早期设计的一种称为 PA 型文丘里洗涤器如图 6-5 所示，由文丘里管（简称文氏管）和除雾器组成。

在文丘里洗涤器中所进行的除尘过程，可分为雾化、凝聚和除雾三个过程，前两个过程在文氏管内进行，后一过程在除雾器内完成。在收缩管和喉管中气液两相间的相对流速很大，从喷嘴喷射出来的液滴，在高速气流冲击下，进一步雾化成为更细的雾滴。同时，气体完全被水所饱和，尘粒表面附着的气膜被冲破，使尘粒被水润湿。因此在尘粒与液滴或尘粒之间发生着激烈的碰撞、凝聚。在扩散管中，气流速度的减小和压力的回升，使这种以尘粒为凝结核的凝聚作用发生得更快。凝聚成较大粒径的含尘液滴，便很容易被其他型低能洗涤器或除雾器捕集下来。

图 6-5

PA 型文丘里洗涤器

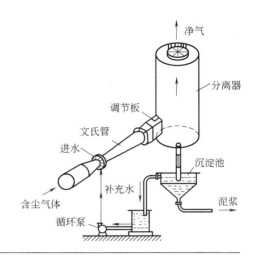

② 文丘里洗涤器的结构型式。文氏管的结构型式有多种（见图 6-6）。从断面形状上分，有圆形和矩形两类。因横断面不能过大（如喉管直径大于 0.3m），否则使横断面上液滴分布均匀较困难。矩形断面的可以采用较大的长宽比，喷雾液体从喉管长边导入，可以获得良好的液滴分布。从喉管结构上分，有喉管部分无调节装置的定径文氏管及喉管部分装有调节装置的调径文氏管。调径文氏管用于净化效率要严格保证，需要随气量变化调节喉径的场合。喉径的调节方式，圆形文氏管一般采用重砣式，通过重砣的上下移动来调节喉口开度；矩形文氏管采用能两侧翻转的翼板式，或能左右移动的滑块式，或能旋转的米粒式（R-D 型）。从液体雾化方式上分，有预雾化和不预雾化两类。预雾化方式是用高压水通过喷着将液体喷成雾滴；不预雾化方式则借助于高速气流的冲击使液体雾化，因而气流的能量消耗大。按供水方式分，有径向内喷、径向外喷、轴向顺喷和溢流供水四类。径向内喷一般是在喉管壁上开孔作为喷嘴，向中心喷雾；径向外喷则是在收缩管中心装喷嘴，向外喷雾；轴向顺喷是在收缩管中心装喷嘴沿轴向喷雾；溢流供水是在收缩管顶部设溢流水箱，使溢流水沿收缩管内壁流下而形成均匀的水膜，可以消除干湿交界面上粘灰问题。各种供水方式皆以利于雾化并使雾滴布满整个喉管断面为基本原则。

③ 文丘里管几何尺寸的确定。文氏管的几何尺寸的确定，应以保证净化效率和减小流体阻力为基本原则，主要包括收缩管、喉管和扩散管的直径和长度及收缩管和扩散管的张开角等。文氏管的进口直径 D_0，一般按与之相连的管道直径确定，在除尘中，进口管道中流速一般为 $16\sim22$m/s；文氏管出口管直径 D_4，一般按出口管后面的除雾器要求的进气速度确定，文丘里除雾器中一般选 $18\sim22$m/s。因为扩散管后面的直管道还有捕集尘粒和压力恢复的作用，故最好设 $1\sim2$m 的直管，再接除雾器。文氏管的喉管尺寸对效率和阻力的影响较大，喉管直径 D_T 按喉管内气流速度 v_T 确定。在除尘中，一般取 $v_T=40\sim120$m/s，净化亚微米的粉尘，可取 $90\sim120$m/s，甚至高达 150m/s；净化较粗粉尘，可取 $60\sim90$m/s，有些情况取 35m/s 也可满足要求；在气体吸收中，一般取 $20\sim23$m/s。喉管的长度 L_T，一般采用 $L_T/D_T=0.8\sim1.5$ 左右。

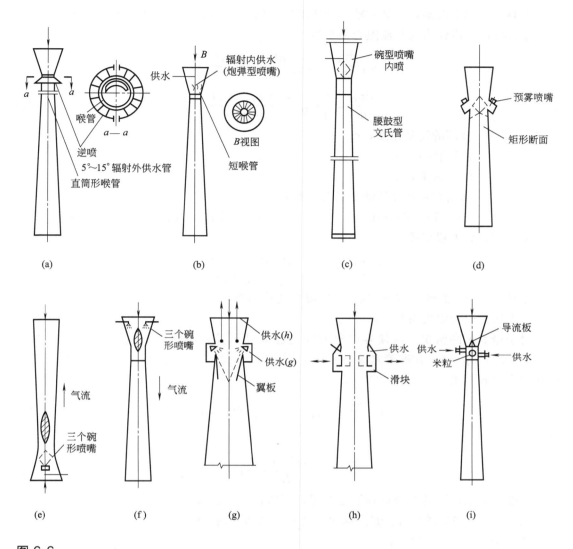

图 6-6

文氏管的结构

（a）~（c）圆形定径文氏管；（d）矩形定径文氏管；（e）、（f）圆形重砣调径文氏管；（g）~（i）矩形调径文氏管（翼板式、滑块式、米粒式）

（2）文丘里管的凝聚效率

文丘里洗涤器的除尘效率取决于文氏管的凝聚效率和除雾器的除雾效率。文氏管的凝聚效率表示为因惯性碰撞、拦截和凝聚等作用尘粒被液滴捕获的百分率。因此，文氏管的凝聚效率不仅取决于随气流一起运动的尘粒的粒径和运动速度，而且也决定于喷雾液滴的直径和运动速度。

① 液滴的导入和加速。文氏管中液滴的导入方式和导入位置，影响着液滴的加速进程，也影响着液滴的尺寸和尺寸分布。

考察一个单个液滴，以某一轴向初速度导入气流中（有时可能为零），其加速运动应遵循牛顿定律，惯性力与气流阻力相平衡：

$$\frac{\pi D^3}{6}\rho_D\frac{\mathrm{d}v_D}{\mathrm{d}t}=C_{DA}\ \frac{\pi D^2}{4}\frac{\rho_G(v_G-v_D)^2}{2} \tag{6-8}$$

则

$$\frac{\mathrm{d}v_D}{\mathrm{d}t}=\frac{3}{4}C_{DA}\ \frac{\rho_G(v_G-v_D)^2}{\rho_D\cdot D} \tag{6-9}$$

式中　v_D——液滴的运动速度，m/s；

　　　D——液滴直径，m；

　　　ρ_D——液滴密度，kg/m^3；

　　C_{DA}——作用在加速度液滴上的阻力系数。

代换 $\mathrm{d}v_D/\mathrm{d}t=\mathrm{d}v_D/\mathrm{d}x\cdot\mathrm{d}x/\mathrm{d}t=v_D\cdot\mathrm{d}v_D/\mathrm{d}x$，则 v_D 对加速距离 x（离开 Z_1 的下游距离）的微分方程变成

$$\frac{\mathrm{d}v_D}{\mathrm{d}x}=\frac{3}{4}C_{DA}\ \frac{\rho_G}{\rho_D}\frac{(v_G-v_D)^2}{v_D\cdot D} \tag{6-10}$$

方程（6-10）的解决定于 C_{DA} 的近似表达式的选取。在一般情况下，C_{DA} 不等于粒子做稳态运动时的阻力系数 C_D。

对于最简单的情况，液滴在喉管开始处径向导入并在喉管内加速的情况，即 $Z_1=Z_2$，$x=0$ 处 $v_D=0$；在喉管末端 $x=L_T$，$v_D=v_T=Q_G/A_T$，方程（6-10）的积分结果以无因次形式给出：

$$u=\frac{v_D}{v_T}=2(1-X^2+X\sqrt{X^2-1}) \tag{6-11}$$

其中

$$X=\frac{3xC_D\rho_G}{16D\rho L}+1 \tag{6-12}$$

在喉管末端液滴的加速达到了最高限，可以由 $x=L_T$，代入方程（6-12）求出 X_T，再代入方程（6-11）求出 u_T 值。例如要使 $u_T=0.9$，则应使 $X_T=1.74$。

② 液滴的直径及其分布

a. 气体雾化喷雾。气体雾化是利用高速气流的粉碎冲击作用来使液体雾化的，形成的液滴直径由韦伯（Weber）数 We 的临界值控制：

$$We=\frac{\rho_G v_T^2 D}{\sigma} \tag{6-13}$$

式中　σ——液体的表面张力，N/m。

韦伯数 We 表示由气体产生的惯性力与抵抗变形的液体表面张力之比。关于韦伯数的临界值 We_C，当缓慢加速时，对各种液体在 $6\sim11$ 范围内。根据鲍尔（Boll R. H.）的实验，D 采用索特平均直径 $\overline{D}_{1.2}$，在喷雾文丘里条件下：液气比为 $1.4\sim2.7L/m^3$，$v_T=40\sim90m/s$，$We_C=5$。

鲍尔测量了液滴的索特平均直径，实验条件是：矩形断面喷雾文丘里的一段，喷嘴在喉管前 0.3m 处，喉管半高为 0.178m，宽为 0.3m，长为 0.3m，收缩角为 25°，扩张角为

$7°$，液气比为 $0.6 \sim 2.4 \mathrm{L/m^3}$，$v_T = 30 \sim 90 \mathrm{m/s}$，$v_{G1} = 0.725 v_T$。实验结果按下式关联：

$$\overline{D}_{1.2} = \left[42187 + 5768 \left(\frac{QL \times 10^3}{Q_G} \right)^{1.932} \right] \frac{1}{v_{G1}^{1.602}} \tag{6-14}$$

式中　$\overline{D}_{1.2}$——索特平均直径，$\mu\mathrm{m}$；

$QL \times 10^3 / Q_G$——液气比，$\mathrm{L/m^3}$；

v_{G1}——Z_1 处的气流速度，$\mathrm{m/s}$。

b. 预雾化喷雾。预雾化喷雾系指液滴是由雾化喷嘴产生的，在喉管前随着气流导入。这类喷嘴有压力喷嘴和气动喷嘴两类。压力喷嘴是液体在高压下通过喷嘴而被粉碎成液滴的装置，其结构型式和雾化原理多种多样，所雾化的液滴直径及其分布，可由有关产品性能说明中查出。

气动喷嘴是靠高速气流使液体雾化的喷嘴，因此也称双向流喷嘴。气动喷嘴的性能不但决定于喷嘴的形状和尺寸，还决定于在喷嘴中气体对液体的相对运动速度及气液的质量流量比。气动喷嘴的性能多采用拔山—棚泽（Nukiyama S.，Tanasawa Y.）的经典研究结果来描述，他们给出的液滴索特平均直径的表达式为：

$$\overline{D}_{1.2} = \frac{585 \times 10^3}{v_r} \left(\frac{\sigma}{\rho_L} \right)^{1/2} + 1682 \left[\frac{\mu L}{\sqrt{\sigma \rho_L}} \right]^{0.45} \left(\frac{Q_L \times 10^3}{Q_G} \right)^{1.5} \tag{6-15}$$

式中　v_r——气体和液体之间的相对运动速度，$\mathrm{m/s}$；

ρ_L——液体的密度，$\mathrm{kg/m^3}$；

μL——液体的黏度，$\mathrm{Pa \cdot s}$。

这一研究结果的适应范围是：喷嘴直径，对液体为 $0.2 \sim 1.0 \mathrm{mm}$，对空气为 $1 \sim 5 \mathrm{mm}$；气液间相对运动速度从 $79 \mathrm{m/s}$ 到声速，液气比为 $0.11 \sim 2.0 \mathrm{L/m^3}$。实验液体是汽油、水、酒精和重油。

对于空气-水系统，在 $20℃$ 和常压下，$\rho_L = 998.2 \mathrm{kg/m^3}$，$\mu L = 1.002 \times 10^{-3} \mathrm{Pa \cdot s}$，$\sigma = 72.7 \times 10^{-3} \mathrm{N/m}$，则式（6-15）化简为

$$\overline{D}_{1.2} = \frac{500}{v_r} + 29 \left(\frac{Q_L \times 10^3}{Q_G} \right)^{1.5} \tag{6-16}$$

开姆和马歇尔（Kim K. Y.，Marshall W. R）的实验研究应用了一种改进的技术来测量液滴直径，对单个的空气喷嘴得到如下关系式：

$$D_m = 168.4 \frac{\sigma^{0.41} \mu_L^{0.32}}{(v_r^2 \rho_G)^{0.57} A^{0.36} \rho_L^{0.16}} + 13084 \frac{\mu_L^2}{(\rho_L \sigma)^{0.17}} \left(\frac{M_G}{M_L} \right)^n \frac{1}{v_r^{0.54}} \tag{6-17}$$

式中　D_m——液滴的质量中位直径，$\mu\mathrm{m}$；

A——空气流的横断面积，$\mathrm{m^2}$；

M_G——雾化空气的质量流量，$\mathrm{kg/s}$；

M_L——液体的质量流量，$\mathrm{kg/s}$；

n——指数，当 $M_G/M_L < 3$ 时 $n = -1$，$M_G/M_L > 3$ 时 $n = -0.5$。

实验条件是：喷嘴直径，对液体为 $1.83 \sim 2.54 \mathrm{mm}$，对空气为 $3.05 \sim 6.9 \mathrm{mm}$；相对速度变化范围，从 $76 \mathrm{m/s}$ 到声速；液气比为 $0.1 \sim 10 \mathrm{L/m^3}$。液体限定为熔融的蜡和蜡聚

乙烯混合物。

③ 分级捕集效率。加速的液滴流捕集尘粒的分级效率模型，根据在重力喷雾塔中所采用的同样方法进行推导。假定液滴直径 D 皆相同，液滴和尘粒在文氏管中任一横断面上分布是均匀的，每个液滴捕集尘粒是独立的，彼此互不影响。考察液滴导入点下游任一位置长为 dx 的控制容积 $A dx$ 内尘粒的平衡关系，单位时间靠液滴碰撞捕集的尘粒质量为：

$$-v_G A dC_i = \eta_{Ti} \frac{\pi D^2}{4} (v_G - v_D) C_i n_D A dx \tag{6-18}$$

式中　C_i——粒径为 d_{pi} 的尘粒的浓度，g/m^3；

　　　n_D——直径为 D 的液滴的个数浓度，个$/m^3$；

　　　η_{Ti}——单个液滴的惯性碰撞效率。

进一步假定，液滴既没有互相合并，也没有达到管壁的壁流损失，则液滴的个数浓度为：

$$n_D = \frac{6 v_G Q_L}{\pi_{Vd} Q_G D^3} \tag{6-19}$$

将 n_D 代入式（6-18）中得到：

$$-\frac{dC_i}{C_i} = \frac{3}{2} \frac{\eta_{Ti}}{D} \frac{Q_L}{Q_G} \frac{(v_G - v_D)}{v_D} dx \tag{6-20}$$

为确定直径为 D 的液滴捕集粒径为 d_{pi} 的尘粒的分级效率，应沿着文氏管轴线对上式积分。这一积分取决于以式（6-10）为依据的 v_G、v_D 和 x 之间的关系，如前面所讨论的那样。其实际结果将依液滴导入和文氏管几何尺寸等的条件而不同。全面的解还没有求出来，但某些特定条件下的解可能是有用的。

当只考虑在喉管内液滴的惯性碰撞效率，液滴在径向导入，液滴直径采用索特平均直径 $\overline{D}_{1.2}$，而不考虑其直径分布的最简单情况下，式（6-10）中的阻力系数 C_{DA} 采用殷继保（Ingebo）的近似表达式：

$$C_{DA} = \frac{55}{Re_D} = \frac{55 \mu_G}{D (v_G - v_D) \rho_G} \tag{6-21}$$

得到

$$dv_D = \frac{165 \mu_G}{4 \rho_L D^2} \frac{(v_G - v_D)}{v_D} dx \tag{6-22}$$

代入（6-20），变成为

$$-\frac{dC_i}{C_i} = \frac{2 \eta_{Ti} Q_L \rho_L D}{55 Q_G \mu_G} dv_D \tag{6-23}$$

对于液滴在喉管开始处径向导入，在喉管内加速的情况下，在 $x = 0$ 处，$v_D = 0$，$v_G = v_T$，$x \leqslant L_T$，可以对式（6-21）和式（6-22）进行积分。式（6-22）的积分结果为：

$$\ln \frac{1}{(1-u)} - u = \frac{165 \mu G x}{3 \rho_L D^2 v_T} \tag{6-24}$$

式中，$u = v_D / v_T$，与式（6-11）相同。若假定单个液滴的分级碰撞效率 η_{Ti} 沿喉管全长不变（这不是一个很好的假定），则方程（6-23）的积分结果为：

$$\eta_i = 1 - \exp\left(\frac{2\eta_{Ti}Q_L\rho_L Dv_T u}{55Q_G\mu_G}\right) \tag{6-25}$$

在 $x = L_T$ 时，将喉管长度 L_T 和分级效率 η_i 由式（6-24）和式（6-25）关联起来。

考虑到 η_{Ti} 沿喉管长度方向的变化，会得到更实际的结果。$\eta_{Ti} = \left(\frac{St_i}{St_i + 0.7}\right)^2$ 的计算与在重力喷雾塔中所采用的关系式相同，即

$$\eta_{Ti} = \left(\frac{St_i}{St_i + 0.7}\right)^2 \tag{6-26}$$

其中

$$St_i = \frac{C_i\rho_p d_{pi}^2(v_T - v_D)}{9\mu_G D} = \frac{C_i\rho_p d_{pi}^2 v_T(1-u)}{9\mu_G D} = K_i(1-u)$$

将这些关系式代入式（6-11）后，得到

$$-\frac{\mathrm{d}C_i}{C_i} = \frac{2Q_L\rho_L Dv_T K_i^2}{55Q_G\mu_G} \cdot \frac{(1-u)^2}{[K_i(1-u) + 0.7]^2}\mathrm{d}u \tag{6-27}$$

再加上条件 $Z_1 = Z_2$ 或 $u = 0$ 等其他限制条件，则可求出上式的积分。

卡尔弗特已导出式（6-27）的一种积分变形，考虑到与用分级效率表示的实际性能一致。他假定在液滴达到某一相对速度 $v_T - v_{D1} = fv_T = (1-u_1)v_T$ 以后，尘粒的捕集才开始。这就固定了式（6-27）的积分下限为 $u_1 = 1 - f$。还进一步假定在喉管末端完成了液滴的加速，即 $u = 1$ 为积分上限。按 f 的积分结果表示成如下形式：

$$\eta_i = 1 - \exp\left(\frac{2Q_L\rho_L Dv_T}{55Q_G\mu_G} \cdot F(St_{Ti}, f)\right) \tag{6-28}$$

其中

$$St_{Ti} = \frac{C_i\rho_p d_{pi}^2 v_T}{9\mu_G D} = \frac{d_{ai}^2 v_T}{9\mu_G D} \tag{6-29}$$

$$F(St_{Ti}, f) = \frac{1}{St_{Ti}}\left[-0.7 - St_{Ti}f + 1.4\ln\left(\frac{St_{Ti}f + 0.7}{0.7}\right) + \left(\frac{0.49}{0.7 + St_{Ti}f}\right)\right] \tag{6-30}$$

关于经验因子 f，它综合了没有明确包含在式（6-28）中的各种参数的影响。这些参数包括：除了惯性碰撞以外的其他机制的捕集作用；由于冷凝或其他影响使尘粒增大；除了预算的 D 以外的其他液滴直径；液体流到文氏管壁上的损失；液滴分散不好及其他影响等。为使设计稳妥些，对于疏水性粉尘，推荐取 $f = 0.25$，这大约相当于可用数据的中等值；对于亲水性粉尘，如可溶性化合物、酸类及含有 SO_2 和 SO_3 的飞灰等，f 值显著增大，一般取 $f = 0.4 \sim 0.5$；大型洗涤器的试验表明，$f = 0.5$；在液气比低于 $0.2 \mathrm{L/m^3}$ 以下时，f 值逐渐增大。从严格的数学观点来看，应按 u 值来理解 f 值，所以若 $f = 0.25$，则 $u_1 = 0.75$，表示尘粒捕集发生在液滴速度从 $0.75v_T$ 加速到 v_T 的阶段。

在应用式（6-28）～式（6-30）时，液滴直径 D 按拔山-棚泽公式（6-15）计算，其中 Q_L/Q_G 作为一个整体，相对速度 v_r 取 Z_2 处的值，即 $v_r = v_T - v_{D2}$。

卡尔弗特对空气-水系统给出一组曲线图，对于不同的液气比 Q_L/Q_G 和喉管气速 v_T，给出分级通过率 P_i 与空气动力学直径 d_a 的关系（图 6-7 和图 6-8）。

从上述凝聚效率推算公式可以看到，文氏管的凝聚效率与喉管内气速 v_T、粉尘特性 d_a、液滴直径 D 及液气比 Q_L/Q_G 等因素有关。v_T 愈高，液滴被雾化的愈细（D 愈小）、愈多，尘粒的惯性力也愈大，则尘粒与液滴的碰撞、拦截的概率愈大，凝聚效率 η_i 愈高。要达到同样的凝聚效率 η_i，对 d_a 和 ρ_p 较大的粉尘，v_T 可取小些；反之则要取较大的 v_T 值。因此，在气流量波动较大时，为了保持 η_i 基本不变，应采用调径文氏管，以便随着气量变化调节喉径，保持喉口内气速 v_T 基本稳定。

图 6-7、图 6-8 表明了喉管内气速、空气动力学直径与捕集效率的关系。不论选择多大的 v_T 和 Q_L/Q_G 值，对于 $d_a<0.5\mu m$ 的粒子的捕集效率都很低；当 $d_a=1\sim10\mu m$ 以后，曲线趋于平稳。d_a 再增大，η_i 的变化便不大了。这时，每个液滴都几乎以 100% 的效率起作用。进一步提高 η_i 的唯一途径是提供更多的液滴，即增大液气比。

增大液气比可以提高净化效率，但如果喉管内气速过低，液气比增大会导致液滴增大，这对凝聚是不利的。所以液气比增大必须与喉管内气速相适应才能获得高效率。应用文氏管洗涤器除尘时，液气比取值范围一般是 $0.3\sim1.5\text{L/m}^3$，以选用 $0.7\sim1.0\text{L/m}^3$ 的为多。

图 6-7
分级通过率 P_i 与空气动力学直径 d_a 的关系

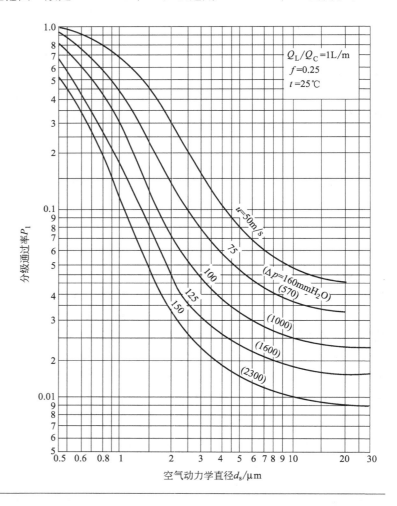

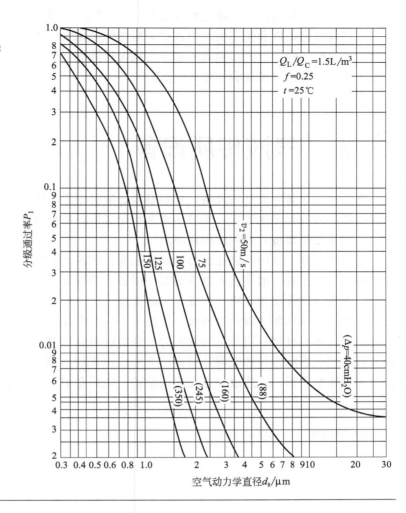

图 6-8
分级通过率 P_i 与空气动力学直径 d_a 的关系

（纵轴）分级通过率 P_i

$Q_L/Q_C=1.5L/m^3$
$f=0.25$
$t=25℃$

$v_2=50m/s$

150 125 100 75

(350) (245) (160) (88)

$(\Delta p=40cmH_2O)$

空气动力学直径 $d_s/\mu m$

（3）文丘里管的压力损失

文丘里管的压力损失是一个很重要的性能参数。对于已使用的文氏管，很容易测定出它在某一操作状态下的压力损失；但在设计时要想准确推算文氏管的压力损失，往往是困难的。这是因为影响文氏管压力损失的因素很多，如结构尺寸，特别是喉管尺寸、喷雾方式和喷水压力、液气比、气体流动状况等。

气体通过文丘里管的压力损失，产生于气体和液体对洗涤器壁面的摩擦损失及液滴被加速引起的压力损失。在文丘里洗涤中，液滴加速的压力损失往往占主导地位，很少受文氏管几何条件的影响，在大多数情况下是可以按理论模型预估的。气液对壁面的摩擦损失往往占很次要的地位，计算中可以忽略，且在一定程度上可以由扩散管中气体压力的回升得到补偿。

文氏管洗涤器的最高除尘效率取决于液滴粒径，喉管气速以及液气比，而压力损失也决定于喉管气速和液气比等。因此对一定粉尘的总除尘效率和压力损失，皆与喉管气速、液气比等有关。

由于文氏管洗涤器对细粉尘具有很高的除尘效率，且对高温气体的降温效果也不错，所以广泛应用于高温烟气的除尘和降温上，如炼铁高炉煤气、氧气顶吹转炉烟气、炼钢电炉烟气以及有色冶炼和化工生产中各种炉窑烟气净化上。当文氏管洗涤器用于高温烟气净化时，在进行结构设计、除尘效率和压力损失计算前，还需先进行降温计算，根据热平衡方程式来确定进出口温度和水量等参数。

6.7 气液传质设备

气液传质设备主要是塔设备，其中最重要的类型为板式塔和填料塔；它们也适用于气液直接传热或气体湿法除尘。本节主要介绍化工传质传统技术中应用的塔器结构。

（1）主要类型板式塔的结构和特点

板式塔的基本结构可以筛板塔为例来说明。如图 6-9 所示，塔板上开有很多直径几毫米的筛孔。操作时，液体进入塔顶的第一层板，沿板面从一侧流到另一侧，越过出口堰的上沿，落进降液管而进入第二层板，如此逐层下流。塔板出口的溢流堰使板上维持一定的液层高度。气体从塔底段到达最底一层板下方，经由板上的筛孔逐板上升。由于板上液层的存在，气体通过每一层板上的筛孔时，分散成很多气泡，气体负荷一般都大到足以使气泡紧密接触，不断合并和破裂，使液面上形成泡沫层（液相连续）；为两相的接触提供大的相界面接触面积，并造成一定程度的湍动，这都有利于传质速率的提高。

图 6-9
板式塔的典型结构

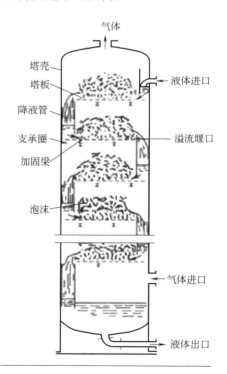

气体

塔壳
塔板
降液管
支承圈
加固梁
泡沫

液体进口
溢流堰口

气体进口

液体出口

上述操作方式中，气、液两相在每层塔板上呈错流流动，但对整个塔来说，则气上液下呈逆流流动。

板式塔类型的不同，在于其中塔板的结构不同，现将几种重要类型的板式塔分述如下。

① 泡罩塔。泡罩塔是 19 世纪初随工业蒸馏的建立而发展起来的，属于最早流行的结构。塔板上的主要部件是泡罩（见图 6-10）。它是一个钟形的罩，支在塔板上，其下沿有长条形或椭圆形小孔，或做成齿缝状，与板面保持一定距离。罩内覆盖着一段很短的升气管，升气管的上口高于罩下沿的小孔或齿缝。塔板下方的气体经升气管进入罩内之后，折向下到达罩与管之间的环形空隙，然后从罩下沿的小孔或齿缝分散成气泡而进入板上的液层。

图 6-10
泡罩

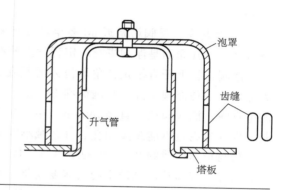

泡罩的制造材料有：碳钢、不锈钢、合金钢、铜、铝等，特殊情况下亦可采用陶瓷以便防腐蚀。泡罩的直径通常为 80~150mm（随塔径增大而增大），在板上按正三角形排列，中心距为罩直径的 1.25~1.5 倍。

泡罩塔板上的升气管出口伸到板面以上，故上升气流即使暂时中断，板上液体亦不会流尽；气体流量减少，对其操作的影响亦小。有此特点，泡罩塔可以在气、液负荷变化较大的范围内正常操作，并保持一定的板效率。为了便于在停工以后能放净板上所积存的液体，每层板上都开有少数排液孔，称为泪孔，直径 5~10mm，面积 1~3cm² 塔截面，位于板面上靠近溢流堰入口一侧。

泡罩塔操作稳定，操作弹性——能正常操作的最大负荷与最小负荷之比达 4~5，但是，由于它的构造比较复杂，造价高，阻力（表现为气体通过每层板的压降）亦大，而气、液通量和板效率却比其他类型板式塔较低，已逐渐被其他型式的塔所取代。然而，由于它的使用历史长，对它研究得比较充分，设计数据也积累得较为丰富，故在要求可靠性高的场合中仍在使用。

② 筛板塔。筛板塔的出现，仅迟于泡罩塔 20 年左右，因长期被认为操作不易稳定，在 20 世纪 50 年代以前，它的使用远不如泡罩塔普遍。其后因积极寻找一种简单而廉价的塔型，对其性能的研究不断深入，已能做出有足够操作弹性的设计，使得筛板塔成为应用最广的类型之一。

筛板与泡罩板的差别在于取消了泡罩与升气管，而直接在板上开有很多小直径的筛孔。操作时气体通过小孔上升，液体则通过降液管流到下一层板。分散成泡的气体使板上液层形成强烈湍动的泡沫层。

筛板多用不锈钢板或合金钢板制成，使用碳钢的比较少。孔的直径约 3～8mm，以 4～5mm 较常用，板的厚度约为孔径的 0.4～0.8 倍。此外，又有一种大孔筛板，孔径在 10mm 以上，用于有悬浮颗粒与脏污的场合。

筛板塔的结构简单，造价低，其生产能力（以气体通量计）较泡罩塔高 10％～15％，板效率约高 10％～15％，而每板压降则低 30％左右。曾经认为，这种塔板在气体流量增大时，液体易大量冲到上一层板；气体流量小时，液体又大量经筛孔漏到下一层板，故板效率不易保持稳定。实际操作经验表明，筛板在一定程度的漏液状况下操作时，其板效率并无明显下降；其操作的负荷范围虽然较泡罩塔为窄，但设计良好的塔，其操作弹性仍可达 2～3。

③ 浮阀塔。浮阀塔是近 60 多年发展起来的，现已和筛板塔一样，成为使用最广泛的塔型之一，其原因是浮阀塔在一定程度上兼有前述两种塔的长处。

浮阀塔板上开有按正三角形排列的阀孔，每个孔上安置一个阀片。图 6-11 所示为广为应用的一种浮阀型式（我国标准 F-1 型）。阀片为圆形（直径 48mm），下有三条带脚钩的垂直腿，插入阀孔（直径 39mm）中。达到一定气速时，阀片被推起，但受脚钩的限制，推到最高也不能脱离阀孔。气速减小则阀片落到板上，依靠阀片底部三处突出物支撑住，仍与板面保持约 2.5mm 的距离。塔板上阀孔开启的数目按气体流量的大小而有所改变。因此，气体从浮阀送出的线速度变化不大，鼓泡性能可以保持均衡一致，使得浮阀塔具有较大的操作弹性，一般为 3～4，最高可达 6，浮阀的标准重量有两种，轻阀约 25g，重阀约 33g。一般情况下采用重阀，轻阀则用于真空操作或液面落差较大的液体进板部位。

图 6-11

浮阀

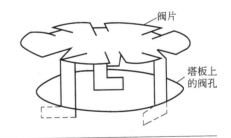

阀片

塔板上的阀孔

浮阀的直径较泡罩小，在塔板上可排列得更紧凑，从而可增大塔板的开孔面积，同时气体以水平方向进入液层，使带出的液沫减少而气液接触时间延长，故可增大气体流速而提高生产能力（较泡罩塔提高约 20％），板效率亦有所增加，压降又比泡罩塔小。结构上它比泡罩塔简单但比筛板塔复杂。上述设计的缺点是因阀片活动，在使用过程中有可能松脱或被卡住，造成该阀孔处的气、液通过状况失常，为避免阀片生锈后与塔板粘连，以致盖住阀孔而不能浮动，浮阀及塔板都用不锈钢制成。此外，胶黏性液体易将阀片粘住；液体中固体颗粒较多较大，会使阀片被架起，故不宜采用。

④ 舌片板塔与浮舌板塔。前面三种型式的塔板，气体是以鼓泡方式通过液层的。此外，穿孔气速大时也可将液体喷射成液滴而形成气液接触面积，舌片板与浮舌板即属于这种喷射操作方式塔板的代表。

舌片板也是近 60 年才发展起来的，但使用不如筛板、浮阀板广泛。这种塔板是在平板上冲压出许多向上翻的舌形小片而制成，如图 6-12 所示。塔板上冲出舌片后，所留下的孔也是舌的形状。舌半圆形部分的半径为 R，其余部分的长度为 A，宽度为 $2R$，舌片对板的倾角 a 为 18°、20°或 25°（以 20°最为常用），舌孔规格（以 mm 计）$A \times R$ 有 25×25 与 50×50 两种。

图 6-12
舌片塔板

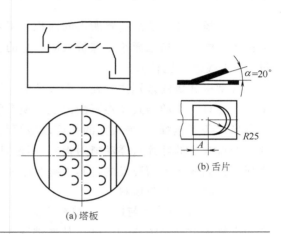

(b) 舌片

(a) 塔板

舌片板上设有降液管，但管的上口没有溢流堰。由降液管流下的液体淹没板上的舌片，从各舌片的根部向尖端流动；同时，自下层板上升的气体则在舌与孔之间几乎呈水平地喷射出来，速度可达 20～30m/s，冲向液层，将液体分散成细滴。这种喷射作用强化两相的接触从而提高传质效果。由于气体喷出的方向与液流方向大体上一致，前者对后者起推动作用，使液面落差很小。又因为板上的液层薄，使塔板的压降减小，液沫夹带也少一些。

舌片塔板的气、液通量较泡罩塔、筛板塔的都大；但因气液接触时间比较短，效率并不很高；又因气速小了便不能维持喷射方式，其操作弹性比较小，只有在较小的负荷范围内才能取得较好的效果。

浮舌板上的主要构件——浮舌的构型如图 6-13 所示。易于看出这种构造是舌片与浮阀的结合：既可令气体以喷射方式进入液层，又可在负荷改变时，令舌阀的开度随之改变而使喷射速度大致维持不变。因此，这种塔板与固定舌片板相比，操作较为稳定，弹性比较大，效率高一些，压降也小一些。但它也有上述浮阀板的缺点。

⑤ 穿流板塔。前述各种塔板上，气、液两相为错流流动。另有一类不设降液管，气、液两相成逆流方向的塔板，称穿流塔板或无溢流塔板。板上开小孔的为穿流筛板，板上开条形狭缝的为穿流栅板。在操作时，塔板上的液面是波动的，造成随机的液层阻力不匀；波峰处对板面的静压大，产生漏液；波谷处则静压小而通气；使塔板能正常操作。

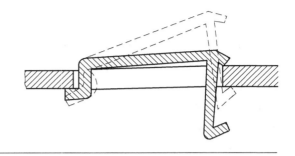

图 6-13
浮舌

穿流塔板节省了溢流管所占的面积，于是按整个塔截面设计的通量可增加，使生产能力提高；同时结构也简单，造价低廉。它的主要缺点是操作弹性小，在 3 以内，通常不超过 2；塔板效率也较低。

各型板式塔的差别主要在于塔板结构。除上述几种以外，还有一些使用得较少的结构型式。而且，新的型式还在不断出现，现有的还可以出现各种变体。例如，泡罩可以做成长条形（条形泡罩），筛板上的孔可以是倾斜的（斜孔筛板），浮舌可以改为贯通板面的浮片，像百叶窗的叶片（浮动喷射板）。不论是全新型或是改进型，一般都是为了克服现有塔板某方面的弱点而开发的，其中有些已在特定的领域内使用，取得了良好的效果。

(2) 填料塔与塔填料

① 填料塔的结构与操作。填料塔为一直立式圆筒，内有填料乱堆或整砌在靠近筒底部的支承板上（见图 6-14）气体从底部通入，液体在塔顶经分布器淋洒到填料层表面上，分散成薄膜，经填料间的缝隙下流，亦可能呈液滴落下。填料层的润湿表面就成为气、液接触的传质表面。液体在填料层中有沿塔壁下流的趋势，故填料层高时需分成数段，两段之间设液体再分布器。填料层内气、液两相呈逆流接触。两相的组成是沿塔高连续改变的，这一点与板式塔的组成沿塔高做阶跃式变化有区别。

② 塔填料类型。塔填料的作用是为气、液两相提供充分的接触面，并为提高其湍动程度（主要是对气相）创造条件，以利于传质及传热。它们应能使气、液接触面大、传质系数高，同时通量大且阻力小，所以要求填料层空隙率（单位体积填料层的空隙体积）高，比表面积（单位体积填料层的表面积）大，表面润湿性能好，并且在结构上还要有利于两相密切接触，促进湍动。制造材料又要对所处理的物料具有耐腐蚀性，并具有一定的机械强度，使填料层底部不致因受压而碎裂、变形。

常用的填料可分为两大类：散装填料与规整填料

a. 散装填料。散装填料又称颗粒填料，有中空的环形填料、表面敞开的鞍形填料等。常用的制造材料包括陶瓷、金属、塑料、玻璃、石墨等。下面介绍几种主要的填料。

(a) 拉西环（Raschig ring）。拉西环［见图 6-15（a）]为高与直径相等的圆环，常用的直径为 25～75mm（亦有小至 6mm，大至 150mm 的，但较少采用），陶瓷环壁厚 2.5～9.5mm，金属环壁厚 0.8～1.6mm，填料多乱堆在塔内，直径大的亦可整砌，以降低阻力及减少液体流向塔壁的趋势。拉西环构造简单，但与其他填料相比，气体通过能力低，阻力也大；液体到达环内部比较困难，因而润湿不易充分，使传质效果差；故近年来使用渐少。但此种填料在 20 世纪初就已出现，研究较充分，性能数据累积较丰富，故常用来作为其他填料性能的比较标准。

图 6-14
填料塔的典型结构

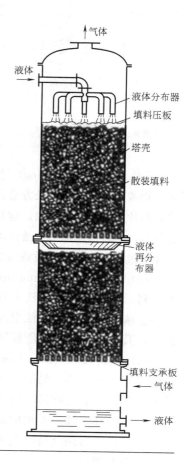

于拉西环内部空间的直径位置上加一隔板，即成为列辛（Lessing）环；环内加螺旋形隔板则成为螺旋环。隔板有提高填料抗压能力与增大表面的作用。

（b）弧鞍。弧鞍又称贝尔鞍（Berl saddle），是出现较早的鞍形填料，形如马鞍 [见图 6-15（b）]，大小为 25~50mm 的较为常用。弧鞍的表面不分内外，全部敞开，液体在两侧表面分布同样均匀。它的另一特点是堆放在塔内时，对塔壁侧压力较环形填料小。但由于两侧表面构型相同，堆放时填料容易叠合，因而减少了暴露的表面，最近已逐渐被构型改善的矩鞍填料所代替。

（c）矩鞍（Intalox saddle）。矩鞍 [见图 6-15（c）]两侧表面不能叠合，且较耐压力，构型简单，加工较弧鞍方便，多用陶瓷制造。在以陶瓷为材料的填料中，此种填料的水力性能与传质性能都较优越。

以上各种散装填料的壁上不开孔或槽，多用陶瓷制成。此外，又有于壁上开孔或槽的，多用金属或塑料制成。后者的性能较前者提高很多，因此被称为"高效"填料。常见的散装开孔填料如下。

(a) 拉西环　　　　(b) 弧鞍　　　　(c) 矩鞍　　　　(d) 鲍尔环　　　　(e) 阶梯环　　　　(f) 金属鞍环

图 6-15

几种散装填料的构型

（d）鲍尔环（Pall ring）鲍尔环［见图 6-15（d）］的构造，相当于在金属质拉西环的壁面上开一排或两排正方形或长方形孔，开孔时只断开四条边中的三条边，另一边保留，使原来的金属材料片呈舌状弯入环内，这些舌片在环中心几乎对接起来。填料的空隙率与比表面积并未因此增加，但堆成层后气、液流动通畅，有利于气、液进入环内。因此，鲍尔环较之拉西环，其气体通过能力与体积传质系数都有显著提高，阻力也减小了。鲍尔环还可用塑料制造。

（e）阶梯环（Cascade miniring）。阶梯环［见图 6-15（e）］是一端有喇叭口的开孔环形填料，环高与直径之比为 0.3～0.5，环内有筋，起加固与增大接触面的作用。喇叭口能防止填料并列靠紧，使空隙率增大，并使表面更易暴露。制造材料多为金属或塑料。据报道，其水力与传质性能较鲍尔环又有提高。

（f）金属鞍环（Metal Intalox saddle）是用金属制作的矩鞍，并在鞍的背部冲出两条狭带，弯成环形筋，筋上又冲出四个小爪弯入环内［见图 6-15（f）］。它在构型上是鞍与环的结合，又兼有鞍形填料液体分布均匀和开孔环形填料气体通量大、阻力小的优点，故又称鞍环为环矩鞍。类似的复合结构的填料，新近又有不少发展。

此外，还有用金属网制成的鞍形或环形填料。

b. 规整填料

规整填料不同于散装填料之处，在于它具有成块的规整结构，可在塔内逐层叠放。最早出现的规整填料是由木板条排列成的栅板，后来也有用金属板条或塑料板条制作的。栅板填料气流阻力小，但传质面积小而效果较差，现已不大用于气液传质设备，只是在凉水塔等中仍有使用。20 世纪 60 年代以后开发的丝网波纹填料和板波纹填料，是目前使用比较广泛的规整填料。现将它们的构型和特点分述如下。

（a）丝网波纹填料。将金属丝网切成宽 50～100mm 的矩形条，并压出波纹，波纹与长边的斜角为 30°、45° 或 60°，网条上打出小孔以利于气体穿过。然后将若干网条并排成较塔内截面略小的一圆盘，盘高与条宽相等，许多盘在塔内叠成所需的高度。塔径大，则将一盘分成几份，安装时再拼合。一盘之内，左右相邻两网条的波纹倾斜方向相反，而上下相邻两盘的网条又互成 90° 交叉（见图 6-16），这种结构的优点是：各片排列整齐而峰谷之间空隙大，气流阻力小；波纹间通道的方向频繁改变，气流湍动加剧；片与片之间以及盘与盘之间网条的交错，促使液体不断再分布；丝网细密，液体可在网面形成稳定薄膜，即使液体喷淋密度较小，也易于达到完全润湿。上述特点使这种填料层的通量大，在大直径塔内使用也可避免液体分布不均及填料表面润湿不良的缺点。丝网波纹填料的缺点是：造价昂贵；装砌要求高，塔身安装的垂直度要求严格，盘与塔壁间的缝隙要堵实；填料内部通道狭窄，易被堵塞且不易清洗。然而，由于它的传质效率很高且阻力很小，在精密精馏和真空精馏中使用很合适。现已用于直径达数米的塔，使用领域也不再局限于蒸馏。

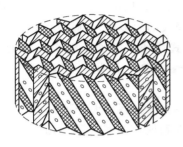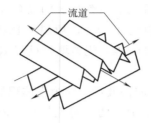

(a) 丝网波纹填料　　　　　(b) 波纹板(网)叠成的流道形式　　　(c) 波纹形流道截面

图 6-16
波纹填料

（b）板波填料。为了克服丝网波纹填料价格昂贵及安装要求高的缺点，将丝网条改为薄板条，填料的构型相同，制造材料除金属外，还可采用塑料。板波填料的传质性能稍低于丝网波纹填料，但仍属高效填料之列。这类填料的商品名有麦勒派克（Mellapak）、弗里西派克（Flexipac）等。

③ 填料特性及其数据。填料特性是表示填料几何性能及特征的物理量，分述如下。

a.比表面积为单位体积填料的表面积，符号为 a，单位为 m^2/m^3（或 m^{-1}）。比表面积大则能提供的相接触面积大。同一种填料，其规格愈小则比表面积愈大。

b.空隙率为单位体积填料的空隙体积，符号为 ε，单位为 $m^3 \cdot m^3$（无量纲）。空隙率大则气体通过时的阻力小，因而流量可以增大。

c.填料因子。散装填料层内，流体通道是由填料本身的空处与彼此间空隙连贯而成。填料因子反映这种通道的特性，符号为 ϕ。它主要取决于填料本身的几何特性，但床层的直径、高度、装填方法等也稍有影响。填料因子 ϕ 是从表示填料几何特性的 a/ε^3 改进而来，两者的单位都是 m^{-1}，数值相差不很大。ϕ 是计算填料层压降和液泛条件的重要参数，按不同填料由实测数据回归而得。

（3）气液传质设备的比较与选用

板式塔与填料塔是两种主要的气液传质设备，它们对某些场合都能适用，但也各有其相对的优缺点和适宜的使用范围，大体上可总结如下。

① 塔高。当所需的传质单元数或理论板数比较多而塔很高时，板式塔占优势，因为普通填料层很高时塔底承受的压力和塔壁承受的侧压力都很大，塔身强度便要大；为了克服壁流也要做成多段式并进行液体再分布。然而，使用规整填料则可基本上免除这些缺点，以至于近年某些板式塔改装成规整填料塔以增大通量。此外，也应注意，为使填料塔

内液体分布均匀，塔体垂直度的安装要求比板式塔高。

② 塔径。塔径较小时，填料塔的造价较低，因此工业上直径在 0.5m 以下的都不采用板式塔。以前直径大的都是板式塔，目前，由于规整填料及高效散装填料的发展，许多新型填料亦适于在直径大的塔内使用，因此塔径也和塔高一样，不再成为选用时所考虑的重要因素。

③ 液气比。液气比小的场合（多数精馏及少数吸收）以用板式塔为多，因为板上可以存液，而填料塔则会润湿不良；液气比大的场合（吸收的大多数）则以用填料塔为多。

④ 压降。按每层理论板的压降计，填料塔比板式塔小。例如，板式塔约为 400～1000Pa，散装开孔填料约为 300Pa，规整填料只有 15～100Pa，因此，要求压降非常低的真空蒸馏，以用填料塔为宜。

⑤ 物性的适应。板式塔的持液量（约为塔体积的 8％～12％）大于填料塔（约 1％～6％）。因此，蒸馏热敏性物料时，为了避免其在塔内存留时间过长，采用填料塔有优势。另外，填料塔也较易做得耐腐蚀。

⑥ 适于采用板式塔的情况有：

a. 需要侧线出料时，板上的存液易于放出；

b. 液体流率小时，板式塔操作正常，填料塔则要将出塔液体部分循环回塔，以得到必要的喷淋密度；

c. 操作中要进行冷却时，塔板上便于安装冷却元件，亦便于将液体引出塔外冷却后再送回塔内；

d. 液体中含有固体颗粒时，颗粒在板面上易被冲走，在填料层中则会将空隙堵塞。

气液传质设备中，其他塔型在某些场合中也有使用。其中比较常见的有以下几种。

① 喷洒塔。基本上是空塔，用喷洒器将液体分散成液滴与进入的气体接触。其压降很低，全塔约只相当于一层理论板，可用于快速化学吸收或气体的急冷等。

② 鼓泡塔。在直立圆筒底部设一个或多个鼓泡器将气体引入其内的液层中，使其分散成泡。它的特点是持液量大，液体的停留时间长，但压降大。这种塔有时用作慢速化学吸收设备，其内部可安装搅拌器。

③ 国内新开发的一些塔型。如旋流板塔、筛板-填料复合塔等，在某些场合的推广使用中收到明显效果，其理论研究也取得不少进展。

④ 强力传质洗气机技术在代替传统塔器进行传质的研究方面也有突破，具体内容在后面详细介绍。

风 机

前面已经初步介绍除尘器的分类和选择以及湿式洗涤器的相关知识。无论是净化设备还是传质设备，其核心组成的重要部分就是风机，本章节我们针对风机做详细的介绍。

7.1　风机的分类

泵与风机是利用外加动力输送流体，并提高流体能量的机械装置，输送液体流体的机械装置称为泵，输送气体流体的机械装置称为风机。本章主要介绍风机的分类、构造以及风机的工作原理。

风机按工作原理分类，可分成透平式风机和容积式风机，其中透平式风机可分为离心式风机、轴流式风机、混流式风机；容积式风机可分为回转式（罗茨式、叶氏式、螺杆式）风机和往复式（活塞式、柱塞式、隔膜式）风机。

风机按出口压力风分类，可分为通风机，即在标准状态下，出口全压低于 0.115MPa；鼓风机，出口压力为 0.115～0.35MPa；压缩机，出口压力大于 0.35MPa。

强力传质洗气机技术所用设备属于混流式风机范畴，下面详细介绍三种透平式风机。

（1）离心式风机

离心式风机是一种叶片旋转式风机。在离心式风机中，高速旋转的叶轮给予气体的离心力作用，以及在扩压通道中给予气体的扩压作用，使气体压力得到提高。早期，由于这种风机只适于低、中压力，大流量的场合，而不为人们所注意。由于化学工业的发展，各种大型化工厂、炼油厂的建立，离心式风机就成为压缩和输送化工生产中各种气体的关键机器，而占有极其重要的地位。随着气体动力学研究的成就使离心风机的效率不断提高，又由于高压密封，小流量窄叶轮的加工，多油楔轴承等关键技术的研制成功，解决了离心风机向高压力、宽流量范围发展的一系列问题，使离心式风机的应用范围大为扩展，以致在很多场合可取代往复风机，而大大地扩大了应用范围。有些化工基础原料，如丙烯、乙烯、丁二烯、苯等，可加工成塑料、纤维、橡胶等重要化工产品。在生产这种基础原料的石油化工厂中，离心式风机也占有重要地位，是关键设备之一。

离心式风机之所以能获得这样广泛的应用，主要是比活塞式风机有以下优点：

① 离心式风机的气量大，结构简单紧凑，重量轻，机组尺寸小，占地面积小。

② 运转平衡，操作可靠，运转率高，摩擦件少，因之备件需用量少，维护费用及人员少。

③ 在化工流程中，离心式风机对化工介质可以做到绝对无油的压缩过程。

④ 离心式风机为一种回转运动的机器，它适宜于工业汽轮机或燃气轮机直接拖动。对一般大型化工厂，常用副产蒸汽驱动工业汽轮机作动力，为热能综合利用提供了可能。

但是，离心式风机也还存在一些缺点。

① 离心式风机还不适用于气量太小及压比过高的场合。

② 离心式风机的稳定工况区较窄，其气量调节虽较方便，但经济性较差。

（2）轴流式风机

轴流式风机是属于一种大型的空气风机，最大的功率可以达到 150000kW，排气量是 20000m³/min，它的风机能效比可以达到 90% 左右，比离心机要节能一些。它是由 3 大部分组成，一是以转轴为主体的可以旋转的部分简称转子，二是以机壳和装在机壳上的静止部件为主体的简称定子（静子），三是由壳体、密封体、轴承箱、调节机构、联轴器、底座和控制保护等组成。轴流式风机也属于透平式或速度式风机，是炼油厂多选用作催化裂化装置的主风机。

轴流式风机率较高，单机效率可达 86%～92%，比离心式风机高 5%～10%，单位面积流通能力大，径向尺寸小，适宜流量大于 1500m³/min 的场合，单级压力比较低，单缸多级压力比可达 11，与离心式风机相比，静叶不可调式轴流风机的稳定工况区较窄，在恒定转速下，流量变化相对较少，压力变化较大。此外，结构较为简单，维护方便。因此，轴流风机对于中、低压，大流量且载荷基本不变的情况较为理想。全静叶可调式轴流风机可以扩大风机的稳定工况区，弥补了静叶不可调式轴流风机的不足，而且可以提高风机的效率，降低启动功率。目前，炼油厂主要用全静叶可调式轴流风机。

（3）混流式风机

三大类中混流式应为轴混式，与轴混式相对应的则是径混式，它与轴混式有明显区别，所以径混式风机可称为风机的第四类。轴混式与径混式风机的区别如下：

① 轴混式风机：风机叶片的旋转面为平面，与转动轴垂直，气流沿轴向进入叶片。

② 径混式风机：风机叶片的旋转面是一个圆柱面，与叶轮盘组成一个圆柱体，此圆柱体的轴线与转动轴平行，气流沿径向进入叶片。

具体特征：

进口尺寸大，后盘为斜锥形；

叶轮为单板；

机壳为立体蜗形，具备隔振功能；

立式安装，全部 A 式传动；

集风器的间隙，由径向改为轴向；

双级隔振，配备新式隔振器，不用软接头；

7.2 风机的型号与规格

（1）离心式通风机的型号编制与规格

离心式风机的型号可用形式＋品种表示，按照用途，压力系数乘 5 后化为的整数，比转速，设计序号＋品种的形式写出，表 7-1 列举的是风机产品的用途代号，表 7-2 是部分离心式通风机的型号举例。

表 7-1　风机产品用途代号

序号	用途类型	代号 汉字	代号 简写	序号	用途类型	代号 汉字	代号 简写
1	工业冷却水通风	冷却	L	18	谷物粉末输送	粉末	FM
2	微型电动吹风	电动	DD	19	热风吹吸	热风	R
3	一般用途通风换气	通用	T(省略)	20	高温气体输送	高温	W
4	防爆气体通风换气	防爆	B	21	烧结炉烟气	烧结	SJ
5	防腐气体通风换气	防腐	F	22	一般用途空气输送	通用	T(省略)
6	船舶用通风换气	船通	CT	23	空气动力	动力	DL
7	纺织工业通风换气	纺织	FZ	24	高炉鼓风	高炉	GL
8	矿井主体通风	矿井	K	25	转炉鼓风	转炉	ZL
9	矿井局部通风	矿局	KJ	26	柴油机增压	增压	ZY
10	隧道通风换气	隧道	CD	27	煤气输送	煤气	MQ
11	锅炉通风	锅通	G	28	化工气体输送	化气	HQ
12	锅炉引风	锅引	Y	29	石油炼厂气体输送	油气	YQ
13	船舶锅炉通风	船锅	CG	30	天然气输送	天气	TQ
14	船舶锅炉引风	船引	CY	31	降温凉风用	凉风	LF
15	工业用炉通风	工业	GY	32	冷冻用	冷冻	LD
16	排尘通风	排尘	C	33	空气调节用	空调	KT
17	煤粉吹风	煤粉	M	34	电影机械冷却烘干	影机	YJ

表 7-2　型号表示举例

序号	名称	型号 形式	型号 品种	说明
1	(通用)离心式通风机	4-72	No. 20	一般通风换气用,压力系数乘5后的化整数为4,比转速为72,机号为20即叶轮直径2000mm
2	(通用)离心式通风机	4-2×72	No. 20	叶轮是双吸入形式,其他参数同第1条
3	矿井离心式通风机	K4-2×72	No. 20	矿井主扇通风用,其他参数同2条
4	防爆离心式通风机	B4-72	No. 20	防爆通风换气用,其他参数同1条
5	(通用)离心式通风机	4-721	No. 20	与4-72型相同的另一(系列)产品。其他参数同1条
6	锅炉离心式通风机	G4-72	No. 20	用在锅炉通风上,其他参数同1条

序号	名称	型号		说明
		形式	品种	
7	锅炉离心式引风机	Y4-72	No. 20	用在锅炉引风上,其他参数同 1 条
8	(通用)离心式通风机	4-72-1	No. 20	某厂对原 4-72 型产品有重大修改,为便于区别加用"-1"设计序号表示,其他参数同 1 条
9	空调离心式通风机	KT11-74	No. 5	用于空调通风上,压力系数乘 5 后的化整数 11,比转速 74,机号为 5 即叶轮直径 500mm
10	空调离心式通风机	KT11-2×74	No. 5	叶轮为并联形式,其他参数同 9 条

（2）轴流式通风机的型号编制与规格

轴流式风机的型号可用形式＋品种表示，按照叶轮数，用途，叶轮毂比，转子位置，设计序号＋品种的形式写出，表 7-3 是部分离心式通风机的型号举例。

表 7-3　轴流式通风机的名称型号表示举例

序号	名称	型号		说明
		形式	品种	
1	矿井轴流式引风机	K70	No. 18	矿井主扇引风用叶轮毂比为 0.7,机号为 18,即叶轮直径 1800mm
2	矿井轴流式引风机	2K70	No. 18	两个叶轮结构,其他参数同 1 条
3	矿井轴流式引风机	2K701	No. 18	该型式产品的派生型(如有反风装置)用 1 代号区分,其他参数同 2 条
4	矿井轴流式引风机	2K70-1	No. 18	某厂对原 2K70 型产品有重大修改为便于区别用"-1"设计序号表示,其他参数同 2 条
5	(通用)轴流式通风机	T30	No. 8	一般通风换气用,叶轮毂比为 0.3,机号 8 即叶轮直径 800mm
6	(通用)轴流式通风机	T30B	No. 8	该形式产品转子为立式结构,其他参数与 5 条相同
7	化工气体推送输流式通风机	HQ30	No. 8	该形式产品用在化工气体排送,其他参数与 5 条相同
8	冷却轴流式通风机	130B	No. 8	工业用水冷却用,叶轮毂比为 0.3,机号 80,即叶轮直径为 8000mm,转子为立式结构

（3）离心式鼓风机和离心式压缩机的型号编制与规格

离心式鼓风机和离心式压缩机的型号按照用途（运输介质），叶轮作用原理，转子位置，管网中作用和压力的高低的形式写出，表 7-4 是部分离心式鼓风机和压缩机的型号举例。

表 7-4　离心式鼓风机和压缩机的名称型号表示举例

序号	名称	型号		说明
		形式	品种	
1	离心式鼓风机	AI	300-1.09	单级叶轮转速 3000r/min,悬臂支承,流量 300m³/min,出口压力 0.109MPa(绝)进口压力 0.1MPa(绝)
2	离心式鼓风机	AII	450-1.065/0.985	单级叶轮,转速 3000r/min,双支承,流量 450m³/min,出口压力 0.1065MPa(绝),进口压力 0.0985MPa(绝)
3	离心式鼓风机	BI	50-2.42/2.1	单级叶轮,转速大于 3000r/min,流量 50m³/min,出口压力 0.242MPa(绝),进口压力 0.21MPa(绝)
4	离心式鼓风机	D	300-3	多级叶轮,转速大于 3000r/min,流量 300m³/min,出口压力 0.3MPa(绝),进口压力 0.1MPa(绝)
5	烧结鼓风机	SJ	1600-1.0/0.915	用在烧结机上,流量 1600m³/min,出口压力 0.1MPa(绝),进口压力 0.0915MPa(绝)
6	离心式压缩机	E	150-6/0.865	多级叶轮,转速大于 3000r/min,流量 150m³/min,出口压力 0.6MPa(绝),进口压力 0.0865MPa(绝)

注:"绝"表示绝对压力,下同。

7.3　风机性能参数的确定

风机主要的性能参数包括流量(可分为排气量和送风量)、压力、气体介质、转速、功率。参数的确定项目详见表 7-5。

表 7-5　参数的确定项目

项目		单位
流量	风量	m³/min、m³/h、kg/s
	标准风量	m³/min(NTP)、m³/h(NTP)
压力	进气及出气(静压、风机静压、全压、升压)	Pa、MPa
气体介质	温度	℃
	湿度	%、kg/h
	密度	kg/m³(NTP)
转速		r/min
功率	输出功率	kW

7.4　风机的流量

（1）排气量与送风量

风机主要的作用，在民用中就是通风与换气，因此在不同的用途中调节合适的换气量是十分重要的。换气量虽说是越多越好，但是它将导致设备增大，特别是既要处理外部大气，又要进行采暖或制冷时，在经济上会造成很大的负担。所以，其换气量应限定在最低需求上。

（2）管道内的风速

在通风及空调用空气配管中，将风速低于 15m/s 的管道称为低速管道，将风速在此以上或静压超过 490Pa 的管道称为高速管道。

空气运输固体时，空气速度要留有充分的余量，这是由于不同的固体所确定的下降速度所需求的。如果加大空气速度，则会相应地增加动力费用和能耗，然而若以低速运输，又会有阻塞管道的危险。

7.5　压力与功率

（1）压力

为进行正常通风，需要有克服管道阻力的压力，风机则必须产生出这种压力。风机的压力分为静压、动压、全压三种形式。其中，克服前述送风阻力的压力为静压；把气体流动中所需动能转换成压力的形式为动压，实际中，为实现送风目的，就需有静压和动压。

（2）静压、动压、全压

① 静压、动压、全压。静压 p_s，为气体对平行于气流的物体表面作用的压力，它是通过垂直于其表面的孔测量出来的。

动压 p_d 以式（7-1）表示：

$$p_d = \frac{\rho v^2}{2} \qquad (7\text{-}1)$$

式中　p_d——动压，Pa；

　　　ρ——气体的密度，kg/m^3；

　　　v——气体的速度，m/s。

全压 p_t，为动压和静压的代数和，即：

$$p_t = p_s + p_d \qquad (7\text{-}2)$$

② 风机的全压、静压。所谓风机的全压是指由风机所给定的全压增加量，即风机的出口和进口之间的全压之差。若注脚 2 表示出口，1 表示进口，则

$$p_{tF} = p_{t2} - p_{t1} = (p_{s2} + p_{d2}) - (p_{s1} + p_{d1}) = (p_{s2} - p_{s1}) + (p_{d2} - p_{d1}) \qquad (7\text{-}3)$$

所谓风机的静压是指由风机的全压减去风机出口处的动压，即：

$$p_{sF} = (p_{t2} - p_{t1}) - p_{d2} = (p_{s2} - p_{s1}) + (p_{d2} - p_{d1}) - p_{d2}$$
$$= (p_{s2} - p_{s1}) - p_{d1} \tag{7-4}$$

式中　p_{tF}——风机的全压，Pa；

　　　p_{sF}——风机的静压，Pa；

　　　p_{t1}——风机进口全压，Pa；

　　　p_{t2}——风机出口全压，Pa；

　　　p_{d1}——风机进口处动压，Pa；

　　　p_{d2}——风机出口处动压，Pa；

　　　p_{s1}——风机进口处静压，Pa；

　　　p_{s2}——风机出口处静压，Pa。

如果风机的进口和出口的面积相等，则动压也可看作大致相等（$p_{d2} = p_{d1}$），对于全压及静压可归纳如下：

a. 在使用状态下，在同时带有进气管和出气管的风机中，风机全压等于出口静压与进口静压之差，再减去进口动压，即根据式（7-4），$p_{d2} = p_{d1}$，则

风机的全压　　　　　　　　$p_{tF} = p_{s2} - p_{s1}$

此外，风机的静压由式（7-4）可知。

b. 在使用状态下，仅具有出气管，进口朝大气开放时的风机全压为出口静压与出口动压之和。此外，风机的静压可用出口静压表示，因 $p_{s1} = 0$、$p_{d1} = 0$，根据式（7-3）、式（7-4）得

风机的全压　　　　　　　　$p_{tF} = p_{s2} + p_{d2}$

风机的静压　　　　　　　　$p_{sF} = p_{s2}$

c. 在使用状态下，仅具有进气管，出口朝大气开放时的风机全压可用进口静压表示，风机的静压可以在进气静压（负压）上加上进口动压表示。即

风机的全压　　　　　　　　$p_{tF} = -p_{s1}$

风机的静压　　　　　　　　$p_{sF} = -p_{s1} + p_{d1}$

压力单位，在通风机中，可用 Pa 表示；在鼓风机中，可用 kPa 或 MPa 表示。

上述压力均是以表压表示出来的，需要更清楚地表示时，应写成 p（表压）。绝对压力为表压加外界大气压力，写成 p_b（绝对压力）。通常，绝对压力是以 p_b 表示，表压是以小写 p 表示，用 p 表示绝对压力时，应特殊注明。

（3）压力损失

流过某一风量时的压力损失取决于管道长度、表面粗糙度、弯度、截面积变化程度等、管道本身所具有的性质和通过其内部的空气速度。将其用公式表示如下

$$p = \frac{\xi \rho v^2}{2} \tag{7-5}$$

式中　p——压力损失，Pa；

　　　v——流速，m/s；

　　　ρ——气体的密度，kg/m³，20℃大气压的空气 $\rho = 1.2$；

ξ——管道固有的阻力系数。

由式（7-5）可知，压力损失与风量的二次方成正比。也就是说，为使同一管道中流动的风量达到 2 倍，则必须加到 4 倍的压力。

如果知道管道的阻力系数 ε，则可计算压力损失，即可计算为输送所需风量需要达到的静压。

（4）湿度的影响

湿空气的全压 p 等于空气中水蒸气的分压 p_w 与空气的分压 p_a 之和。该 p_w 等于相当于空气湿度的水蒸气饱和压力 p_m 时，此空气即称为饱和状态，当 $p_w < p_s$ 时，未达到饱和状态，所以可进一步含有水蒸气。p_s 可从蒸气表中查得。将含有 1kg 湿空气的水蒸气量 x（kg）称为绝对湿度，并将 $1m^3$ 湿空气中的水蒸气量 ρ_w 与饱和空气中的水蒸气量 ρ_s 之比称为相对湿度 φ，即

$$\varphi = \frac{\rho_w}{\rho_s} \tag{7-6}$$

此外将 1kg 湿空气中的水蒸气量 x(kg) 与对应于其温度的 1kg 湿空气中可含的饱和水蒸气量 x_s(kg) 之比称为饱和度 Ψ，它们之间存在下式关系

$$\Psi = \frac{\varphi(p - p_s)}{(p - \varphi p_s)} \tag{7-7}$$

$$x_s = \frac{0.622 p_s}{p - p_s} \tag{7-8}$$

温度为 $t℃$、绝对湿度 X 的湿空气的气体常数 R_w 为

$$R_w = \frac{29 \times 27}{1 - 0.378 \dfrac{p_w}{p}} = \frac{47.05(0.622 + x)}{1 + x} \tag{7-9}$$

该湿空气每 m^3 的质量（kg）为

$$\rho = \rho_w + \rho_a = \frac{2.168(1 + x)p}{(273 + t)(0.622 + x)} = 3.49 \frac{p - 0.378 \varphi p_s}{T} \tag{7-10}$$

式中　p——湿空气的全压，kPa；

ρ_a——每 m^3 干空气的质量，kg/m^3。

风机试验及检查方法中所规定的标准进气状态的空气（$t = 20℃$，$p = 101.3kPa$、$\varphi = 65\%$）的密度 $\rho = 1.20kg/m^3$，此时的气体常数 $R = 287$。

（5）压力和能量头

由风机所取得的压力与气体的密度成正比，所以，即使叶轮以相同转速运转，若气体密度小，所得的压力则低；若气体密度大，所得的压力就高。在计算 u_2（叶轮圆周速度）、n_s（比转数）等时，则采用以 $p/\rho \cdot g$ 代替压力 p 的能量头 h（气柱 m），例如，若取 $\rho = 1.2kg/m^3$，则 9806Pa 的能量头 $h = 9806/9.8 \times 1.2 = 834m$。

在压力比约为 1.1 以下的风机中，无论是进气压力 p_1 的气体密度还是出气压力 p_2 的气体密度均视为不变，由风机所给出的能量头以式（7-11）表示

$$h = \frac{p_2 - p_1}{\rho g} \tag{7-11}$$

在压力比为 1.1～1.2 的范围内，进气和出气口处的气体密度平均值用 ρ_m 表示为

$$h = \frac{p_2 - p_1}{\rho_{mg}} \tag{7-12}$$

从 p_1 向 p_2 进行绝热压缩时的能量头可以下式表示

$$h = \frac{K}{K-1} \frac{p_1}{\rho_1 g} \left[\left(\frac{p_2}{p_1} \right)^{\frac{K-1}{K}} - 1 \right] \tag{7-13}$$

式中　K——绝热指数、空气时 1.40；

p_1——进气绝对全压，Pa；

p_2——出气绝对全压，Pa；

ρ_1——进气口处气体密度，kg/m^3。

7.6　风机性能参数之间的关系

（1）无因次

因次是物理量纲，无因次即是无物理单位的量纲。

风机在工作时，其各项性能指标均为变量，而且各变量间的相互影响很大，除此之外还有其他非定量的影响，如温度、湿度、形状等。为了避免或排除这些不确定的因素影响，就要把诸多的无因次变成有因次，从而有助于性能计算及使用。因此当计算压力时，就有压力系数（Ψ）或全压系数，计算流量时有流量系数（φ），计算功率时有功率系数（λ），这些系数都是不确定的，是根据不同的几何形状而变化的，最终这些系数是通过大量的试验积累而得。

无因次参数计算有因次参数公式：

$$Q = 900\pi D_2^2 u_2 \varphi \tag{7-14}$$

$$K_p = \frac{\rho_1 U_2^2 \Psi}{101300} \bigg/ \left[\left(\frac{\rho_1 U_2^2 \Psi}{354550} + 1 \right)^{3.5} - 1 \right] \tag{7-15}$$

$$p = \rho_1 U_2^2 \Psi / K_p \tag{7-16}$$

$$P_{in} = \frac{\pi D_2^2}{4000} \rho_1 U_2^3 \lambda \tag{7-17}$$

$$P_{re} = \frac{P_{in}}{\eta_m} K \tag{7-18}$$

式中　Q——流量，m^3/h；

p——全压，Pa；

K_p——全压压缩性系数；

P_{in}——内功率，kW；

P_{re}——所需功率，kW；

D_2——叶轮叶片外缘直径，m；

u_2——叶轮叶片外缘线速度，m/s；

ρ_1——进气密度，kg/m³；

η_m——机械效率；

K——电动机储备系数。

（2）风机性能参数的关系式

风机性能一般指在标准状态下输送空气的性能。当使用状态为非标准状态时，则必须把非标准状态的性能换算到标准状态的性能，然后根据换算性能选择风机。其换算公式如下：

$$Q_0 = Q \frac{n_0}{n} \qquad (7\text{-}19)$$

$$p_0 = p \left(\frac{n_0}{n}\right)^2 \frac{\rho_0}{\rho} \frac{Kp}{Kp_n} \qquad (7\text{-}20)$$

$$P_{in0} = P_{in} \left(\frac{n_0}{n}\right)^3 \frac{\rho_0}{\rho} \qquad (7\text{-}21)$$

$$\eta_{in0} = \eta_{in} \qquad (7\text{-}22)$$

式中，η_{in} 为内效率；其中物理量符号有注脚 0 为标准状态，无注脚 0 为使用状态。

风机的性能一般均指在标准状态下输送空气的性能。标准状态指大气压 p_a = 101300Pa，大气温度 t = 20℃，相对湿度 50%，空气密度 ρ = 1.2kg/m³。

风机的性能以风机的流量、全压、主轴的转速、轴功率和效率等参数表示，而各参数间又存在着一定的关系，这些关系均列入表 7-6。

表 7-6　风机性能参数的关系式

改变叶轮外径换算式	改变密度 ρ，转速 n 时换算式	改变转速 n，大气压 p_a，气体温度 t 时换算式
$\dfrac{Q_1}{Q_2} = \left(\dfrac{D_1}{D_2}\right)^3$	$\dfrac{Q_1}{Q_2} = \dfrac{n_1}{n_2}$	$\dfrac{Q_1}{Q_2} = \dfrac{n_1}{n_2}$
$\dfrac{P_1}{P_2} = \left(\dfrac{D_1}{D_2}\right)^2$	$\dfrac{P_1}{P_2} = \left(\dfrac{n_1}{n_2}\right)^2 \dfrac{\rho_1}{\rho_2}$	$\dfrac{P_1}{P_2} = \left(\dfrac{n_1}{n_2}\right)^2 \left(\dfrac{p_{a1}}{p_{a2}}\right)\left(\dfrac{273+t_2}{273+t_1}\right)$
$\dfrac{p_1}{p_2} = \left(\dfrac{D_1}{D_2}\right)^5$ $\eta_1 = \eta_2$	$\dfrac{p_1}{p_2} = \left(\dfrac{n_1}{n_2}\right)^3 \dfrac{\rho_1}{\rho_2}$ $\eta_1 = \eta_2$	$\dfrac{p_1}{p_2} = \left(\dfrac{n_1}{n_2}\right)^3 \left(\dfrac{p_1}{p_2}\right)\left(\dfrac{273+t_2}{273+t_1}\right)$ $\eta_1 = \eta_2$

式中　Q——流量，m³/h；

　　　P——全压，Pa；

　　　p——轴功率，kW；

　　　η——全压系数；

　　　ρ——密度，kg/m³；

　　　n——转速，r/min；

　　　t——温度，℃；

　　　p_a——大气压力，Pa。

注脚符号"2"表示已知的性能及其关系参数，注脚符号"1"表示所求的性能及关系参数。

　　风机性能一般均指在标准状况下的风机性能，无论技术文件或订货要求的性能，除特殊订货外，均按标准状况为准。

　　功率按式（7-23）求出：

$$p = \frac{Q_s \times P}{1000\eta \times \eta_m} K \qquad (7\text{-}23)$$

式中　Q_s——流量，m^3/h；

　　　　P——风机全压，Pa；

　　　　η——全压效率；

　　　　η_m——机械效率；

　　　　K——电动机容量安全系数（电动机储备系数）。

Technology
and
application
of powerful mass transfer scrubber

第 8 章

径混式风机

在众多种类的风机设备中，径混式风机以其高效低能耗的技术优势占据重要的地位，本章我们主要介绍强力传质洗气机中应用的 LAT 系列径混式风机的基本构造和设计理论。

8.1 径混式风机的基本构造

（1）离心风机与切削理论

离心风机的工作原理与金属切削理论相似。就以车床的车削为例（见图 8-1），车床工作时，要根据所加工工件的材料性质来选用刀具和刀刃的形状。如果材料硬度高，刀刃的夹角就大些，如果材料较软，刀刃的角度就小一些。刀具选定后，还要确定刀具与工件的相对角度或位置。如图 8-1 所示，a 位较好，车床比较省力，车出工件比较光滑；b 位不好，车床费力，且易毁刀。

图 8-1
车床的车削

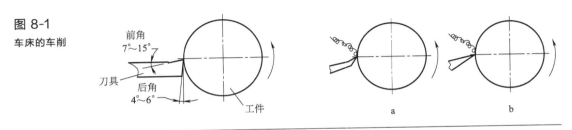

如果把空气看成可切削的刚体，它就可经过叶片刃分离，那么风机性能的好坏与叶片形状，进风口、出风口的角度则有着不可分割的关系。现在根据这一理论来进行设计，如图 8-2 所示，采用单板直边，并将通风边加工成 20°～30°刀刃。

图 8-2
空气的切削

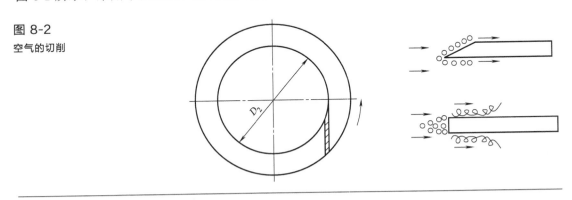

进风边到外缘的位置与 D_2 相切，这样在运转时，叶片对气流的作用力可用切向分力与径向分力表示。径向分力很大，切向分力很小，这就可避免由于气流强烈旋转而消耗很大能量。另外，由于有了切削刃的作用，克服了黏滞阻力的影响，使叶轮中心的圆柱体降低了转速，节省了能量，提高了效率。

　　从实践中得知，刀刃的方向愈接近旋转工件的切线方向，分离出的材料屑变形量愈小，产生的热量也愈少。所以，与切线方向夹角愈大，分离出的料屑变形量愈大，产生的热量也愈大。金属切削过程中的出屑也和风机运转有相通之处。风机的径向叶轮和前倾式叶轮的效率之所以较低，就是因为径向和前倾叶轮叶片使气流在离开叶片的瞬间产生较大摩擦，产生的热量也较大，所以效率就比较低。

　　根据金属切削原理，可以把叶片看作风刀，迎风的边叫刀刃，相反的边叫刀背，与动力相连的边叫刀把（或刀根），相反的边叫刀头，如图 8-3 所示。

图 8-3
风刀示意图

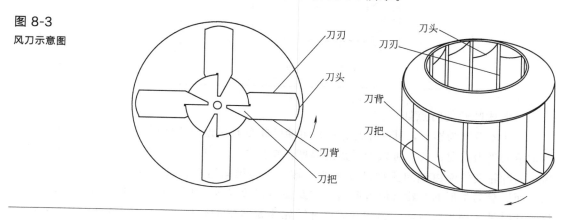

　　（2）径混式风机叶轮的设计
　　叶轮是风机的心脏，由于风机的种类不同，叶轮的结构也不尽相同。离心式风机叶轮是由前盘叶片、后盘和轮毂组成（见图 8-4）。轴流式风机只有叶片和轮毂。

图 8-4
传统叶轮

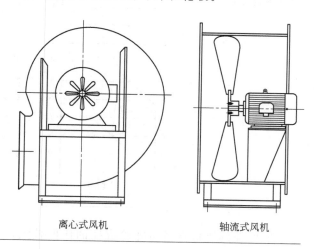

离心式风机　　　　　　　　轴流式风机

　　叶轮设计科学与否，对风机各项性能指标的优劣有直接关系。在此基础上，运用金属切削原理和结构力学，设计出了一种新型叶轮——径混（轴混）式叶轮，图 8-5（a）为轴混式风机叶轮，图 8-5（b）为径混式风机叶轮。

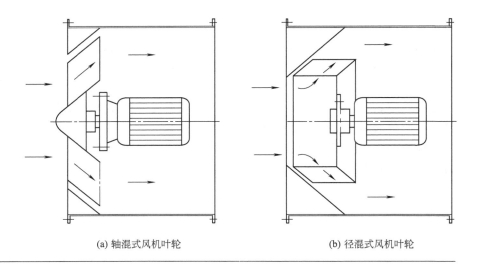

图 8-5
新型叶轮

(a) 轴混式风机叶轮　　　　　　　　　(b) 径混式风机叶轮

径混式叶轮的特点如下。

a. 叶轮后盘为锥形,其作用是:(a) 可使叶轮重心接近电机转子中心,这样可改变电机两轴承的受力状况;(b) 可减少后盘的厚度,结构强度增加,可以减轻叶轮重量;(c) 离心风机的叶轮使气流由轴向流动经过减速旋转,变为径向运动,由于这一变化,造成耗能较大。而后盘为锥形的叶轮气流方向沿轴向及径向有所偏斜,所以耗能较小;(d) 由于气流经过叶片时是一种合成运动,因此气流离开叶轮不是水平的径向运动,而是沿叶轮后盘 $45°$ 角方向的运动（见图 8-6）。

图 8-6
径混式叶轮流场

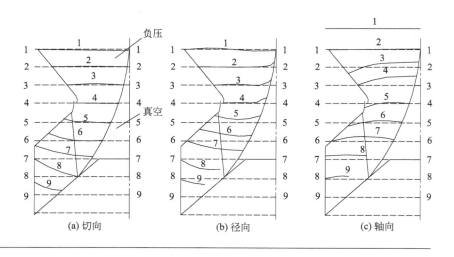

(a) 切向　　　　　　　　　(b) 径向　　　　　　　　　(c) 轴向

b. 叶轮的进口直径与叶轮直径的比值较大,可达到 $0.8D$、$0.9D$ 以上,这样可加大进风面积,使阻力减小。

c. 叶片的进风边 a 与出风边 b 的直线与进风边的圆 $0.8D$、$0.9D$ 相切,这样更符合空气动力学原理,叶型的制造加工工艺简单,降低成本,如图 8-7 所示。叶片 $a—b$ 的力学特点是运动时产生两个分力（一个切向,一个径向）。产生切线方向的力是沿 $a—b$ 方向逐渐加大，而径向力是由无限大到a—b逐渐变小。由此可分析出切向力很小，所以使气流旋转的力也很小，消耗的能量也就比较少。

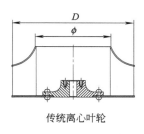
传统离心叶轮

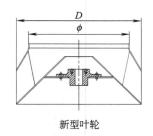
新型叶轮

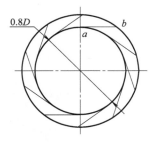

图 8-7
传统叶轮与新型叶轮流场比较

如图 8-8 所示，由于叶片进口与进口的回转的圆相切于 A 点。所以，流体一方面随叶轮做圆周牵连运动，其圆周速 u_1；另一方面又沿叶片方向做相对运动，其相对速度为 W_1，由于它们作用的方向相反并在同一条直线上，所以流体在进口处的绝对速度 v_1 是 u_1 和 w_1 的量和，等于零。

图 8-8
叶轮内流场

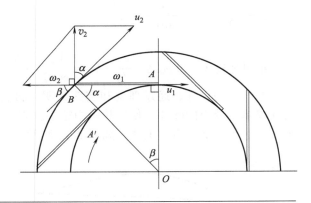

由于叶片出口与出口的回轮圆相交于 B 点，流体一方面随叶轮做圆周牵连运动，其圆周速度 u_2，另一方面又沿叶片方向做相对运动，其相对速度为 w_2，在出口处的绝对速度 v_2 应为 u_2 和 w_2 两者之和。

可将绝对速度分解为与流量有关的径向分速度 U_r 和与压头有关的切向分速度 V_u，前者的方向与叶轮的半径方向相同，后者与圆周运动方向相同，如图 8-9 所示。

为了深入分析叶片上任意点的速度状况，设叶轮进口直径 r，出口直径 R，叶片进口端为 A 点，出口端为 B 点，B 点与圆心 O 相连交于 A'，AO、BO 夹角为 β，由于角速度相同，质点由 A—A'，A'—B，B'—B，A—B，所用的时间相等，距离分别为 $R-r$、AB，径向距离等于 $R-r$，由于它们的时间相同，速度的大小就是距离的大小，另外由于径向速度是沿 AB 方向不断变化的，所以应导出方程式：

图 8-9
流场流速分解

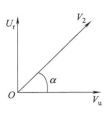

$$\tan\beta = \frac{AB}{r} \qquad r = \frac{AB}{\tan\beta} \qquad AB = \tan\beta \cdot r$$

$$\sin\beta = \frac{AB}{R} \qquad R = \frac{AB}{\sin\beta} \qquad R = \frac{\tan\beta \cdot r}{\sin\beta}$$

径向速度

$$V_r = \frac{\tan\beta \cdot r}{\sin\beta} - r$$

$$= r\left(\frac{\tan\beta}{\sin\beta} - 1\right)$$

径向速度与切向速度是绝对速度 V_2 的两个分速度 $\dfrac{V_r}{V_u} = \tan\alpha$，$\alpha = 90° - \beta$，所以 $V_u = $

$\dfrac{V_r}{\tan(90-\beta)}$，$V_u = \dfrac{r\left(\dfrac{\tan\beta}{\sin\beta} - 1\right)}{\tan(90-\beta)}$。

绝对速度 V_2 为 $\cos\beta = \dfrac{V_r}{V_2}$，$V_2 = \dfrac{V_r}{\cos\beta} = \dfrac{r\left(\dfrac{\tan\beta}{\sin\beta} - 1\right)}{\cos\beta}$。

d. 叶片的设计。通过理论和实践证明，机翼型并不完全适合于风机叶片，所以把它设计成单板带刃的叶片，使叶片阻力很小。本方案采用平单板作叶片，这样做加工工艺简单、重量小、节省启动电能，如图 8-10 所示。

图 8-10
叶片

传统机翼叶片　　　　　　　　　　　　现在叶片

8.2　风机的立式与卧式受力分析

风机大多是卧式使用，即风机的轴线与水平面平行，由于受重力影响，风机各部位都存在着力学问题，如图 8-11 所示，电机轴直接和叶轮连在一起属直接传动（称之为 A 式传动），在此系统中，有两个轴承在承担着电机转子及叶轮的重量，但前后两个轴承所受的力和力矩大小相差较大。

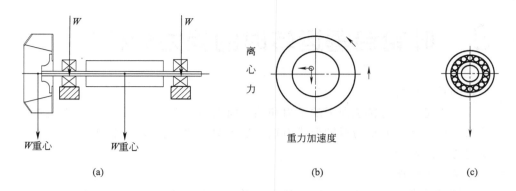

W W

离心力   重力加速度

W重心 W重心

(a)   (b)   (c)

图 8-11
风机各部位力学分析

电机前轴承所受的力 $F_1=W_1+W_2-F_2$，电机后轴承所受力 $F_2=W_1-W_2-F_1$。如果 $W_1a>W_2b$，F_2 则是向上的力，如果 $W_2b>W_1a$，F_2 则是向下的力。由于力矩的作用，$W_1a=W_2b+F_2 \cdot C$，则 $F_2=(W_1a-W_2b)/C$，$F_1=W_1+W_2-F_2$。由于受力不均衡所以前后轴承的寿命也不均衡。另外，由于电机轴较细，强度不高，所以电机动力输出轴在叶轮重力作用下形成弯矩。当叶轮较轻时，电机轴强度可满足需要，如叶轮重力加大，电机轴就不能承受。因此，小号风机可以直联，大号风机就必须间接传动。间接传动一般多为带传动，从而带来了一些负面作用，如占地面积加大，原材料消耗加大，噪声与振动加大，能源消耗加大，还存在转速损失大，维修量加大等问题。

为了改善风机的上述弊端，可采用以下解决办法：将风机改为立式安装（见图 8-12）。从图中可看出，风机的轴心和水平面垂直，叶轮重心和电机重心轴线是重合的，与卧式相比，它不产生力矩和弯矩，此时的轴承受轴向力为主，还有叶轮不平衡所引起的径向力，此时的轴向载荷要比电机所配轴承的轴向推力小得多。

图 8-12
立式风机与卧式风机力学
分析

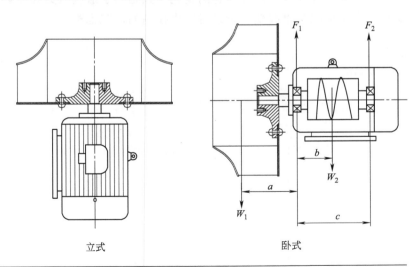

立式   卧式

8.3 叶轮铅垂运转时的受力分析

（1）轴的受力分析

静止时受力是叶轮与转子向下的重力和轴承向上的反作用力，同时由于叶轮的重心位于轴的前部，所以叶轮的重力对轴形成力矩，运动时的受力除受电磁切力而形成扭矩外，还要承受离心力及重力。

（2）轴承受力分析

静止时轴承受力是受轴及叶轮转子的压力及轴承的反作用力，当电磁场使轴转动时，介于轴承内套与外套之间的单个滚珠及内套承受交变荷载，即滚珠及内套的受力大小等于沿滚珠运动方向由零到最大（叶轮、转子、离心力、重力）。

改变叶轮运动方式，即由原铅垂运转变为水平运转，这样便从根本上改变了轴承的受力方式，使轴不再受径向的力及力矩，轴承由承受径向力变为承受轴向，二个轴承由受力大小及方向不均衡变为受力大小及方向趋于均衡。滚珠由单个受交变荷载变为所有滚珠同时受力并荷载趋于恒定，这样就使大型号的风机采用 A 式传动成为可能。

8.4 径混式通风机蜗壳的蜗舌作用与性能的研究

（1）蜗壳形状设计

离心通风机的机壳多少年来没有什么变化（图 8-13），即由两块平板和一块围板组成。围板为渐开线或螺线等。它的变化也只是为了适应压力和流量，而在薄厚和大小上的变化。由于形状难以改变，所以对噪声控制的研究也难于进展。

图 8-13
离心风机机壳

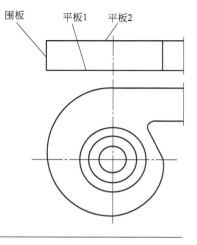

为了研究方便，我们把常用的离心风机蜗壳定为径向蜗壳。因为蜗壳的径向尺寸是不断变化的。与之对应的则是轴向蜗壳，轴向蜗壳的径向尺寸定为不变尺寸，把轴向尺寸定为不断变化的［图 8-14（a）］。还有轴向和径向相结合的一种蜗壳［图 8-14（b）］

图 8-14
离心风机蜗壳

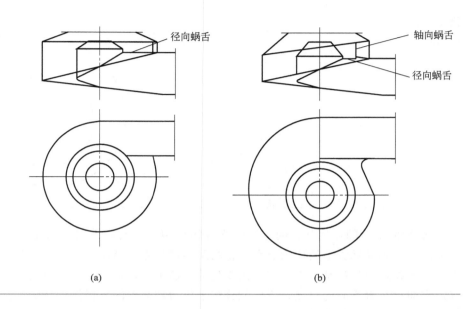

(a)　　　　　　　　　　　　　　(b)

（2）不同的蜗壳对叶片作用力的影响

由于径向蜗壳的径向尺寸是不断变化的，所以围板与叶片的距离也是个变量。当叶轮工作时，叶轮与蜗壳之间的空气受到压缩，因此产生一定的压力。又由于空气的压缩弹性很大，所以由于在圆周分布的叶片与蜗壳的距离不同，叶片中流出的空气流体在叶片与围板之间的作用力也是不同的（主要是动压的影响），所以也可以把径向蜗壳称为非等压蜗壳。反之，由于轴向蜗壳的围板与叶片之间的距离为常数，动压和静压的变化很小，所以也可称轴向蜗壳为等压蜗壳。

（3）蜗舌的影响

众所周知，蜗舌（图 8-15）是离心风机咽喉部位。在整个风机的性能中起着至关重要的作用。所谓蜗舌，顾名思义它的形状和所处位置像蜗壳中的舌头，它起着气流分流和导向的作用。由于蜗舌的舌尖是一个平行于轴心的直边，所以我们可称为轴向蜗舌。它是径向蜗壳的必然产物。所之，轴向蜗壳就应有一个径向蜗舌。如图 8-15 所示，由于形状和位置的不同，它们的作用和影响也就不同。

① 轴向蜗舌的作用和对性能影响。轴向蜗舌的作用是将径向蜗壳中的离心叶轮旋转过程中流出的气体分离导向，使气流按人们需要或要求移动，当蜗舌尖较为圆滑时，称为浅舌（图 8-15）风压略有减少，但是噪声也同时减少。为什么压力和噪声有如此变化，是因为蜗舌较尖或离叶轮较近（深舌）（图 8-15）时，高速的动压转化静压，导出气流量大，因此风压较大。所以，蜗舌尖较低圆滑或离叶轮较远（浅舌）（图 8-15）。动压转换静压时，一部分变为热能，浅舌分离导出气流效率低，使空气在蜗壳内运动的量较大，也产生一部分热能或摩擦损失加大，因此风压和风量较深舌低一些。深舌产生的噪声较大是因

为离叶轮越近，气流速度和密度就越大，因此气流对蜗舌产生的撞击与摩擦就越大，噪声所以就高。反之，浅舌离叶轮远一些，气流的速度和密度也小一些。因此对蜗舌的撞击和摩擦同时也小一些，所以噪声也小一些。

图 8-15

风机蜗舌

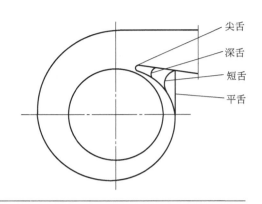

尖舌

深舌

短舌

平舌

② 径向蜗舌的作用和影响。径向蜗舌的作用与轴向蜗舌的作用差不多，它是轴向蜗壳的产物。轴向蜗舌上的任意点和叶轮的距离都相等，径向蜗舌则不相等。因此所受到压力撞击等物理影响都是沿直径方向而变化的。还由于蜗舌的舌尖或组成蜗舌的两个面都与气流方向存在着不同的角度，所以就分解了压力和撞击的直接作用和影响。因此径向蜗舌对风机压力和噪声的影响都不是很大。

③ 轴向和径向相结合的蜗舌的作用和影响。轴向和径向蜗舌的产生径向和轴向相结合的蜗壳，它的轴向边和径向边都比非结合的蜗舌边短。因此它们起到分离和导向的同时，对压力和噪声的影响都不大。因此蜗壳或蜗舌是比较好的选择。

（4）扩压理论在机壳设计中的运用

蜗壳既有收集气流并导至排出口的作用，又有扩压作用，但在以往的蜗壳设计中人们往往忽略它的扩压作用，优先考虑造价低、制造方便等。随着社会的发展，风机蜗壳也应随社会的发展有所改进。

传统机壳的特点是在叶轮旋转面机壳由两块平侧板组成，这就使机壳形成一个音鼓的效应，还有一个特点是两平板与电机相连，这样电磁噪声、机械噪声（见电机空载时噪声值）和气流噪声均通过两侧板至围板，使机壳就像音箱一样，将声音放大。根据这些原因，首先将机壳的两平侧板制造成螺旋锥形，使之减小鼓面效应，其次是将电机座板做成筒状，进行隔振设计，切断电磁机械气流噪声利用机壳放大的途径，使噪声减小，所以能使机壳起到隔声的作用。

对于蜗壳的第二作用，即扩压作用，所谓扩压或借助扩压器可使气流流动减速，使其静压上升。

关于扩压器的理论、性能的计算，扩压器形式等论著很多，这些理论在风机设计中也应得到应用。

8.5　径混式风机特征与性能试验

径混式风机的主要特征有进口尺寸大，后盘为斜锥形；叶轮为单板；机壳为立体蜗形，本身具备隔振功能；全部立式安装运行，全部 A 式传动；集风器的间隙，由径向改为轴向；风机属双级隔振，并配备最新型隔振器，不用软接头。

为了更直观了解风机的性能，这里列举六个型号的径混式风机的空气动力学性能测试试验报告。其中（1）～（3）为三种离心式风机性能试验报告，（4）～（6）为三种旋流式风机性能试验报告。

（1）LAT-4-75-6 型离心径混式风机试验报告

样品说明：产品型号：LAT-4-75-6 型；产品出厂编号：00181；抽样日期 2000.7.18；风机转速 1450r/min；检测地点：本厂；试验装置及方法：风机的性能按照 GB/T 1236—2017 通风机空气动力性能实验方法，采用（进气）试验装置测定，流量测量采用圆锥形集流器，功率测量采用平衡电机法。

空气动力性能试验数据见表 8-1、图 8-16。

表 8-1　风机性能试验测试结果表（一）

序号	Qco	Pco	Psto	Lsa
1	243.5	465.5	218.5	34.12
2	234.1	580.8	352.4	31.38
3	220.6	702.3	499.6	29.48
4	200.9	851.6	683.5	26.73
5	178.3	969.3	836.9	25.14
6	164.8	1051.1	938.0	24.25
7	148.1	1069.7	978.3	23.55
8	132.1	1101.8	1029.2	23.29
9	106.9	1129.1	1081.5	23.99

图 8-16
风机性能试验测试结果
图（一）

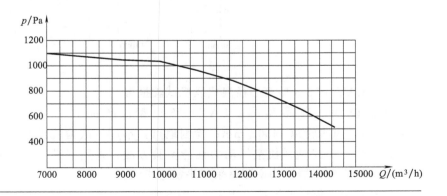

（2）LAT-4-75-7 型离心径混式风机试验报告

样品说明：产品型号：LAT-4-75-7 型；产品出厂编号：0092；抽样日期 2000.7.28；风机转速 1450r/min，检测地点：本厂；试验装置及方法：风机的性能按照 GB/T 1236—2017 通风机空气动力性能实验方法，采用（进气）试验装置测定，流量测量采用圆锥形集流器，功率测量采用平衡电机法。

空气动力性能试验数据见表 8-2、图 8-17。

表 8-2　风机性能试验测试结果表（二）

序号	Q_{co}	P_{co}	P_{sto}	L_{sa}
1	393.6	961.9	552.8	31.15
2	375.2	1066.9	695.1	29.97
3	351.6	1220.9	894.4	28.08
4	331.7	1316.3	1025.8	27.19
5	301.5	1458.9	1218.8	26.21
6	278.9	1553.1	1347.7	25.51
7	251.7	1593.6	1426.3	24.72
8	216.3	1643.2	1519.6	23.60
9	187.3	1649.5	1556.8	22.66
10	154.2	1511.6	1448.8	27.72
11	80.1	1468.7	1451.7	29.74

图 8-17
风机性能试验测试结果图（二）

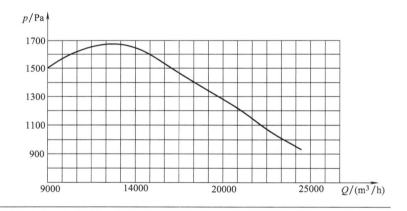

（3）LAT-4-75-8 型离心径混式风机试验报告

样品说明：产品型号：LAT-4-75-8 型；产品出厂编号：00121；抽样日期 2000.7.31；风机转速 1450r/min；检测地点：本厂；试验装置及方法：风机的性能按照 GB/T 1236—2017 通风机空气动力性能实验方法，采用（进气）试验装置测定，流量测量采用圆锥形集流器，功率测量采用平衡电机法。

空气动力性能试验数据见表 8-3、图 8-18。

表 8-3 风机性能试验测试结果表（三）

序号	Qco	Pco	Psto	Lsa
1	534.6	1414.8	1027.2	30.46
2	514.8	1501.9	1142.3	30.10
3	478.9	1685.9	1374.7	28.91
4	459.9	1771.2	1484.2	28.15
5	422.5	1887.5	1645.3	27.47
6	402.6	1956.4	1736.5	26.88
7	359.8	2013.3	1837.6	26.10
8	319.3	2043.3	1904.9	26.46
9	276.4	2019.7	1916.0	26.65
10	238.6	1962.5	1885.3	27.53
11	151.2	1838.5	1807.5	29.99

图 8-18
风机性能试验测试结果图（三）

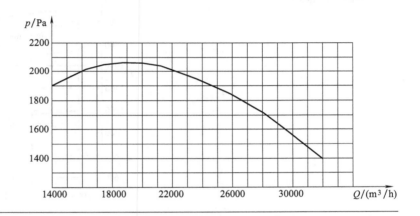

（4）旋流径混式风机 4.5A 试验报告

试验电机型号：Y132S1-2-5.5kW　　　　试验装置：进气试验

进气风管直径 $D_1 = \varphi300$　　　　　　进气风管进风口直径 $D_2 = \varphi600$

进气风管长度 $L_1 = 4000\text{mm}$

风机进口面积 $A_1 = 0.07065\text{m}^2$　　　风机出口面积 $A_2 = 0.1734\text{m}^2$

标准转速：2900r/min　　　　　　　　标准叶轮直径：$\varphi450$

测试仪器：Y95 型-200B 斜管微压计、皮托管、U 形压力计

试验日期：2008.3.5

测试方法：对该风机测试五次，每次测试相同的 5 个点。测试数值全压、动压、电流。再根据公式 $Q = V \cdot F$ 求出风量。

测试结果：根据测试数据及计算公式得出 2400r/min、2900r/min、3100r/min、3200r/min 时的数据，见表 8-4、图 8-19。

表 8-4　风机性能试验测试结果表（四）

转速/(r/min)	数据					
	序号	1	2	3	4	5
2400	全压/Pa	630	779	1052	1166	1196
	风量/(m³/h)	5391	5078	4678	2879	1140
2900	全压/Pa	907	1121	1514	1679	1722
	风量/(m³/h)	6468	6093	5613	3454	1368
3100	全压/Pa	1037	1282	1731	1919	1968
	风量/(m³/h)	6916	6516	6002	3693	1463
3200	全压/Pa	1105	1367	1846	2046	2098
	风量/(m³/h)	7143	6728	6198	3815	1510

图 8-19

风机性能试验测试结果图（四）

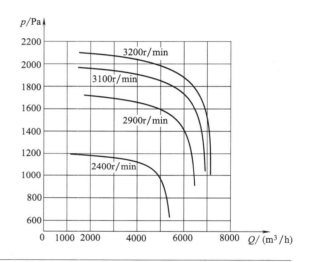

该风机电控中应用了变频器，可起到无级变速的作用，可使风机达到上限设计，下限使用。图中所示为风机在四个转速下的运行状况，风机正常工作时的状况可在图中所示区域中得到。

（5）旋流径混式风机 6A 试验报告

试验风机电机型号：Y100L1-4-B3-2.2kW　　　　试验装置：进气试验

进气风管进风口直径 $D_1 = 900mm$　　　　出气风管直径 $D_2 = 0$

进气风管长度 $L_1 = (5700 + 190)mm$　　　　出气风管长度 $L_2 = 0$

测试孔处管道截面积 $A_1 = 0.2595m^2$　　　　风机出口面积 $A_2 = 0.2826m^2$

标准转速：1450r/min　　　　叶轮直径：600mm

测试仪器：U 形压力计、皮托管　　　　叶轮叶片数：24 片、12 片

试验日期：24 片，2006.5.22 下午 5：30—7：00；12 片，2006.5.23 下午 4：20—5：40

测试方法：风机架在试验台上，进风口端与测试管道直径为 575 的一端相连，测试六次，每次测试相同的 8 个点。测试数值全压、静压、动压、噪声。再根据公式 $Q=V \cdot F$ 求出风量（V：根据每次 8 点处的动压平均值得到的风速；F：截面面积）。

测试记录见表 8-5、表 8-6、图 8-20。

表 8-5　叶片 24 片时数据

序号	一次				二次				三次			
	全压/Pa	静压/Pa	动压/Pa	噪声/dB	全压/Pa	静压/Pa	动压/Pa	噪声/dB	全压/Pa	静压/Pa	动压/Pa	噪声/dB
1	100	200	140		140	210	130		190	230	110	
2	100	220	170		120	220	140		170	240	120	
3	100	220	160		120	220	140		170	220	140	
4	120	240	140	84.7	120	210	120	85.1	180	230	110	85.6
5	120	240	170		130	220	120		190	230	110	
6	100	250	180		110	220	130		180	240	100	
7	110	240	160		130	210	120		190	220	110	
8	120	240	100		140	220	110		180	230	110	

序号	四次				五次				六次			
	全压/Pa	静压/Pa	动压/Pa	噪声/dB	全压/Pa	静压/Pa	动压/Pa	噪声/dB	全压/Pa	静压/Pa	动压/Pa	噪声/dB
1	190	210	100		210	230	60		300	300	40	
2	180	230	90		200	230	70		280	300	50	
3	160	230	90		220	240	60		260	280	60	
4	180	220	80	86	220	240	60	86.2	260	270	50	85.8
5	200	240	80		210	230	60		270	290	60	
6	200	230	80		220	240	70		280	300	50	
7	180	230	90		220	250	60		290	300	60	
8	200	240	70		220	240	80		300	300	30	

表 8-6　叶片 12 片时数据

序号	一次				二次				三次			
	全压/Pa	静压/Pa	动压/Pa	噪声/dB	全压/Pa	静压/Pa	动压/Pa	噪声/dB	全压/Pa	静压/Pa	动压/Pa	噪声/dB
1	100	220	100		150	230	100		180	230	60	
2	90	220	120		120	230	120		150	240	80	
3	80	210	110		130	220	130		140	240	90	
4	100	220	120		120	230	110		150	240	100	
5	80	220	130	88.5	110	240	120	87.9	140	240	100	88.1
6	70	220	170		110	230	130		140	250	100	
7	80	220	120		130	240	140		150	230	90	
8	100	220	120		140	240	100		120	230	80	

序号	四　次				五　次				六　次			
	全压/Pa	静压/Pa	动压/Pa	噪声/dB	全压/Pa	静压/Pa	动压/Pa	噪声/dB	全压/Pa	静压/Pa	动压/Pa	噪声/dB
1	200	230	30		230	270	30		300	310	20	
2	210	240	50		230	260	30		300	310	20	
3	200	240	40		220	270	40		310	300	30	
4	190	240	40		220	270	40		310	310	20	
5	190	230	50	87	220	260	40	86.5	290	300	20	85.6
6	180	220	60		220	270	30		280	300	20	
7	200	230	60		230	260	40		290	310	20	
8	200	230	50		230	270	30		300	310	20	

图 8-20

风机性能试验测试结果图（五）

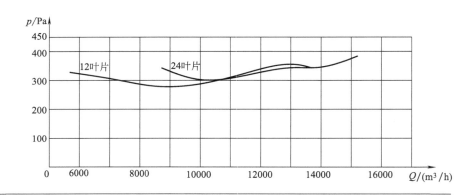

（6）旋流径混式风机7A试验报告

试验风机电机型号：Y132M-4-B3-7.5kW　　　　试验装置：进气试验

进气风管进风口直径 $D_1 = 900mm$　　　　出气风管直径 $D_2 = 0$

进气风管长度 $L_1 = (5700 + 190 + 350)mm$　　　　出气风管长度 $L_2 = 0$

测试孔处管道截面积 $A_1 = 0.2595m^2$　　　　风机出口面积 $A_2 = 0.3847m^2$

标准转速：1450r/min　　　　叶轮直径：700mm

测试仪器：U形压力计、皮托管　　　　叶轮叶片数：18片

试验日期：2006.7.25　上午 8：30—10：15

测试方法：风机架在试验台上，进风口端与测试管道相连，测试九次，每次测试相同的 8 个点。测试数值全压、静压、动压、电流、噪声。再根据公式 $Q = V \cdot F$ 求出风量（V：根据每次 8 点处的动压平均值得到的风速；F：截面面积）。

测试记录见表 8-7、图 8-21。

表 8-7　风机性能试验测试结果表（五）

序号	一　次				二　次				三　次			
	全压/Pa	静压/Pa	动压/Pa	噪声/dB	全压/Pa	静压/Pa	动压/Pa	噪声/dB	全压/Pa	静压/Pa	动压/Pa	噪声/dB
1	180	320	150	12.5	180	300	150	12.5	180	300	100	12.5
2	150	300	200		140	310	180		160	300	140	
3	140	300	220		150	300	150		150	300	150	
4	140	300	200		120	320	160		160	300	140	
5	150	320	240	97.5	150	310	180	97.5	160	290	160	97.6
6	100	320	260		120	300	220		130	290	210	
7	140	310	210		110	300	200		140	300	180	
8	150	300	180		150	300	160		160	310	190	

序号	四　次				五　次				六　次			
	全压/Pa	静压/Pa	动压/Pa	噪声/dB	全压/Pa	静压/Pa	动压/Pa	噪声/dB	全压/Pa	静压/Pa	动压/Pa	噪声/dB
1	210	290	80	12.8	250	300	60	13.4	280	320	40	14.1
2	180	280	130		220	290	80		260	310	60	
3	180	300	140		220	290	90		250	320	70	
4	180	290	110		210	300	90		240	310	80	
5	200	290	110	97.7	220	300	70	98.5	260	320	70	98.4
6	190	280	140		210	290	90		260	320	60	
7	180	290	130		200	290	80		280	310	40	
8	200	280	110		220	290	70		280	320	40	

序号	七　次				八　次				九　次			
	全压/Pa	静压/Pa	动压/Pa	噪声/dB	全压/Pa	静压/Pa	动压/Pa	噪声/dB	全压/Pa	静压/Pa	动压/Pa	噪声/dB
1	300	330	30	15.0	370	380	30	15.6	440	440	5	16.8
2	310	320	30		360	390	20		430	440	10	
3	300	320	20		360	400	20		440	440	10	
4	290	320	40		380	380	20		430	440	20	
5	290	340	40	98.5	380	390	20	98.7	430	450	10	100.5
6	280	330	60		380	380	20		420	440	5	
7	290	340	60		380	380	20		430	430	10	
8	280	330	30		380	400	20		430	440	5	

　　径混式风机的研发对社会经济发展和科技进步有极大意义：通过试验和实践证明，LAT 径混式风机在同样的性能指标下，噪声值比离心风机小 2～5dB（A），比轴混式风机小 10dB（A）左右，比轴流式风机小 5～8dB（A）。占地面积比 C 式、D 式传动减少50%，安装费用比传统安装节约 70%，能源消耗节约 5%～10%。

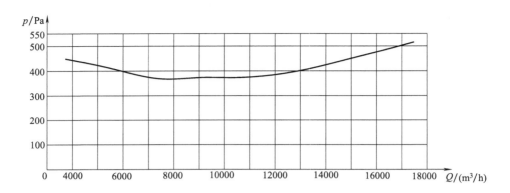

图 8-21
风机性能试验测试结果图（六）

LAT 径混式风机开发的成功，为风机这个十分传统的产业开辟了一条新的途径，由此可以看到高性能、低能耗的产品潜力很大，市场广阔。在此基础上还生产出其他系列新型风机或专用风机，如净化风机、油烟净化风机、除尘风机、加温风机等，在各行业得到广泛应用。

Technology and application
of powerful mass transfer scrubber

第9章

强力传质洗气机技术

强力传质洗气机可以创造了一个可以大于自然重力加速度 1000～2000 倍的离心加速度场或传质场，利用高速度和高加速度使化工过程的"三传一质"的效率极大提高，从而使产品质量、能量、减耗也有了质的飞跃，在传质理论的构建上也有新的突破，树立了新的传质观念。在环保领域，极高的传质效率使得强力传质洗气机技术在许多工艺领域和尾气排放领域均可成为替代技术，如在高湿、高温、高黏、阻燃、防爆的要求下可完全替代袋式除尘器或静电技术及装备，对 SO_2、NO_x 及一些酸碱性尾气的处理则有很好的发挥及应用，是冶金、建材、制药、矿业、化工、能源等诸多领域不可或缺的技术及装备。

　　本章节主要介绍强力传质洗气机技术的相关基础知识，包括强力传质洗气机的定义和分类、工作方式和配套设备等。

9.1　强力传质洗气机技术的概念

（1）强力传质洗气机

洗气的起源是风机→除尘风机（干式）→水帘风机→除尘风机（湿式）→洗气机。

1980 年起，编者就开始制造研究除尘器，发现很多场所都离不开空气动力设备——风机，能否让永远处于配套位置的风机兼有除尘的功能或风机除尘一体化，通过试验发现超细粉尘的不连续性总是随气流动而运动，粉尘分离的效果较差，后来用水的连续性来解决粉尘的不连续性问题，效果很好，由于加水的位置的变化发现了远超目标的现象，得到了超高的净化效率，后又经多年的反复实验、探讨、应用，得到今天的洗气机（图 9-1）。

图 9-1
洗气机的由来

洗气机之所以称洗气机是因为气液两相在接触的过程是反复多次的过程，就如洗衣机、洗碗机、洗瓶机等概念一样，它完全改变了湿法净化和化工传质塔的传统概念，这些传统设备在完成了气液传质过程时，只是一次性的并不是反复的，因此决定了其效率较低。

强力传质洗气机的定义：通过动力机械能使气、液、固各相得到大于自然重力加速度（$4.8m/s^2$）数千倍的离心加速度及近百米的运动速度（m/s），气、液、固各相在剧烈的运动中完成传质或换乘过程的设备，并通过以上过程完成或达到净化或传质的目的，称为强力传质洗气机。

强力传质洗气机具有广泛的适用性，同时具有传统设备不具备的体积小、重量轻、安全可靠、运行稳定、安装灵活、更能适应复杂的工况环境等优点，使得此技术在化工、环保、生物、医药、建材、冶金等领域有广泛的应用前景，几乎涵盖了"三传一反"的所有内容，在气-液、液-液、液-固等均可很好的应用。

（2）名词解释

① 传质。在含有两组或两组以上组分的混合物内部，如果有浓度梯度存在，则每一种组分都有向低浓度方向的转移，以减弱这种浓度不均匀的趋势。混合物的组分在浓度梯度的作用下，由高浓度向低浓度方向转移的过程称为传质。

② 强力传质。在以塔器为主的传质传递过程均是在自然重力的条件下完成的，而强力传质则是人为地制造了大于自然重力或重力加速度 1000～2000 倍的条件下来完成传质传递过程。

③ 洗气机。在塔器设备内进行的"三传一反"的过程中，不论气-液、液-液、液-固的多相流的接触过程均是一次性通过，对效率、效果的调节余地很小，而洗气机在传质过程中的应用，则有数十次的反复接触，因此，传质的效率、效果则有极大的提高。

④ "三传一反"解释

a. 能量传递：输送、过滤、沉降、固相流化。

b. 热量传递：加热、冷却、蒸发、冷凝。

c. 质量传递：萃取、吸收、蒸馏、干燥。

d. 一反是指化学反应。

⑤ 场。物理学术语，指某空间区域，其中具有一定性质的物体，能对与之不接触的类似物体施加一种力。

⑥ 速度场（Velocity Field）是由每一时刻、每一点上的速度矢量组成的物理场。

⑦ 加速度场。引力场同加速度场在时间、空间局部范围内等效。

9.2 强力传质洗气机的分类

强力传质洗气机根据应用的场所及工艺性质可分为两大类，第一大类为旋流式洗气机，它主要用于工业及餐饮业的油烟净化、矿业的物料转运、筛分等工艺过程（粉尘性质是机械性粉尘），还可用于高温及特殊场合的预处理，也可以单独用于通风领域起到通风机的作用。

第二大类是离心式洗气机，它主要用于各种炉窑、化学吸收、超洁净排放及挥发性粉尘场所，还可用于生产过程的动力源，在完成净化传质的同时满足工艺中的风压、风量的参数要求。

对于这两大类洗气机的结构和工作原理将在后面章节逐一介绍。

9.3 强力传质洗气机的工作方式

旋转体水平旋转，洗涤液或液相介质自气相进口进入，在叶轮布水器的作用下以分散相进入由叶片组成的叶轮通道，在叶片高速的撞击作用下，液相被雾化成极细小微粒，同时与气相高度混合，在不同的速度、加速度等物理作用下，气、液、固之间发生并完成"三传一反"的接触过程。混合体（相）离开叶片进入机壳的一个螺线通道，混合体（相）在向机壳出口运动的过程中，由于螺线型的通道内的混合体（相）的运行速度要比叶轮的线速度低得多，所以要经液相数十次的洗涤，使混合体迅速膨胀，雾状洗涤液与介质粒子又一次充分结合。

各物相接触混合并形成混合体后，还要将各物相分离而达到最终要求。在脱水器中，利用混合物相进入时的即时状态，即高速旋转的惯性能量及各物相的物理性能，使各物相分离。

9.4　强力传质洗气机的传质传热

传递热量是三传一反的内容之一，在换热领域可分为直接换热和间接换热，在国民经济体系中大多为间接换热，就是不同热媒或介质流体通过另一种介质传递热量，如锅炉、各类专用换热器。而直接换热就相对少一些，大多是传质的同时传递热量，这类工艺多发生在化工领域，多以塔器的形式来完成。

强力传质洗气机是属于直接换热的工艺形式，即二相流（冷流和热流）直接接触，并根据热力学定律来完成热交换，在完成热交换的同时，也完成了传质过程。除此之外，在不需传质而只需热量的场所，强力传质洗气机同样可替代间接换热工艺，而换热效率要比间接换热高得多。

在换热体系内，不论是气相流（热）还是液相流（热）换热，它们的物理状态都是流体，它们同时进入机器内部，液相流（不论冷热）在旋转体的高速作用下，形成微小液滴粒子，由于微粒子的比表面积非常大，所以可在极短的时间内完成与气相流的交换过程。

9.5　强力传质洗气机的净化过程

强力传质洗气机的净化过程，其主要介质为洗涤液，其效率的高低与洗涤液的状态有着密切的关系，直接影响其传质过程，在诸多的因素中，洗涤液的雾化对净化效率有着至关重要的作用，而洗涤液的汽化冷凝过程对净化效率的影响论述得不多。

在净化过程中，当气液比一定时，在一定的温度下，空气中的水含量或饱和水含量是一定的，这部分的水含量对净化效果影响很小，主要的净化效果取决于气液接触的效果。当空气温度或洗涤液温度较高时，洗涤液大量汽化，会产生大量的饱和水蒸气和过饱和水蒸气。随着温度的增高，同时加强了洗涤液的雾化作用，在汽化和雾化的双重作用下，与空气进行大面积更有效的接触，在自然或人工及时间的作用下形成温度梯度，此时空气中的烟尘粒子经过包围、浸润、吸附、冷凝、凝聚、合并等一系列的物理过程，便可使大量的细微粒子进入洗涤液，从而大幅度提高捕集效率。

当烟气中的水分或水蒸气达到饱和或过饱和时，同时温度低于露点的情况下，此时烟气中的烟尘粒子在各种力的作用下，将以自己为核心吸附烟气中的水分或水蒸气，即形成空气中的雨滴现象，这样非常有助于细微粉尘的捕集，同时由于净化过程中各种成分运动的速度、方向、轨迹不同，相互碰撞的概率很高，尤其当有离心力存在时，烟气中的水分或水蒸气又起着筛网的作用，将烟尘粒子从空气中筛出，进入洗涤液中，达到净化的目的，如图 9-2 所示。

图 9-2
蒸汽筛网

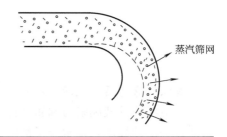

蒸汽筛网

气液传质的效率主要取决于气液两相接触面的面积大小，气液两相接触得越充分，传质效率越好。而洗涤液的雾化程度的大小就决定了气液两相接触面的面积大小。因此，雾化程度的好坏，直接影响气液传质效率，也就直接影响设备的净化效率，而温度又对洗涤液的雾化有直接的影响。

当在湿式净化的过程中加上温度这一物理量时，此时的净化过程将变得复杂得多了，因此温度影响的是此净化过程中的每一个参与者，即洗涤液、烟气（空气）、粉尘粒子，同时由于各参与者自身的温度不同，相互作用的机理不同，得到的结果也不尽相同。在以往论述的湿式净化机理中是没有涉及温度因素的，但在实际工况中温度是不可避免的（50～1000℃都要考虑），其中不只是单纯的降温问题、热平衡问题，还有效率效果问题。由于洗涤液是此过程的重要组成部分，所以它的作用、变化、影响是重要的，又由于洗涤液是以水为主体的，可以气液两相共生共存、相互转化，转化的临界点（100℃）也是很重要的参数。

当烟气温度大于 100℃、洗涤液温度小于 100℃时，采用相对速度较高的方式净化时，对效率有较大的负面影响，其原理如下：

当烟气温度大于汽化温度时，低温洗涤液雾化后的微粒是处于汽化过程，在微粒表面产生蒸汽层，这层蒸汽层极大阻碍了烟尘粒子与洗涤液粒子接触，同时由于烟尘粒子蓄积了一定的热量，当其欲与洗涤液粒子接触时，释放大量的热也阻碍了烟尘粒子进入洗涤液，如图 9-3 所示。因此可证明，在此状态下不适合文丘里及机械式的高速净化方式；同时证明，双级文丘里的第一级的净化效率不会很高，其主要起到降温的作用；还可证明高速净化前必须先进行降温。以上论述是经过实践得出的理论，称为水漂理论，高温烟气及高热能的尘粒加剧了水漂现象，增加了烟尘的逃逸概率。

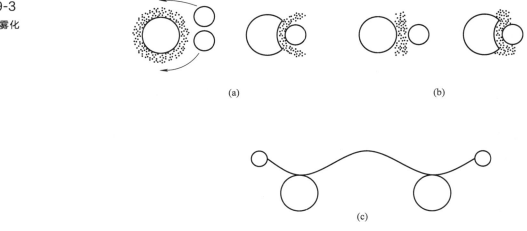

图 9-3
洗涤雾化

(a)

(b)

(c)

　　洗涤液雾化后形成微粒水滴，除表面张力外还有一层膜，即液膜。在低温状态下，水分子不活跃，其液膜阻力和张力都很大，这对粉尘粒子的进入有很大的阻碍作用；如果洗涤液有一定的温度，则水分子活跃加剧，其表面的液膜阻力和张力就会相应减小，有利于粉尘粒子进入洗涤液，以便提高净化效果。一般情况下，洗涤液温度为 90℃ 左右较为合适。

　　根据空气饱和水蒸气含量表（表 9-1）得知，当温度在 95℃ 时，水汽量可达 85%，含水量为 $680g/m^3$，当温度降至 46℃ 时，水汽量可达 10%，含水量为 $80g/m^3$，如果这是一个降温过程，可凝结或析出 $600g/m^3$ 的水或洗涤液，在这一过程中将有大量烟尘粒子随着冷凝过程而进入洗涤液中，如图 9-4 所示。

表 9-1　空气饱和水蒸气含量表（气压 101.325kPa）

温度 /℃	饱和时蒸气压力 /kPa	$1m^3$（标准状态）空气中含水蒸气量			
		质量/(g/m^3)		气体分数/%	
		对干气体	对湿气体	对干气体	对湿气体
−20	0.103	0.82	0.81	0.102	0.101
−15	0.165	1.32	1.31	0.164	0.163
−10	0.259	2.07	2.05	0.257	0.256
−8	0.309	2.46	2.45	0.306	0.305
−6	0.368	2.85	2.84	0.354	0.353
−5	0.401	3.19	3.18	0.397	0.395
−4	0.437	3.48	3.46	0.432	0.430
−3	0.475	3.79	3.77	0.471	0.459
−2	0.517	4.12	4.10	0.512	0.510
−1	0.562	4.49	4.46	0.558	0.555
0	0.610	4.87	4.84	0.605	0.602

温度 /℃	饱和时蒸气压力 /kPa	1m³（标准状态）空气中含水蒸气量			
		质量/(g/m³)		气体分数/%	
		对干气体	对湿气体	对干气体	对湿气体
1	0.657	5.24	5.21	0.652	0.648
2	0.706	5.64	5.60	0.701	0.697
3	0.758	6.05	6.01	0.753	0.748
4	0.813	6.51	6.46	0.810	0.804
5	0.872	6.97	6.91	0.868	0.960
6	0.935	7.48	7.42	0.930	0.922
7	1.002	8.02	7.94	0.998	0.988
8	1.073	8.59	8.52	1.070	1.060
9	1.148	9.17	9.10	1.140	1.130
10	1.228	9.81	9.73	1.220	1.210
11	1.318	10.50	10.40	1.310	1.290
12	1.403	11.2	11.1	1.40	1.38
13	1.497	12.1	11.9	1.50	1.48
14	1.599	12.9	12.7	1.60	1.58
15	1.705	13.7	13.5	1.71	1.68
16	1.817	14.6	14.4	1.82	1.79
17	1.937	15.7	15.5	1.95	1.93
18	2.064	16.7	16.4	2.08	2.04
19	2.197	17.8	17.4	2.22	2.17
20	2.326	19.0	18.5	2.36	2.30
21	2.486	20.2	19.7	2.52	2.46
22	2.644	21.5	21.0	2.68	2.61
23	2.809	22.9	22.3	2.86	2.78
24	2.984	24.4	23.6	3.04	2.94
25	3.168	26.0	25.1	3.24	3.13
26	3.361	27.6	26.7	3.43	3.32
27	3.565	29.3	28.3	3.65	3.52
28	3.780	31.2	30.0	3.88	3.73
29	4.005	33.1	31.8	4.12	3.95
30	4.242	35.1	33.7	4.37	4.19
31	4.493	37.1	35.6	4.65	4.44
32	4.754	39.6	37.7	4.93	4.69
33	5.030	42.0	39.9	5.21	4.96

温度 /℃	饱和时蒸气压力 /kPa	1m³(标准状态)空气中含水蒸气量			
		质量/(g/m³)		气体分数/%	
		对干气体	对湿气体	对干气体	对湿气体
34	5.320	44.5	42.2	5.54	5.25
35	5.624	47.3	44.6	5.89	5.56
36	5.941	50.1	47.1	6.23	5.86
37	6.275	53.1	49.8	6.60	6.20
38	6.625	55.3	52.7	7.00	6.55
39	6.991	59.6	55.4	7.40	6.90
40	7.375	63.1	58.5	7.85	7.27
42	8.199	70.8	65.0	8.8	8.1
44	9.101	79.3	72.2	9.7	9.0
46	10.086	88.8	80.0	11.0	9.9
48	11.160	99.5	88.5	12.40	11.0
50	12.334	111.4	97.9	13.85	12.18
52	13.612	125.0	108.0	15.60	13.50
54	14.999	140.0	119.0	17.40	14.80
56	16.505	156.0	131.0	19.60	16.40
60	19.918	196.0	158.0	24.50	19.70
65	24.998	265.0	199.0	32.80	24.70
70	31.157	361.0	249.0	44.90	31.60
75	38.544	499.0	308.0	62.90	39.90
80	47.343	715.0	379.0	89.10	47.10
85	57.809	1091.0	463.0	135.80	57.00
90	70.101	1870.0	563.0	233.00	70.00
95	84.513	4040.0	679.0	545.00	84.50
100	101.325	无穷大	816.0	无穷大	100.00

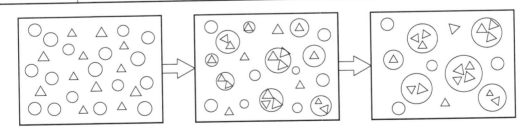

△ 烟尘　　○ 水蒸气

图 9-4
烟尘粒子运动

9.6　强力传质洗气机的主要性能特征

（1）强力传质洗气机的风机功能

在诸多的传质领域，空气动力是不可或缺的条件，在常规的系统中，根据系统及工艺的要求，都要配制相应的动力风机，而强力传质洗气机在传质系统中则改变了这一现状，强力传质洗气机本身就具备了风机的一切功能，因此在强力传质洗气机所应用的场所均可不另配风机，风机的一切参数均可根据要求随机设计。

（2）强力传质洗气机的能耗

在使用塔器传质设备时，气相在运行过程中，由于要达到传质的目的，所以要克服塔器内的气相阻力，或叫压降，而且阻力不是稳定的。强力传质洗气机的传质特征是与塔器设备完全不同的，它的传质过程是与气相的动力过程完全同步的，因此不存在阻力或压降的问题，同时不存在参数不稳定的问题，因此在计算系统能耗时只需计算系统阻力即可。

强力传质洗气机工作是将液相雾化，并使之具有很高的速度和千倍自然重力的加速度，因此需要一定的能耗，但由于此过程是与设备的气相动力同时进行的，由于液相的物理特征能加入气相动力，因此作用在液相雾化的能耗可以在气相动力中得到回收利用，因此用于液相雾化的能耗也较小。

9.7　强力传质洗气机产品系列化举例

（1）离心式洗气机

部分锅炉系列洗气机型号及参数见表 9-2。

表 9-2　锅炉系列洗气机型号及参数

机号	风量/(m³/h)	风压/Pa	装机功率/kW	配套电机	额定转速/(r/min)
4.5	5281～2856	416～634	1.1	Y90S-4-(B5)	1450
5	7728～3864	502～790	2.2	Y100L1-4-(B5)	1450
5.5	10285～5142	608～957	3	Y100L2-4-(B5)	1450
6	13353～6677	724～1139	4	Y112M-4-(B5)	1450
6.5	16679～10871	789～1355	5.5	Y132S-4-(B5)	1450
7	20832～13578	916～1548	7.5	Y132M-4-(B5)	1450
7.5	25623～16701	1051～1778	11	Y160M-4-(B5)	1450
8	31096～20269	1196～2023	18.5	Y180M-4-(B5)	1450
9	44276～28859	1514～2560	30	Y200L-4-(B5)	1450
10	60736～39587	1869～3161	45	Y250M-4-(B5)	1450

表 9-3 列举的是部分锅炉脱硫除尘洗气机型号和参数。

表 9-3 锅炉脱硫除尘洗气机型号和参数

技术指标		型号						
		CTL-1	CTL-2	CTL-4	CTL-6	CTL-10	CTL-20	CTL-35
锅炉蒸发量/(t/h)		1	2	4	6	10	20	35
处理烟气量/(m³/h)		3000	6000	12000	18000	30000	60000	100000
循环水量/(t/h)		5	10	20	30	50	100	150
水泵	功率/kW	0.75	2.2	4	5.5	11	30	45
	扬程/m	12	20	20	25	30	40	40
洗气机功率/kW		5.5	11	22	37	55	110	160
总重量/kg		148	326	601	886	1500	3000	4500
水池容积/m³		10	20	40	60	100	200	350

脱硫率≥95%　　除尘效率≥99%　　阻力<200Pa　　林格曼黑度<1级

（2）旋流式洗气机

部分矿业除尘洗气机（井下、洗煤车间）的型号和参数见表 9-4。

表 9-4 矿业除尘洗气机的型号和参数

机号	功率/kW	风量/(m³/h)	水泵流量/(m³/h)	叶轮高度/mm	叶轮直径Φ/mm	进出风口Φ/mm	总长度/mm
4.0	4.0	3000	3	50	400	320	860
4.5	5.5	4000	4	60	450	360	980
5.0	7.5	6000	6	70	500	400	1120
5.5	11	8000	8	80	550	440	1270
6.0	15	10000	10	90	600	480	1370

表 9-5 列举的是部分油烟净化洗气机的型号和参数。

表 9-5 油烟净化洗气机的型号和参数

机号	风量/(m³/h)	风压/Pa	装机功率/kW	配套电机	水泵流量/(m³/h)	质量/kg	水箱容积/m³
4.5	5973~3343	261~619	2.2	Y100L1-4-(B5)	5	180	0.2
5	8184~4581	323~764	3	Y100L2-4-(B5)	6	240	0.2
5.5	11512~6444	405~959	4	Y112M-4-(B5)	8	260	0.2
6	14160~7926	465~1101	5.5	Y132S-4-(B35)	10	300	0.2
6.5	18003~10077	545~1292	7.5	Y132M-4-(B35)	13	360	0.3
7	23616~12978	961~1643	11	Y160M-4-(B35)	20	460	0.3
7.5	29045~15961	1103~1886	15	Y160L-4-(B35)	25	550	0.3
8	32076~19158	1414~2043	18.5	Y180M-4-(B35)	28	600	0.3
9	45670~27277	1789~2585	30	Y200L-4-(B35)	35	720	0.4
10	62648~37417	2209~3192	55	Y250M-4-(B35)	45	820	0.4

Technology
and
application
of powerful mass transfer scrubber

第 10 章

离心式强力传质洗气机技术及应用

离心式洗气机主要用于各种炉窑、化学吸收、超洁净排放及挥发性粉尘场所，还可作为生产过程的动力源，在完成净化传质的同时满足工艺中的风压、风量的参数要求。本章节详细介绍离心式洗气机的结构、原理，分析洗气机在工作时内部流场的变化以及列举离心式洗气机在各领域的应用实例。

10.1　离心式强力传质洗气机的结构

离心式强力传质洗气机的结构示意图如图 10-1 所示。

图 10-1
离心式强力传质洗气机的结构

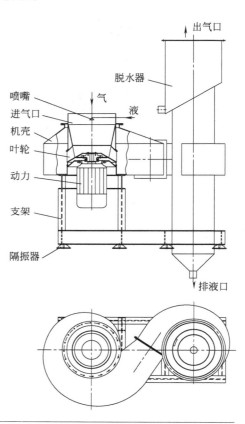

10.2　离心式强力传质洗气机的工作原理

在传质洗气机进口处，气相、固相及液相组成了三元流动体。此三元流动体，在进入传质洗气机之前，固相及液相以气相为载体，进入传质洗气机之后，固相粒子便改变载体，在传质洗气机进口至出口之间，完成换乘过程，在出口之后便以液相为载体并实现分流。此过程是介质由气相进入液相，当速度达到气化状态时的换乘过程则是介质由液相进入气相，即蒸发、萃取、液固分离。

换乘过程或传质过程是在传质洗气机内部完成的，由于传质洗气机内部的速度场、运动场、压力场是变化的，频繁而剧烈，所以此过程是相当复杂的。如有温度，与此同时还完成一个热交换过程，使气相、固相的热量被液相冷却或加热，固相粒子冷凝并可结成较大粒子便于分离。其安装使用特点为：叶轮水平旋转，输水管位于叶轮中心的上方。它的传质过程可分为布水、淋浴、初级雾化、二级雾化、汽化、凝聚和脱水七个过程。

① 含有固相或液相粒子的气体自上而下垂直轴向运动。液相经泵输送至叶轮中心上部，液相流到布水盘上后受离心力作用逐渐呈圆环状向布水盘边缘移动，当到达布水盘边缘时离心力加大，使液相呈辐射状沿布水盘切线方向向子叶轮漂移，此时液相液滴移动方向与含有固相或液相粒子气体运动方向相互呈垂直状，完成布水过程，如图 10-2 所示。

图 10-2
布水过程

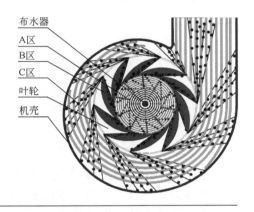

② 液相进入子叶轮后，在一部分气体和较高速叶片作用下，被初步雾化，沿子叶轮的切线方向进入母叶轮，在这一过程中，初步雾化的液相也与大量气相混合完成淋浴过程。

③ 实现初步雾化淋浴的液相，粒径较小的液滴呈雾状与剩余的固、液相粒子及气相混合物同时进入叶轮叶片的空间或流道，此时处于负压状态的流体开始向正压状态转变，如图 10-3 所示。

图 10-3
流体运动

④ 混合体进入叶片后混合体呈正压状态。在高速旋转叶片的作用下，混合体一是沿叶轮转动方向水平运动，另一个是向垂直于叶轮转动的方向运动。此时，叶片外（迎风面）表面附着一层由液相组成的液膜，此时液膜在受离心力的同时受到混合气体的正压力的作用，由于作用力较大使液膜沿叶轮叶片外表面移动时阻力很大，所以速度很低。同时由于受高速混合体冲击和压力影响，液膜便被破坏并使之二次雾化，雾化或汽化后液体再次与混合体混合，从而大大加强了气、固、液相粒子与液相接触的机会，因此液相获得了极高的捕集率。此过程不但完全具备了超重力的特点，而且还有超重力的作用和较大的动压、较大的正压的作用，由于这些作用使雾状混合体体积缩小，速度加大，叶轮的线速度可达 50～150m/s，超重力加速度可达数百至数千倍的地球重力加速度。此时气、固、液相粒子与液相经激烈碰撞凝聚而机械结合于混合体中，如介质为油脂，即乳化（乳化是两种互不相溶的液体，借乳化剂或机械力作用，使其中一种液体分散在另一种液体中而形成的乳状液体，油分散在水中称为水包油型，水分散在油中称为油包水型（图 10-4）。

图 10-4
油包水型

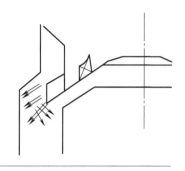

⑤ 高速飞离叶轮的雾状或汽化状态混合体，在传质洗气机机壳中，由于气流速度的减小和压力的回升，使混合体迅速膨胀，雾状液相与气、固、液相粒子又一次充分结合，此时由于液相高速冲击的作用，相对密度大的液相粒子便携带固、液相粒子向传质洗气机机壳外缘内表面运动汇集，并脱离固、液相粒子的原气相载体经过脱水器流回储液箱，此时便完成气-液、液-液、液-固传质过程。当液相达到汽化状态速度时，传质过程体现在蒸发、萃取、蒸馏、干燥等过程。

⑥ 筛网理论：根据以上分析得知，气液两相之间的相对运动，不仅存在速度的差别，还存在方向的差别，而液相速度快，位置却在气相之后。当高速度、高分散度的粒子穿过气相时，各物相流相互传质而完成传质过程。所谓筛网理论是被筛下物体的粒径要比筛子的孔径小 10 倍以上，同时由于气相在机壳中运动较慢，所以多次受到液相的冲击，这些传质过程都是其他反应器不能比拟的。

⑦ 图 10-5 为传质洗气机机理。自圆心到同心圆的最后一个圆是布水区（A 区），从同心圆的最后一个圆到渐开的螺线之间是动力区（B 区），从 B 区的边缘至传质机外缘是传质区（C 区）。根据对其速度场、运动场、压力场的分析，它完全涵盖了目前超重力传质特性，但由于改变了它的非填料式及高超重力运动方式，所以其综合性能应大大高于填料型超重力机的性能，它使动力性能与传质性能完美地组合在一起，使气相获得流动所需的动力的同时又能使气相、液相、固相相互传质，在气体流动方向自轴向向径向改变，并

顺叶轮转动方向旋转，旋转速度或线速度自圆心沿径向逐渐加大，离心加速度同时加大。液相自圆心由布水器呈同心圆状运动，到布水器边缘时，液相呈辐射状沿布水器切线方向运动与气体混合进入B区。

图 10-5
传质洗气机机理

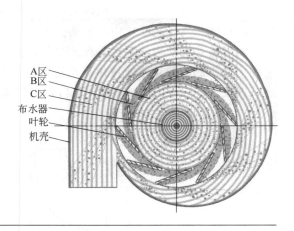

当混合体进入B区时，气相与质量较轻的尘粒的速度较快，液相由于相对密度较大所以速度较慢，但是叶片的速度都较之它们快得多，而当较慢的大颗粒液相撞到叶片时，受到的是叶片的高速冲击，在叶片上形液膜，液膜在极短的时间内，又被气流冲破而碎，变成极小颗粒即雾状，并在此时得到了叶片的很高的线速度及离心力。

在叶片外缘雾状的液相与气相中的尘粒组成混合体，并以叶片外缘的线速度沿叶片旋转的切线方向射出，此时超重力数值达到最大值，液相被巨大的剪切力破碎成极细小的颗粒，此时混合体中由于相对密度（质量）大小的区别不但存在着相对运动，即同向速度差，而且还存在着运动方向的不同，所以它比填料型超重力机有着更独特的特性。由于叶片的速度较气相的速度快得多，所以每个叶片流出的气相都要受到其他叶片甩出的液相的多次拦截、冲击、凝聚，最后到机壳的内壁汇集。

⑧ 洗气机洗涤原理。气、液、固三相混合体离开叶轮后，气相携带液固二相粒沿螺旋流道移动，由于流道物相与叶轮线速度形成速度差，所以流道内固相速度慢，被高速叶轮内的液相数十次的冲洗，达到洗涤的目的。

⑨ 速度场及加速度场超重力场在常规的速度过程中，传质介质场处在自然重力场下，在此条件下加速度为自然常数（9.8m/s²），以较低的速度运行。

⑩ 其他功能：洗气相是流体机械在设计上借用空气动学风机工作原理，因此，可以不用外加动力，根据系统参数要求进行设计，使通风净化一体化。

10.3　洗气机内部流场动力学分析

强力传质洗气机是包括"三传一反"中的能量传递的功能，所以传质洗气机的本身就符合空气动力学的基本方程式。通过运用空气动力学的基本方程式——欧拉（Euler）方程式和对流体在叶轮中流动情况进行分析，从而了解气液两相流体在旋转的叶轮中究竟如何运动？动力与二相流能量变化之间的关系如何？通过这些一系列的分析，进一步了解和掌握气液二相流在传质洗气机内的运动及能量消耗和净化机理。

（1）单一流体在叶轮中的流动情况

在研究空气动力学基本方程式之前，首先应该认识流体在理论叶轮中的运动情况。图10-6为风机的叶轮示意及流体流动速度图。叶轮的进口直径为 D_1，叶轮的外径，即叶片出口直径为 D_2，叶片入口宽度为 b_1，出口宽度为 b_2。

图 10-6
风机的叶轮示意及流体
流动速度图

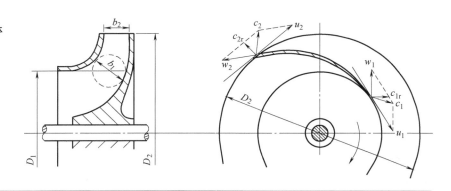

当叶轮旋转时，流体沿轴向以绝对速度 c 自叶轮进口处流入，流体质点流入叶轮后，就进行着复杂的复合运动。因此，研究流体质点在叶轮中的流动时，首先应明确两个坐标系统：旋转叶轮是动坐标系统；固定的机壳（或机座）是静坐标系统。流动的流体在叶槽中以速度 w 沿叶片而流动，这是流体质点相对动坐标系统的运动，称为相对运动；与此同时，流体质点又具有一个随叶轮进行旋转运动的圆周速度 u，这是流体质点随旋转叶轮对静坐标系统的运动，称为牵连运动。以上两种速度的合成速度，就是流体质点对机壳的绝对速度 c。以上三种速度之间的关系是：$\vec{c}=\vec{w}+\vec{u}$。

该矢量关系式可以形象地用速度三角形来表示。图10-7为叶轮出口速度三角形。在速度三角形中，w 的方向与 u 的反方向之间的夹角 β 表明了叶片的弯曲方向，称为叶片的安装角。β_1 是叶片的进口安装角，β_2 是叶片的出口安装角。安装角是影响风机性能的重要几何参数。速度 c 与 u 之间的夹角称为叶片的工作角。α_1 是叶片的进口工作角，α_2 是叶片的出口工作角。

为了便于分析，通常将绝对速度 c 分解为与流量有关的径向分速 c_r 和与压力有关的切向分速 c_u。前者的方向与半径方向相同，后者与叶轮的圆周运动方向相同。从图10-7中可以看出以下关系：

$$c_{2u}=c_2\cos\alpha_2=u_2-c_{2r}\cot\beta_2 \tag{10-1}$$

$$c_{2r}=c_2\sin\alpha_2 \tag{10-2}$$

速度三角形清楚地表达了流体在叶轮流槽中的流动情况。

図 10-7
速度三角形

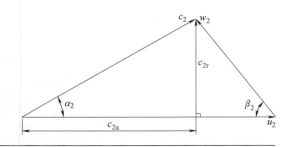

（2）传质洗气机叶轮中流体流动情况

图 10-8 传质洗气机叶轮示意图，与传统叶轮相比较，除具备传统叶轮的全部特征和特点外，不同之处是：①叶轮的后盘为锥形；②进口直径与出口直径的比值较大；③叶片是沿进口直径的切线方向，所以叶片的工作角和安装角全部为零。这样的目的第一是叶片进口处不消耗能量；第二是出口处绝对速度的切向分速度较小，径向分速度较大，所以能量消耗较小。

图 10-8
传质洗气机叶轮示意图

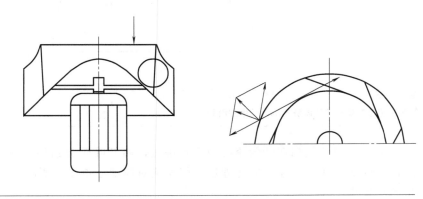

气液二相流在旋转的传质洗气机叶轮中的流动情况如图 10-9 所示。

当叶轮旋转时，气液二相流便沿轴向以绝对速度 c_0 自叶轮进口处流入，气液二相流质点流入叶轮后，就进行着较单一流更复杂的复合运动，它们除了分别符合以上的流动情况分析外，还由于它们的介质密度不同，物理特性不同，因而引发了不论是动坐标还是静坐标都有各自不同的运动，除此之外，它们之间还存在相互运动和影响。

如图 10-9 所示，液相以分散相与气相混合进入叶轮流道，由于叶轮的高速运动，叶片对于气液两相都在做相对运动，但由于液相的质量比气相大得多，所以液相或液滴便冲向叶片，又由于气相的压力作用，使液滴在叶片上形成层流液膜，根据流体的物理性质和流体的黏滞性，使气液两相产生相对速度，产生速度差，即层流液体受气相的压力作用，与叶片的摩擦力加大，反之，气相由于液膜的作用，摩擦力较单一流动时要小，而圆周速度都是不变的。为了更好地进行说明，图 10-9 以气液两相界面为基础，先画出相界面速度三角形，得出相界面绝对速度，再根据气液两相的不同的相对速度画出不同的速度三角形，以求出气液两相的绝对速度，再根据气液两相的绝对速度求出气液两相的切向速度，由此得出液相的切向速度要大于气相的切向速度。

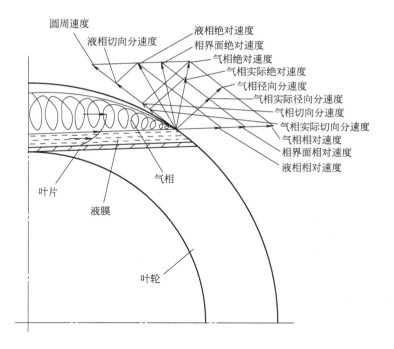
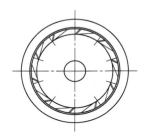

圆周速度
液相切向分速度
液相绝对速度
相界面绝对速度
气相绝对速度
气相实际绝对速度
气相径向分速度
气相实际径向分速度
气相切向分速度
气相实际切向分速度
气相相对速度
相界面相对速度
液相相对速度

叶片
液膜
气相

叶轮

图 10-9
气液二相流在旋转的传质洗气机叶轮中的流动

另外，由于气相在叶轮流道中受到挤压，离开叶轮流道后，解除了挤压和空间放大，所以实际的气相绝对速度要比理想的气相绝对速度小得多，所以气相的切向分速度比原分析的还要小。

（3）外加动力与二相流能量变化之间的关系

① 基本方程式——欧拉（Euler）方程式。分析了传统叶轮与传质机叶轮中流体的运动之后，就可以进一步利用动量矩定理来推导叶片式传质机的基本方程式。

为了简化分析推导，首先对叶轮的构造、流动性质做以下三个理想化假设，从而得出理论基本方程式，然后再对理论方程式做进一步地修正。

三个理想化假设为：

a.流体在叶轮中的流动是恒定流；

b.叶轮中的叶片数无限多、无限薄。根据这一假设，就可以认为流体在叶轮中运动时，各流线的形状与叶片形状相同。任一点的速度就代表了同半径圆周上所有点的速度，也就是说同半径圆周上流速的分布是均匀的；

c.将流体作为理想流体对待。这样，在流动过程中，没有能量损失。

根据动量矩定理：单位时间内流体动量矩的变化，等于在同一时间内作用在该流体上所有外力合力的力矩。

图 10-10 表示作用在离心式风机叶槽内流动流体的作用力。经过 dt 时间间隔，流段从位置 $abcd$ 移动到 $efgh$。流体薄层 $abef$ 流出了叶槽。根据连续性的定义，薄层 $abef$ 等

于薄层 $cdgh$，设这个薄层的流体质量为 dm。根据上述恒定流的假设，叶槽内 $abgh$ 部分的流体，在 dt 时间间隔，其动量矩没有产生变化，因此叶槽内整股流动流体经过 dt 时间其动量矩的变化等于质量 dm 的动量矩变化。

图 10-10
作用在离心式风机叶槽内流动流体的作用力

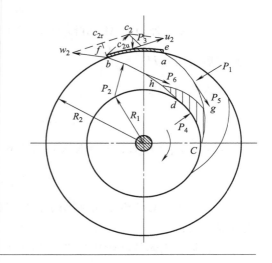

如上所述，在叶轮的入口和出口处，其绝对速度 c 可分解为径向分速 c_r 和切向分速 c_u。由于径向分速通过叶轮的转轴中心，所以不存在动量矩，因此，在计算动量矩变化时只需要考虑切向分速。应用动量矩定理可以写出以下表达式：

$$\frac{dm}{dt}(c_{2u}R_2 - c_{1u}R_1) = dM \tag{10-3}$$

式中　dM——作用在某叶槽内流股上的外力矩；

R_1，R_2——叶轮进口和出口处的半径。

如图 10-10 所示，作用在某叶槽内流体的外力有：a. 叶片迎水面和背水面作用于流体的压力 P_1 及 P_2；b. 作用在过流断面 ab 和 cd 上的液体压力 P_3 及 P_4。P_3 及 P_4 均通过转轴中心，所以对转轴没有力矩；c. 由于研究对象为理想流体。所以摩擦阻力 P_5 及 P_6 不考虑。

将式（10-3）推广到流过叶轮全部叶槽的流体流动，关系式可相应写为：

$$\frac{m}{dt}(c_{2u}R_2 - c_{1u}R_1) = dM \tag{10-4}$$

式中　m——经过 dt 时间间隔流入叶轮的流体质量，也等于流出叶轮的流体质量；

dM——作用在叶轮内整个流股上的外力矩。

设通过叶轮的流量为 Q_T，流体的容重为 γ，则单位时间内通过叶轮的质量为 $\frac{m}{dt} = \frac{\gamma Q_T}{g}$。代入式（10-4）得

$$M = \frac{\gamma Q_T}{g}(c_{2u}R_2 - c_{1u}R_1) \tag{10-5}$$

式中　Q_T——通过叶轮的理论流量。

根据理想流体的假设，叶轮上的轴功率全部传递给叶轮中的流体，所以理论功率 N_T 为：

$$N_T = r Q_T H_T \tag{10-6}$$

N_T 可以用外力矩 M 和叶轮旋转角度 ω 的乘积来表示，即 $N_T = M\omega$。代入式（10-5）并整理后可得：$H_T = \dfrac{M\omega}{\gamma Q_T}$

代入式（10-4）

$$H_T = \frac{\omega}{g}(c_{2u}R_2 - c_{1u}R_1) \tag{10-7}$$

又由于 $u_1 = R_1\omega$、$u_2 = R_2\omega$，代入式（10-6）可得：

$$H_T = \frac{1}{g}(u_2 c_{2u} - u_1 c_{1u}) \tag{10-8}$$

式（10-8）就是离心式风机的基本方程式，又称欧拉（Euler）方程式。从基本方程式可以看出：

a. 表明了流体从叶轮中所获得的压力，仅与流体在叶片进口及出口处的运动速度有关，与流体在流道中的流动过程无关。由于 $c_{1u} = c_1\cos\alpha_1$，当 $\alpha_1 = 90°$，则 $c_{1u} = 0$，此时方程式可写为：

$$H_T = \frac{u_2 c_{2u}}{g} \tag{10-9}$$

为了获得正压力（$P_T > 0$），就必须使 $\alpha_2 < 90°$。α_2 愈小，风机的理论压力就愈大。

b. 基本方程式表明了理论压力 P_T 与 u_2 有关，而 $u_2 = \dfrac{n\pi D_2}{60}$。因此，增加转速 n 和加大叶轮直径 D_2，可以提高风机的理论压力 P_T。

c. 基本方程式表明了流体所获得的理论压力 P_T 与被输送的流体种类无关（与容重 γ 无关）。对于不同流体，只要叶片进、出口处流体的速度三角形相同，都可以得到相同的 P_T。但是，当输送不同容重的流体时，传质机所消耗的功率是不同的。容重愈大传质机所消耗的功率也就愈大。因此，当被输送的流体容重不同，而理论压力相同的情况下，原动机所须提供的功率消耗是完全不同的。

② 根据欧拉方程和气液二相流在旋转传质机叶轮中的流动分析，液相高的切向分速度有助于气相的压力提高，因此高速度雾化后的液滴在气相的后面，以分散相且高于气相的切向分速度推动气相沿切向前进，使之提高切向分速度，即搭桥效应，从而提高气相的压力，使能量得到充分利用。

③ 根据欧拉方程得知，流体密度大，能耗就大。由于液相密度大，所以传质机能耗较气相大。但由以上分析得知，液相雾化后能提高气相的切向速度，从而使能量得以回收。根据传质介质不同或液气比不同，所消耗的能量也不尽相同。由于气相在机壳中的运动速度较慢，所以要多次受到分散状的液相沿前进方向的冲击，使之能多次提速，有效利用能量。

10.4　离心式强力传质洗气机的试验测试分析

型号规格：No.6 传质洗气机；

试验电机型号及功率：Y160M_2-2-15kW；

试验装置：进、出气管道均有；

进气风管直径 $D_1 = 600mm$ 进气风管喇叭口直径 $D_2 = 700mm$；

出气风管直径 $D_3 = 600mm$；

进气风管长度 $L_1 = (5040 + 100)$ mm；

出气风管长度 $L_2 = 5040mm$；

进出管道测试孔处截面积 $A_1 = 0.2826m^2$；

管道出风口面积 $A_2 = 0.2826m^2$；

标准叶轮直径：600mm；

进风口：0.8D；

叶片标准高度：165mm；

叶片实际高度：50mm；

转速：2900r/min　2500r/min　2000r/min　1500r/min　1000r/min；

入口浓度：滑石粉 325 目，2000mg/m^3；

测试日期：2004 年 7 月 3 日；

传质洗气机进气风管外形图如图 10-11 所示。

图 10-11
进气风管

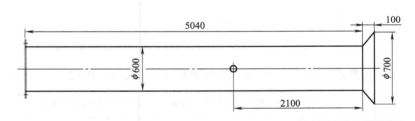

传质洗气机出气风管外形图如图 10-12 所示。

图 10-12
出气风管

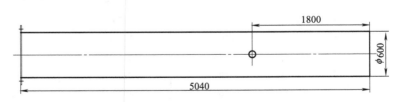

测试方法：将滑石粉放在事先准备好的放于进风端的储灰斗中，启动传质开关后，用气泵向储灰斗中吹气，使滑石粉均匀地被吸入传质洗气机中。传质洗气机用变频器控制，设置了 5 个转速（2900r/min、2500r/min、2000r/min、1500r/min、1000r/min）。

试验装置示意图如图 10-13 所示。

图 10-13
试验装置

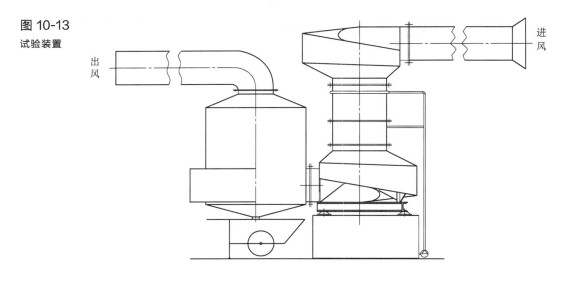

出风

进风

测试记录见表 10-1。

表 10-1　电控记录表

序号	转速/(r/min)	频率/Hz	输入电压/V	输入电流/A	输出电压/V	输出电流/A
1	2900	50	394	25.3	351	30.1
2	2500	43	400	17.1	296	22.3
3	2000	34.3	403	9.9	233	15.9
4	1500	25.7	403	5.0	173	10.4
5	1000	17.1	403	2.1	117	7.2

传质洗气机（2500 转）出口浓度为 $24mg/m^3$ 的分散度效率表见表 10-2。

表 10-2　传质洗气机（2500 转）出口浓度为 $24mg/m^3$ 的分散度效率表

序号	粒径 $d/\mu m$	原始	2500 转	效率 $\eta/\%$
1	1.729	424.96	39.02	90.82
2	1.981	686.27	67	90.24
3	2.269	1079.56	113.5	89.49
4	2.599	1541.47	163.63	89.38
5	2.976	2143.27	219.36	89.77
6	3.409	2932.48	279.58	90.47
7	3.905	3940.77	324.62	91.76
8	4.472	5197.18	334.97	93.55
9	5.122	6791.43	316.49	95.34
10	5.867	8491.27	223.94	97.36
11	6.720	10433.94	137.98	98.68

序号	粒径 $d/\mu m$	原始	2500 转	效率 $\eta/\%$
12	7.697	12455.8	72.55	99.42
13	8.816	16496.88	49.51	99.7
14	10.097	17652.98	13.13	99.93
15	11.565	18584.72	3.5	99.98

其分散度效率曲线图如图 10-14 所示。

图 10-14

分散度效率曲线（一）

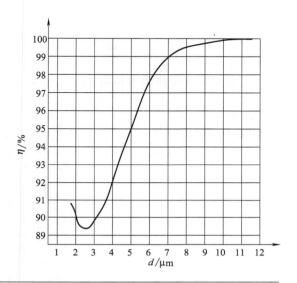

传质洗气机（2000 转）出口浓度为 77mg/m³ 的分散度效率表见表 10-3。

表 10-3　传质洗气机（2000 转）出口浓度为 77mg/m³ 的分散度效率表

序号	粒径 $d/\mu m$	原始	2000 转	效率 $\eta/\%$
1	1.729	407.59	51.74	87.31
2	1.981	658.22	83.47	87.32
3	2.269	1035.42	131.21	87.33
4	2.599	1478.45	178.56	87.92
5	2.976	2055.66	234.54	88.59
6	3.409	2812.61	302.76	89.24
7	3.905	3779.68	380.38	89.94
8	4.472	4984.72	464.08	90.69
9	5.122	6513.81	555.63	91.47
10	5.867	8144.16	616.62	92.43
11	6.720	10007.41	659.66	93.41
12	7.697	11946.62	671.59	94.38
13	8.816	15822.5	793.33	94.99
14	10.097	16931.34	662.66	96.09

序号	粒径 $d/\mu m$	原始	2000 转	效率 $\eta/\%$
15	11.565	17825	541.62	96.96
16	13.246	18166.76	408.56	97.75
17	15.172	18470.55	310.85	98.32
18	17.377	18445.24	227.46	98.77
19	19.904	18138.91	160.55	99.11
20	22.797	16490.84	102.1	99.38
21	26.111	14716.19	61.99	99.58
22	29.907	12040.29	32.57	99.73
23	34.255	9058.06	14.17	99.84

其分散度效率曲线图如图 10-15 所示。

图 10-15

分散度效率曲线（二）

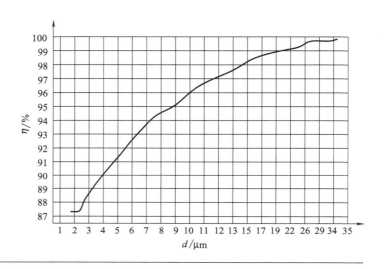

通过试验和实践应用证明此技术具备两大功能，一是动力功能，即能根据系统所需所有空气动力参数提供相应性能参数，二是根据传质对象或介质的不同进行设计完成相应的传质任务。所以在传质系统中则不需另配动力风机，也不需另配传质设备。

10.5　离心式强力传质洗气机的应用

（1）制冷降温

某厂配电室降温。工厂配电室是工厂的中枢系统，保障配电设备的正常运行是一项重要的工作内容，带钢厂配电室工作状态存在着室温过高的现象，通风降温又存在着空气含尘量较高的现象，容易污染室内电器。治理方案如下，选用 1 套强力传质洗气机，净化介质为自来水或循环水，使水源保证地下水的温度，在水与空气从混合到分离的过程中，两者之间通过热交换使温度相等，即水吸收热量温度升高，空气放出热量温度降低，同时又净化了自然空气中的尘，使送入配电室的气体温度既低又干净，保证了配电设备的正常运行。降温装置如图 10-16 所示。

图 10-16

降温装置图

1—集风器（带网）；2—净化风机 5♯；
3—减振器；4—风机支座；5—水泵；
6—自动补水；7—沉淀水箱；8—脱水器；
9—出风三通；10—出风变口弯头

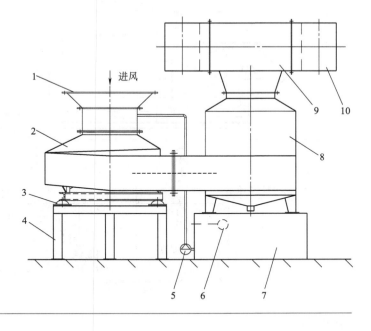

（2）锅炉烟气脱硫除尘

我国是以矿石燃料煤为主要燃料的国家，在人们的生产生活中离不开的热能设备——锅炉，正是应用此种燃料，然而煤在燃烧时会产生大量的烟尘、二氧化硫及氮氧化物，这些是空气污染的主体。目前治理污染的设备，均存在着体积大、能耗大、造价高、效率低等问题，而洗气机在锅炉上的应用则解决了这些问题，除此之外，洗气机的应用还取代了与锅炉配套的引风机，做到了集风机、脱硫、除尘、脱氮多功能一身的要求，如果选用灰水分离器及污泥分离机，则还省去了沉淀池。经过十余年的使用证明，洗气机在这一领域里的应用可以做到低耗、高效，即在目前锅炉的标准配置下可达到和满足北京市的地方标准，脱硫除尘分别在 99% 以上，其他各项经济技术指标均优于其他类型的净化设备。工艺流程示意图如图 10-17 所示。

（3）用于吸收化学物质"肼"

强力传质洗气机可用于飞机发动机生产试运行尾气治理。肼为无色油状液体，有类似于氨的刺激气味，是一种强极性化合物，能很好地混溶于水、醇等极性溶剂中，与卤素、过氧化氢等强氧化剂作用能自燃，长期暴露在空气中或短时间受高温作用会爆炸分解，具有强烈的吸水性，贮存时用氮气保护并密封。有强还原性，能腐蚀玻璃、橡胶、皮革、软木等。有碱性，能与无机酸形成盐。在空气中能吸收水分和二氧化碳气体，并会发烟。肼和水能按任意比例互相混溶，形成稳定的水合肼 $N_2H_4 \cdot H_2O$ 和含水 31% 的恒沸物，沸点 121℃。

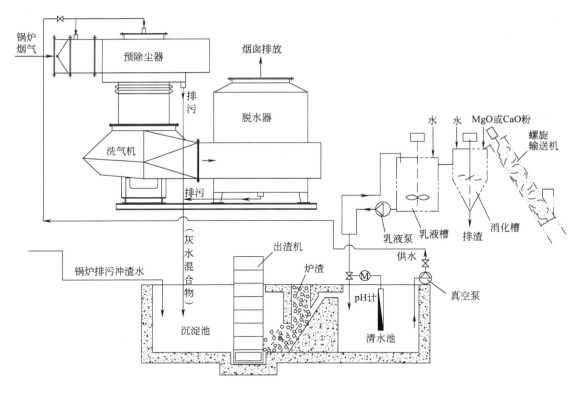

图 10-17

工艺流程示意图

发动机尾气经强力传质洗气机设备降温、净化，用洗涤液循环吸收，净化后气体经脱水器脱水后排入大气，洗涤液流回循环水箱。洗涤液可循环使用，需要加入药液，还需根据实际运行情况定时彻底更换。设备实物图如图 10-18 所示。

图 10-18

设备实物图

Technology and application

of powerful mass transfer scrubber

第 11 章

旋流式强力传质
洗气机技术及应用

旋流式洗气机,它主要用于工业及餐饮业的油烟净化、矿业的物料转运、筛分等工艺过程(粉尘性质是机械性粉尘),还可用于高温及特殊场合的预处理,也可以单独用于通风领域起到通风机的作用。本章节详细介绍旋流式洗气机的结构、原理,并用 Fluent 软件中的 DPM 离散型模型详细分析洗气机在工作时内部流场的变化以及列举旋流式洗气机在各领域的应用实例。

11.1 旋流式强力传质洗气机的结构和工作原理

旋流式强力传质洗气机是由主机、供水系统、电控系统等部分组成,示意图见图 11-1。该湿式除尘风机以一种洗涤液作为净尘介质,叶轮高速旋转形成叶片,通过叶轮高速旋转形成超强动力将洗涤液充分雾化成微小雾滴,叶片与气流之间的高速相对运动使空气与洗涤液雾滴以最大接触面积和最大冲击速度剧烈地碰撞凝聚,在混合过程中发生一系列复杂的物理作用,使空气中的有害粒子与雾滴充分结合来达到净化目的。在洗涤液完成净化作用后,其与空气的混合体进入脱水器或气液分离器,通过脱水分离作用,净化后的气体可直接排入大气,也可作为循环风使用,做到零排放。分离后的洗涤液流回沉淀池,经沉淀或过滤后重新循环利用,污泥浆可从排污管道排出。

图 11-1
旋流式强力传质洗气机
1—除尘器主体;2—叶轮;3—电机;4—脱水器;5—螺栓;6—螺母;7—螺栓;8—轴端压盖;9—布水器;10—回水管

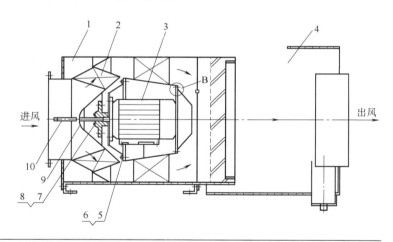

11.2 旋流式强力传质洗气机内部流场分析

选取 Fluent 软件中 DPM 离散相模型来对气-固两相流,气-液两相流和气-液-固三相流进行数值分析。可以直观看出洗气机内部流场微观运动方式的同时,求解洗气机对不同粒径颗粒的吸收和捕集效率，从而分析旋流式强力传质洗气机的净化性能。

（1）离散相模型（DPM）

DPM模型是采用欧拉-拉格朗日法的颗粒轨道模型，可以模拟各相之间强烈的耦合作用，各相以同一速度或有速度差的运动的多相流。DPM模型在研究颗粒相运动的前提就是要知道它所处在的连续相的流场信息，在知道流场信息的前提下，通过计算连续相流体对颗粒所施加的力来得到颗粒的加速度，结合颗粒相的初始速度来计算得到下一时间步时颗粒的位置。

① 离散相模型基本方程。离散相模型在欧拉坐标系下处理连续相，在拉格朗日坐标系下计算处理颗粒相中的颗粒运动，其在拉格朗日坐标系下的运动方程为：

$$\frac{\mathrm{d}u_p}{\mathrm{d}t} = F_D(u - u_p) + g_x(\rho_p - \rho)/\rho_p + F_x \tag{11-1}$$

式中　u——连续相的速度，m/s；

　　　u_p——颗粒离散相的速度，m/s；

　　　ρ_p——颗粒相的密度，kg/m^3；

　　　ρ——连续相流体的密度，kg/m^3；

　　　F_D——颗粒的单位质量曳力；

　　　F_x——颗粒所受到其他各种力之和。

② 轨道方程的积分。对上式的颗粒运动方程进行积分就可以得出在颗粒轨道上每一位置的颗粒速度，沿着各个坐标方向进行求解方程后即可得出颗粒运动轨迹。

$$\frac{\mathrm{d}x}{\mathrm{d}t} = u_p \tag{11-2}$$

由上所述DPM模型的研究就从以下几个方面展开的：

a. 设置颗粒流的初始条件；

b. 建立颗粒运动方向；

c. 离散相颗粒与连续相之间的动量交换和质量交换；

d. 设置颗粒运动的边界条件；

e. 对颗粒方程进行运算，得出颗粒轨迹图。

采用DPM模型计算两相流问题时，颗粒的轨迹是需要考察的重要因素，颗粒与表面发生碰撞之后，其轨迹会发生一定的改变，从表面反弹到流场。对边界条件进行设定即主要是设定颗粒与壁面的碰撞类型：trap，escape及reflect。由于颗粒与材料表面发生碰撞前的运动状态不同，其反弹回流场的初始状态也会出现一定的差别。将颗粒碰撞前后的速度比定义为反弹系数，反弹系数确定了颗粒与壁面发生碰撞前后动量和能量的变化，同时确定了颗粒反弹回流场的初始轨道，反射的物理意义可以表示为颗粒碰撞壁面后其动量的恢复率，示意图见图11-2。

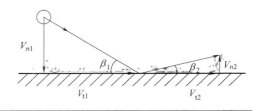

图 11-2
颗粒反弹的模型示意图

在经过对洗气机具体工作原理进行详细分析后知道，若单独考虑气-固反射两相流时，不考虑粉尘颗粒运动过程中的颗粒之间的能量交换，粉尘颗粒与壁面碰撞后反弹时颗粒的动量可以说是基本不发生变化的，故颗粒碰撞到壁面后垂直方向与切线方向上的反射系数都设定为 1。对气-液两相流研究时，在壁面上存在液膜是不能忽视的。但是对于叶轮叶片壁面上存在的液膜，气流的正压力以及叶轮旋转会使液膜发生破裂形成液滴，而且大粒径液滴会在此处发生二次破裂形成小液滴。小液滴相遇碰撞极易融合形成大液滴。液滴切向碰撞到光滑壁面会滑动，动量会适当减少。故对气-液两相流分析时分别针对垂直与切线方向上的反射系数进行了两种条件测试。

（2）气-固两相流分析

对于除尘洗气机来言，其内部的粉尘颗粒是在气相流中是稀疏分布的，选用 DPM 模型来对洗气机的内流场进行数值计算，并跟踪分析内流场中粉尘颗粒的分布及其运动轨迹。

由于采用 DPM 模型要先对气相进行模拟运算，在其收敛后加入颗粒，并对粉尘颗粒分布进行跟踪，可以为下一步对矿用除尘洗气机三相流模拟分析做准备。根据湿式除尘实际工作过程做出如下假设：

① 洗气机的内流场在流动过程中，不考虑相与相之间的热量传递；

② 粉尘颗粒和水雾颗粒均视为球形。

对于气-固两相流的边界条件做如下设定：

① 粉尘颗粒采用面喷射进入洗气机内流场，进口面设置为喷射表面；

② 喷射物料为 coal-hv，密度为 $1500kg/m^3$，粉尘颗粒的粒径为 $5\mu m$；

③ 固体颗粒的速度设置为 13m/s，质量流量经过计算为 $2kg/m^3$；

④ 洗气机的两个出口设置成 escape 边界条件；

⑤ 对于洗气机其余壁面全部设置成 reflect 表面。

经过数值计算后，粉尘颗粒在叶轮区域的粉尘颗粒分布浓度含量如图 11-3 所示，并从图明显看出，采用壁面后垂直方向与切线方向上的反射系数都为 1 的条件，其结果与实际情况比较符合。

在上图发现，粉尘颗粒的浓度分布于叶片压力的分布具有相似性，叶片吸力面浓度分布较少，主要分布在中后部，浓度最大值出现在叶片的压力面。这是由于对粉尘颗粒浓度分布研究采用的粉尘粒径为 $5\mu m$，其对气流的跟随性特别好，故其浓度分布应与其压力分布类似。

图 11-3

除尘洗气机叶轮区域颗粒浓度分布图

(a)叶轮动区域　　　　(b)叶片压力面

粉尘颗粒在除尘洗气机中运动轨迹如图 11-4 所示：未加喷淋前除尘洗气机内部的粉尘固体颗粒运动轨迹图，色彩表示粉尘固体颗粒在该处的停留时间。

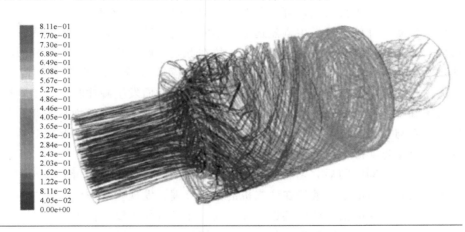

图 11-4

未加喷淋前煤粉颗粒在除尘洗气机中轨迹图

从图 11-4 未加喷淋前的粉尘颗粒轨迹图中，可以看出粉尘固体颗粒在进口部分其轨迹没有发生变化，并在此处分布得很均匀。在进入叶轮后，轨迹发生剧烈变化，停留时间增长。粉尘固体颗粒进入叶轮部分，粉尘固体颗粒运动发生剧烈变化，一部分粒子撞击到叶轮壁面，在摩擦力的作用下，粉尘固体颗粒不会在壁面停留，运动发生变化后继续运动；另一部分粒子在受到气流动力的带动下改变运动方向继续运动，并由图可以看出粒子在此处停留时间较长，且此处粉尘固体颗粒的浓度较其他地方大。在经过固定导流片，颗粒运动再次发生变化，但在此处停留时间小于叶轮叶片处。

在经过电机部分到达出口这一部分，颗粒轨迹再次发生剧烈变化，停留时间延长许多，此处颗粒物的浓度也在不断增加。由于并没有对粉尘固体颗粒进行捕捉，所跟踪的粒子全部逃逸，并由出口排出。

（3）气-液两相流分析

本文根据除尘洗气机的实际工况，直接应用 Fluent 软件中内置的实心锥形喷嘴

（solid-cone）作为水雾颗粒的喷射源，将喷嘴依据洗气机实际工作状况设置在洗气机的喷淋区域处。虽然从实心锥形喷嘴喷射出来的水雾液滴的粒径大小不一，有研究表明其粒径分布规律还是比较服从 Rosin-rammer 分布，水雾液滴被喷射出来后，形成了离散相。

Rosin-tammer 认为从喷嘴中喷出的水雾液滴的粒径小于 d 的数量占总水雾液滴的总量的质量分数 R_d，应符合式（11-3）。

$$R_d = 1 - \exp\left[-\left(\frac{d}{\alpha}\right)^{\delta}\right] \tag{11-3}$$

式中　d——水雾液滴的算数平均粒径；

　　　α——水雾液滴的离散特性参数；

　　　δ——尺寸分布指数，数值越大表明水雾液滴的分布越均匀。

对于喷嘴喷射运动，一般 R_d 的取值为：

$$R_d = 1 - e^{-1} = 0.6321 \tag{11-4}$$

经过上面两个公式的计算后得出水雾液滴的算术平均直径为 $100\mu m$。由于从喷嘴喷出的水液滴在叶轮区域发生剧烈运动，不断发生大液滴破裂形成小液滴，小液滴碰撞融合形成大液滴现象。这个过程比较复杂，故在此处采取简化处理，将水雾液滴的粒径全部当作 $100\mu m$ 进行模拟计算，并采用除尘洗气机的实际工作工况的喷淋流量 $0.83 m^3/s$。

由于水雾液滴在除尘洗气机内运动时，其与壁面发生碰撞时与粉尘颗粒发生碰撞时的反射率并不相同。故在此处拟分别选取垂直与切线方向上的壁面放射率分别为 0.1 与 0.9 以及垂直与切线方向上的壁面放射率分别为 0.5 与 0.5 这两种情况来对其进行分析，并选取其中最接近实际情况的一种参数用于后面的数值模拟。

在计算相同时间后，两种情况的数值计算结果见图 11-5、图 11-6，经过比较上面两种不同反弹系数的水雾液滴在洗气机的分布范围，发现垂直与切线方向上的壁面放射率分别为 0.1 与 0.9 的情况比较接近实际工况。而垂直与切线方向上的壁面放射率分别为 0.5 与 0.5 太过于集中在叶轮出口与洗气机的箱体之间，在叶轮之间分布有点过于集中。

图 11-5
垂直与切线方向上的壁面放射率分别为 0.1 与 0.9 时的液相分布

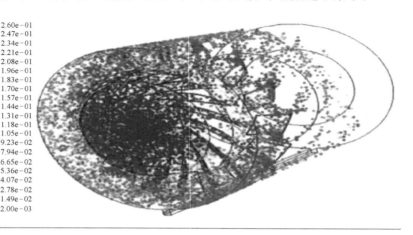

图 11-6
垂直与切线方向上的
壁面放射率都为 0.5
时的液相分布

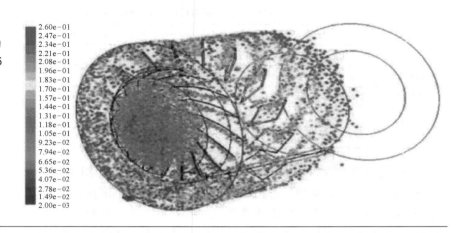

当壁面放射率分别为 0.1 与 0.9 时，除尘洗气机内流场在不同时刻洗气机内部的液相分布图见图 11-7，并结合图 11-5 可以得出，在 $t=0.26$ 之后洗气机内的水雾液滴的分布不会再发生变化。在依次截取除尘洗气机的 $Z=-0.675$、$Z=-0.645$、$Z=-0.615$、$Z=-0.585$、$Z=-0.55$、$Z=-0.52$、$Z=-0.4$、$Z=-0.3$、$Z=-0.2$、$Z=-0.1$、$Z=0$、$Z=0.1$、$Z=0.2$、$Z=0.3$、$Z=0.4$ 及 $Z=0.5$ 截面查看其 DPM Concentration，结果见表 11-1。

图 11-7
不同时刻除尘洗气机
内水雾颗粒分布图

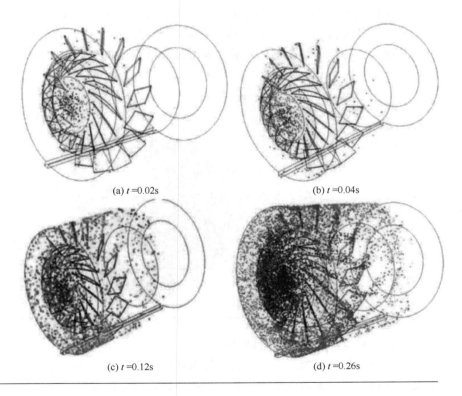

(a) $t=0.02$s (b) $t=0.04$s

(c) $t=0.12$s (d) $t=0.26$s

表 11-1　各 Z 截面的 DPM Concentration 值

Z 截面	Z=−0.675	Z=−0.645	Z=−0.615	Z=−0.585	Z=−0.55	Z=−0.52	Z=−0.4	Z=−0.3
DPM	0	400	250	198	165	208	162	199
Concentration	kg/m³	kg/m³	kg/m³	kg/m³	kg/m³	kg/m³	kg/m	kg/m
Z 截面	Z=−0.2	Z=−0.1	Z=0	Z=0.1	Z=0.2	Z=0.3	Z=0.4	Z=0.5
DPM	321	315	250	280	320	0	0	0
Concentration	kg/m³	kg/m³	kg/m³	kg/m³	kg/m³	kg/m³	kg/m	kg/m

采用该设定参数后，水雾液滴在洗气机的运动轨迹如图 11-8 所示。水雾液滴经布水盘上方的喷嘴喷出，受到离心力的作用后呈圆环状向布水盘边缘移动，越向边缘运动水雾液滴所受的离心力越大，使水雾液滴呈辐射状沿布水盘切向方向向叶片漂移，此时水雾液滴移动方向与粉尘颗粒运动方向呈垂直状，这是水雾液滴的布水过程；水雾液滴离开布水盘后，在进入叶片流道过程中，被雾化的水雾液滴沿叶轮叶片的切线方向运动，在叶轮旋转区域，水雾液滴与含尘空气混合完成尘浴过程，在此处，雾化粒径较小的水雾液滴与剩余的粉尘固体颗粒空气混合物同时进入叶轮叶片的空间或流道，此时处于负压的流体开始向正压转变；混合体进入叶片后混合体呈正压状态。在高速旋转叶片的作用下，混合体一方面是沿叶轮转动方向水平运动，另一方面是向垂直于叶轮转动方向运动。此时在叶片内表面附着一层由水雾液滴组成的液膜，液膜在受离心力的同时受到混合气体正压力的作用，由于作用力较大使液膜沿叶轮叶片内表面移动时阻力很大，所以速度很低，同时由于受高速混合体冲击和压力影响，液膜便被破坏并二次雾化，雾化后液体再次与混合体混合，从而大大加强了粉尘固体颗粒与水雾液滴接触的机会，因此水雾液滴获得了极高的捕集率。

图 11-8
水雾颗粒在除尘洗气机内的轨迹图

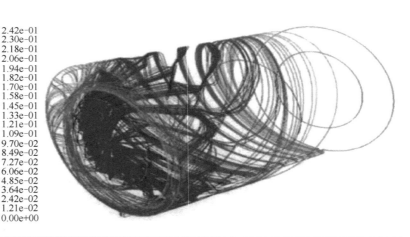

（4）三相流模型边界条件的选择

水雾液滴从喷头喷射出来后会以辐射状向周围运动，当运动到叶轮区域后，液滴一方面润湿叶轮叶片壁面形成水膜，另一方面液滴在叶轮区域获得能量后再次雾化形成更小液滴，液滴在运动中若碰到叶轮区域、导流片等壁面会被水膜吸附使其厚度加大。但是对于叶轮区域的水膜会因为该区域的不断旋转使水膜撕裂形成较大液滴，即该区域的水膜和液滴是处于一个不断运动交换的平衡中。对于壁面上水膜能捕捉水雾液滴和粉尘固体颗粒，因此在加入水雾液滴后，将壁面边界条件除进出口外的全部壁面改成 trap 边界，此时粉尘颗粒和水雾颗粒遇到壁面时均会被捕捉。

（5）三相流结果分析

经过模拟计算后除尘洗气机的叶轮叶片压力云图、速度矢量图及截面 $Z=-0.625$ 处的速度矢量图以及排污口速度矢量放大图分别见图 11-9～图 11-11。

由图 11-9 的压力云图看出，压力变化范围为 $-5580\sim3030$Pa 之间，其总体变化趋势与气相流类似，但是其负压要远远低于气相流的负压值，高压比原来升高将近 1000Pa，这是由于在添加了液相及粉尘颗粒相后，叶轮需要更大的负压来将这两个密度远大于空气的流体相引进叶轮流道中。

图 11-9

除尘洗气机叶轮叶片的静压图

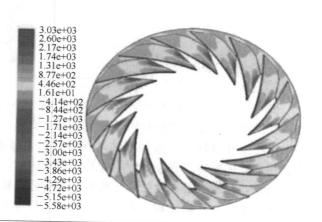

从图 11-10 的叶轮叶片的速度矢量图中可看出，其总体速度要大于气相流的速度，但是变化趋势还是与气相流的变化趋势类似的，都是进口速度较小，且最大值出现在叶片中部，出口处速度稍稍降低。

图 11-10

除尘洗气机叶轮叶片的速度矢量图

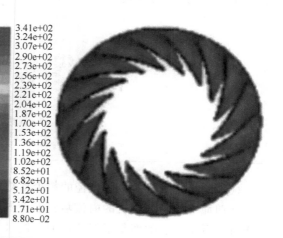

从图 11-11 中 $Z=-0.625m$ 截面的速度矢量图中可看出，涡流依旧在叶片出口处存在，在排污口处会发生速度变化。从排污口处的速度矢量放大图中可看出，其运动方向与气流一样都是在箱体中做逆时针运动，到达排污口后，质量较大的粉尘与水雾液滴的混合体以及水雾液滴在排污口的泄压作用下排出洗气机箱体。

图 11-11

除尘洗气机 $Z=-0.625m$ 截面处的速度矢量图

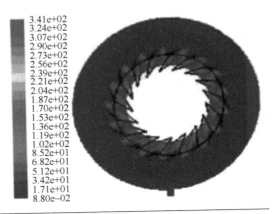

图 11-12 为加入喷淋后除尘洗气机内部的粉尘固体颗粒轨迹图，从图中可以看出，在加入喷淋之后粉尘固体颗粒轨迹发生明显的变化，轨迹线相较未喷淋前变得光滑规律，这是因为粉尘固体颗粒在接触喷淋水雾液滴后，被水雾液滴所吸附，质量变大，惯性力增大。粉尘固体颗粒首先经过叶轮叶片旋转动区域，在此处粉尘固体颗粒与水雾液滴在此处剧烈运动，碰撞融合在此处非常明显，大部分直接撞击到叶片被覆盖的水膜捕捉，绝大部分的含尘空气在叶轮区域完成净化，剩余的粉尘固体颗粒、粉尘固体颗粒和水雾颗粒的融合体及水雾颗粒会继续向前运动，到达叶片附近再次被捕捉，最后只有极少量的粉尘固体颗粒从排风口逃逸出去，除尘效果还是很明显的。

图 11-12

加入喷淋后除尘洗气机内煤粉颗粒轨迹图

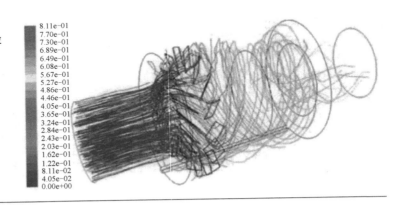

（6）除尘洗气机对不同粒径的粉尘颗粒捕集效率

在前面对除尘洗气机的内流场进行分析研究时选取的粉尘颗粒的粒径为 $5\mu m$，经过分析可以看出除尘效率是很好的，但是这只是直观地从云图看出，没有具体的数据进行比较分析。而除尘器实际工作时，其净化的粉尘粒径是大小不一的，除尘器对不同粒径的粉尘颗粒的捕捉效率是不同的。因此分别对粒径为 $1\mu m$、$2\mu m$、$5\mu m$、$8\mu m$、$10\mu m$、$12\mu m$、$15\mu m$、$18\mu m$、$20\mu m$ 及 $25\mu m$ 的粉尘颗粒进行研究分析。

采取前面对三相流模拟的相同步骤，分别将粉尘粒径设置成上面各个数据，并在排风口设置样本统计来计算出除尘效率。经过计算后结果如表 11-2 所示。

表 11-2　除尘洗气机对于不同粒径粉尘颗粒的净化效率

粉尘粒径/μm	1	2	5	8	10
净化效率/%	83.58	85.13	87.18	93.85	95.89
粉尘粒径/μm	12	15	18	20	25
净化效率/%	98.46	99.48	100	100	100

通过分析表 11-2 及图 11-13 的结果，得出该除尘洗气机对粒径大于 $8\mu m$ 的净化效率还是很高的。尤其当粉尘粒径大于 $10\mu m$ 时，其在洗气机内都能净化掉，足见其除尘性能是非常优秀的。

图 11-13
除尘洗气机对于不同粒径粉尘颗粒
的净化效率

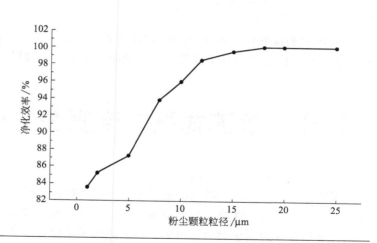

11.3　旋流式强力传质洗气机净化效率的影响因素

强力传质洗气机的吸气流量主要受阻力和叶轮性能的影响；捕尘能力是指被水雾捕集的灰尘量，它与叶轮破碎液滴的粒径和速度有关，水雾技术是矿山最常用的通过碰撞、拦截和润湿作用捕获逸出粉尘的技术措施。气液比定义为负压除尘装置吸入的粉尘空气量与消耗的水量之比，应最大程度提高。

① 雾粒大小及分散性。水雾粒的直径是影响喷雾降尘效果的重要因素，一般来说，雾粒直径越小其降尘率越高。但是雾粒的粒径液不能太小，因为雾粒太小容易气化从而失

去作用，尤其对于呼吸性粉尘的捕捉效果率会很低。当雾粒的直径太大时，因为雾滴的分散性降低而使得雾粒的数量减少，降低了雾粒与尘粒碰撞的概率。通常雾粒在 $30\sim50\mu m$ 时降尘效果最好，但是现阶段喷雾降尘技术很难将水雾粒直径减小到 $50\mu m$ 以下。实验表明，水的压力越高，雾滴的分散性就越高，行业标准 MT/T 240—1997《煤矿降尘用喷咀通用技术条件》规定，高压喷雾降尘时水雾粒表面积平均粒径必须在 $100\mu m$ 以下。实验表明，当雾粒的粒径与粉尘颗粒的粒径相接近时，捕尘效果相对较好。雾粒的运动速度越高，与尘粒的相对速度就越高，二者碰撞时的动量就越大，产生的冲击能力更有利于克服水的表面张力，更有利于湿润尘粒并将其捕获，提高捕尘效率。但是随着水滴与尘粒相对速度的增加，二者的接触时间也会相应地缩短，降低了尘粒与雾粒相撞的概率，捕尘效率会因此而下降。一般来说，当雾粒运动速度大于 $20\sim30m/s$ 时，能够取得较高的捕尘效率。

② 水量。降尘时，捕尘效率会随着水量的增加而提高。但是由于低耗水量，高降尘率是煤矿井下对喷雾的总体要求，因此降尘时不能单纯考虑增加水雾量来提高捕尘效率，而应该通过提高水压或水质来提高降尘率。

③ 水质。降尘用水的水质不佳时，使得水的黏性变大，雾粒中液滴的粒度会加大，捕尘效率也会随之降低。

④ 粉尘的湿润性。若粉尘的湿润性较差时，则尘粒与液滴碰撞后会产生反弹，不易被捕获。同时由于气体分子被粉尘表面吸附，形成一层薄膜，也会使尘粒湿润变得困难。

11.4 旋流式强力传质洗气机的应用

(1) 在煤矿行业中的应用

煤矿洗煤厂洗选车间煤炭洗选整个过程包括粗选、筛分、破碎、精选等，当皮带机落料时，物料向下由于落差气流反冲激起大量粉尘；振动筛工作时，物料在振动筛中振动，于是大量粉尘从振动筛中扩散出来。诸如此类工艺过程由于机械作用产生大量的粉尘，对工作环境造成严重污染，对工人的人身健康构成很大的影响，同时由于煤炭粉尘的可爆性，对环境安全也构成极大的威胁。

通过实践证明，强力传质洗气机对于洗煤厂污染源的适应性及运行的稳定性，具有很强的优越性。集空气动力、收集净化粉尘、气液混合与分离于一体，可彻底消灭烟雾现象，使工作环境卫生明显好转，达到工业级运行标准，并且煤尘收集后可定期清理（回收），不会造成二次污染。在矿业的应用范围为：采掘、筛分、转运、落料、破碎、搅拌（如图 11-14 所示）。

(2) 在餐饮油烟净化中的应用

中国的餐饮业是一个非常宽大的领域，由于中餐的特点，在烹饪过程中产生的油烟是污染城市空气的主要者。洗气机在此领域得到广泛的应用，目前油烟的净化效率可以达到 95% 以上，这对于控制城市污染及对 PM2.5 的控制起到了重要的作用。

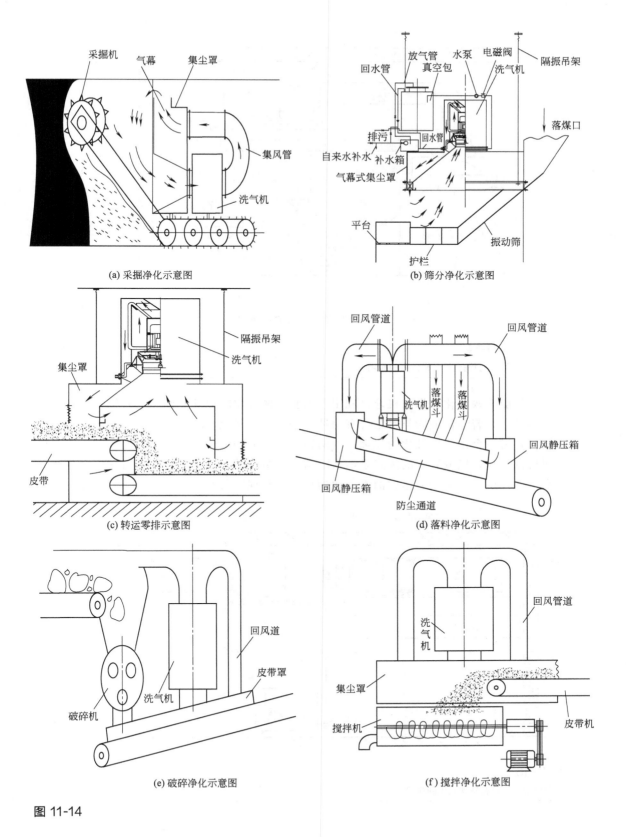

（a）采掘净化示意图

（b）筛分净化示意图

（c）转运零排示意图

（d）落料净化示意图

（e）破碎净化示意图

（f）搅拌净化示意图

图 11-14

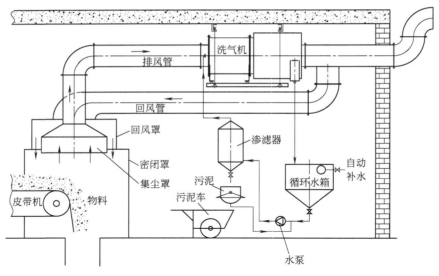

(g) 矿用零排系统方案示意图

图 11-14
强力传质洗气机在矿业中的应用

　　洗气机能高效净化油烟的机理是利用了油脂机械乳化的原理，油脂为有机物，它的特性是不溶于水，若想让油脂与水结合有两种方法，一个是化学乳化即利用乳化剂达到水与油脂结合，另一个是机械乳化的原理，即两种互不相溶的液体，经过高速的机械运动而结合就叫机械乳化，机械乳化的优点是油水的结合是暂时的，经十几分钟以后它们会自动分离，水可循环使用，完全能达到油烟净化的目的。常规安装示意图如图 11-15 所示。

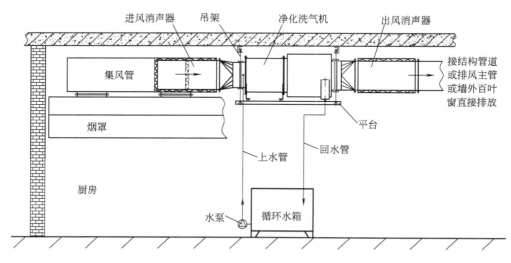

图 11-15
强力传质洗气机在餐饮业中的应用

Technology and application
of powerful mass transfer scrubber

第 12 章

强力传质洗气机的配套设备

强力传质洗气机的主体部分为洗气机，要想达到预期的传质或净化效果，必须配套一系列设备使用，换句话说，强力传质洗气机技术是一系列不同功能的设备协同作用下的体现。本章详细介绍强力传质洗气机的几种配套设备。

12.1　脱水器

脱水器是洗气机一个重要组成部分，它承担着污染物由空气转入洗涤液后，使洗涤液与空气最大限度地分离，分离的效果直接影响洗气机的性能。

图 12-1
脱水器

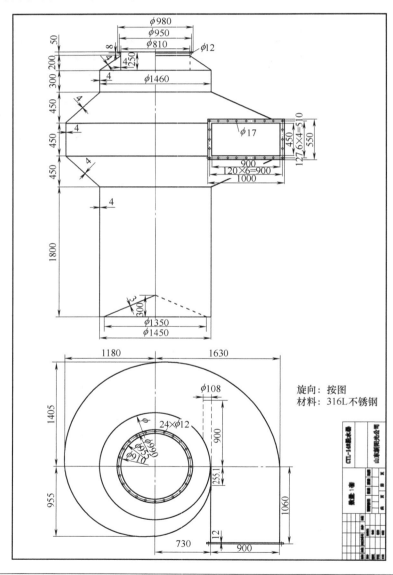

根据液相在气中相运动规律及特性，采用离心分离方式进行气液分离。

① 筒体直径的确定，以筒体截面为准，风量上升的速度不大于 4m/s。

② 筒体的高度为进风口立面的高度的 4 倍。

③ 进风口与洗气机出口相连接，风速设定 30m/s 左右，长宽比可定为 3∶2。

④ 进口沿筒体外径切向逐步进入，经四分之三圆周后与筒体相连。

⑤ 排污口在筒体下部，进风气流旋转方向切向开口，大小可据流量而定。

⑥ 排风口在筒体中心部，排出风速可确定为 15～18m/s，经变径与筒体相连，中心管可向下延长 100mm 左右。

脱水器的结构图如图 12-1 所示。

12.2　刘氏渗滤器

刘氏渗滤器是将水中的粉尘与水进行分离的一种过滤设备，可单独用于污水处理，是强力传质洗气机一个不可或缺的配套设备之一，它的作用是将空气中的粉尘转移到水中，然后使粉尘从水中再次分离，以保证强力传质洗气机连续工作，同时使洗涤液循环使用，从而保证了强力传质洗气机系统的完整性和运行稳定性。可广泛用于矿业、冶金、建材、医药、石油、化工等各种领域。

（1）过滤和渗滤

过滤是固液分离的组成部分，它利用过滤介质截留液体中的固体颗粒，是固体和液体分离的单元操作，可分为澄清过滤和滤饼过滤两大类，在此我们仅对滤饼过滤进行分析讨论。

滤饼过滤是借助过滤介质表面上形成的滤饼层来截留悬浮粒子且悬浮液的质量分数应在 1% 以上，因而滤饼过滤主要应用于悬浮粒子浓度较高的悬浮液过滤，滤饼过滤能截留大于 1μm 的悬浮粒子，由此可知当悬浮液的质量分数 1% 以上，需截留住大于 1μm 的粒子时，应采用滤饼过滤而不是其他方法。

渗滤也属于滤饼过滤，由于过滤介质的表面积要大于普通的过滤介质的表面积，因此在阻力损、过滤精度等其他指标均远优于普通过滤技术，又由于其过滤速度在 0.005～0.002m/min 位置，因此称之为渗滤，渗滤主要是利用液相连续性的物理特征，以达到很好的过滤效果。

（2）刘氏渗滤器的结构和工作原理

刘氏渗滤器的结构和工作原理如图 12-2 所示。当污水进入分离器内以后，经过若干个涤纶滤袋，污泥被过滤在袋外，清水穿过滤袋后循环使用，由于滤袋特殊的制作，使其过滤比表面积很大，所以它的过滤速度很小，为 0.01～0.02m/min，由于比表面积大的阻力很小，设备体积也很小，因此很适于与洗气机配套使用，这样就与洗气机组成一个整体，从而也省去大面积沉淀池，简化了系统。

过滤机的进料口与渗滤器下部的排料口相接。物料进入过滤机的内腔，在液相的压力下，液体经过滤进入到外腔，并由排液管进入渗滤器排出管汇合为下游使用。积聚在滤料内表的固相物料在保持一定的滤饼饱和的情况下，多余部分被旋转的刮片刮下，在自然重力作用下到过滤机的下部积聚。固相物料被浓缩后，在液相的压力下，由腔内旋转体与下端板组成的排料口排出（图 12-2）。

图 12-2
刘氏渗滤器

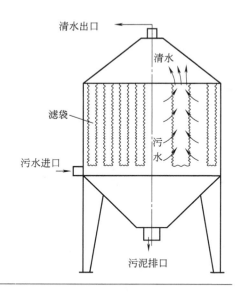

图 12-3
洗气机水系统

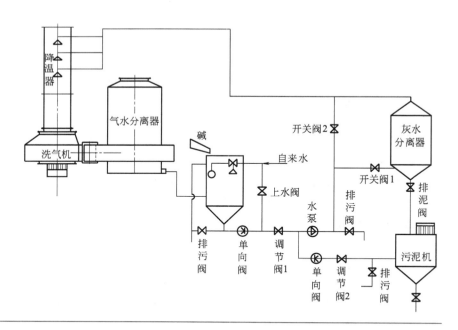

（3）渗滤器的反洗功能

此功能需配备清水泵。洗气机水系统如图 12-3 所示，当设备工作一段时间后将要停止时，可先将主要管线停止或关闭，使配套设备的清水泵及排泥泵缓停一定的时间，一般为 0.5～1h。如果工作周期短，工作时配套清水泵及排泥泵可在关闭状态，工作停止时启动清水泵和排泥泵进行排污。

12.3 变频技术及应用

　　风机是人们的生产、生活离不开的动力设备，但是它除了能耗大之外，还产生噪声污染，可以说通风机的噪声是风机中除风压、风量外的一个重要参数。随着城市的建设与发展，和谐安静的生活环境是人们生活中所必需的指标。为此，我们利用变频技术，开发出LAT径混式变频风机。

　　变频技术是 20 世纪 80 年代兴起的新技术，它是通过将工频变为人们所需的频率，从而得到合适的转速。随着此项技术的发展，它被广泛应用于各种领域。如在风机的应用中，不仅能够调节电动机的转速，还能使电动机具备软启动、过载、过热、缺相保护，故障判断等上百项功能，对设备的安全运行起到很好的保护作用。

　　由于变频技术的智能化发展，对于设备的运行可以做到按需求时间、按风量要求自动调整，使整个运行系统达到节能的目的。另外，基于软启动和低转矩节能的原理，用大直径叶轮配低转速，在大幅度节能的情况下，同样可以得到所需的风压、风量。并且由于大中型风机的结构特点、转速要求和力学特性，决定了它必须配有传动链，以获得不同的转速和解决电动机只能传递扭矩而不能承担弯矩的问题。变频技术的应用和 LAT 径混式风机的开发，实现了无级调速并取消了传动链，彻底解决了以上的问题，同时降低了造价，减少了占地面积，减少了因传动链而增加的维修量，更进一步减少了因传动链而造成的能耗。

　　(1) 风机节能原理

　　风机利用变频器实现调速节能运行，是变频器应用的一个最典型的领域，它比传送带、搅拌机等一类恒转矩负载的机械，有更广泛、更显著的节能效果。另外，由于变频器本身具有搜索最佳工作点的功能，所以在同样工况点下，不改变其他参数同样有节能作用。

　　一般情况下，需要通风的领域或场所在设计时都按上限考虑，所以在运行时想达到节能的目的都是通过削减输入功率或缩短其运行时间得以实现，而风门调节风量只是理论上可行，实际操作中非常困难。对于大型号通风机受电网容量的限制，有时不允许频繁地启动，若利用变频器实现调频软启动，以减小启动电流，则间歇运转也就可能了。由于变频器可操作性强，达到以上目的就变得轻而易举，并可实现自动化。风机是一种平方转矩负载，其转速 n 与流量 Q、风压 P 及风机的轴功率 N 的关系如下式所示：

$$Q_1 = Q_2 \left(\frac{n_1}{n_2} \right) \qquad P_1 = P_2 \left(\frac{n_1}{n_2} \right)^2 \qquad N_1 = N_2 \left(\frac{n_1}{n_2} \right)^3$$

　　上式表明，风机的流量与其转速成正比，风机的风压与其转速的平方成正比，风机的轴功率与其转速的立方成正比。当电动机驱动风机时，电动机的轴功率 $N(\mathrm{kW})$ 可按下式计算：

$$N = \frac{\rho Q P}{\eta_C \eta_F} \times 10^{-3}$$

式中　Q——流量；

P——风压；

ρ——空气密度；

η_{C}——传动装置效率；

η_{F}——风机的效率。

图 12-4

风机的流量 Q 与风压 P 的关系曲线

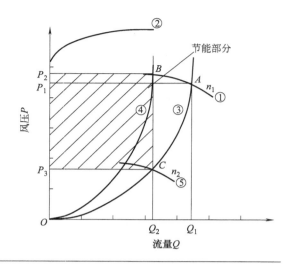

图 12-4 是风机的流量 Q 与风压 P 的关系曲线。图中，曲线①为风机在转速 n_1 下风压-流量（$P\text{-}Q$）的特性；曲线⑤为风机在转速 n_2 下风压-流量（$P\text{-}Q$）的特性；曲线②为风机在转速 n_1 下功率-流量（$N\text{-}Q$）的特性；曲线③、④为管阻特性。假设风机在标准工作点 A 点效率最高，输出流量 Q 为 100％，此时轴功率 N_1 与 Q_1、P_1 的乘积面积 AP_1OQ_1 成正比。根据生产工艺要求，当流量需从 Q_1 减小到 Q_2 时，如果采用调节阀门方法（相当于增加管网阻力），使管阻特性从曲线③变到曲线④，系统由原来的标准工作点 A 变到新的工作点 B 运行。此时，风机压力增加，轴功率 N_2 与面积 BP_2OQ_2 成正比。如果采用变频器控制方式，风机转速由 n_1 降到 n_2，在满足同样流量 Q_2 的情况下，风机风压 P_3 大幅降低，轴功率 N_3 与面积 CP_3OQ_2 成正比。轴功率 N_3 和 N_1、N_2 相比较，将显著减小，节省的功率损耗 ΔN 与面积 BP_2P_3C 成正比，节能的效果是十分明显的。所以根据风机的特性及使用场所共有三个途径来达到节能的目的。

① 风量的调控节能。风扇、鼓风机典型的风量-风压特性如图 12-5 所示。通常调节风量和风压的方法有两种：

a.控制输出或输入端的风门。

b.控制旋转速度。

图 12-6(a) 为采用第 1 种方法时的特性。管路的节流阻力改变时，可以得到所需的送风特性。采用这种方式的优点是，最初投资少，控制简单。

近年来，出于节能的迫切需要，加之采用变频装置容易操作，并可以实现高功能化，因而采用变频器驱动的方案开始逐步取代风门控制的方案。图 12-6(b) 显示出了调速情况下风机的运行特性。各图中（pu）均表示标幺值。

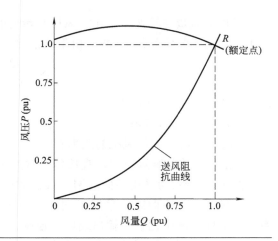

图 12-5

风扇、鼓风机典型的风量-风压特性

采用调速方法节能的原理是基于风量、风压、转速、转矩之间的关系，这些关系是

$$Q \propto n$$
$$P \propto T \propto n^2$$
$$N \propto Tn \propto n^3$$

式中　Q——风量；

　　　P——风压；

　　　n——转速；

　　　T——转矩；

　　　N——轴功率。

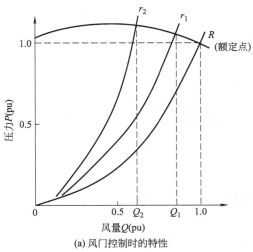

图 12-6

调节风机工作点的方法

r—管路阻抗；R—节流阻抗

风机的风量与转速成正比，风压与转速的 2 次方成正比，而轴功率与转速的 3 次方成正比。轴功率的实际值（kW）由下式给出：

$$N = \frac{QP}{\eta_C \eta_b} \times 10^{-3}$$

式中　Q——风量，m^3/h；

　　　P——压力，Pa；

　　　η_b——风扇或鼓风机的效率；

　　　η_C——传动装置效率，直接传动时为 1。

图 12-7 所示为采用不同的调节方法时电动机的输入功率、轴输出功率（即风机轴功率）与风量的关系曲线。采用不同的调节方法，电动机的输入功率（即电源应提供的功率）也不同。图中比较了输出端风门控制、输入端风门控制、电磁转差调速电动机调速控制和采用变频调速控制的电动机的输入功率（即电源提供的功率）与风量之间的相互关系。最下面一条曲线为调速控制时风机所需的轴输入功率，即电动机的轴输出功率。其中输出端风门控制因其耗能大，通常很少采用，风门控制一般均在输入端进行。图 12-8 表示输入端风门控制、电磁转差调速电动机调速控制以及变频调速控制方式下将风量调至 0.5(pu) 时的节电情况。图中画斜线部分的面积表示风量调节到 0.5(pu) 时的节电量。

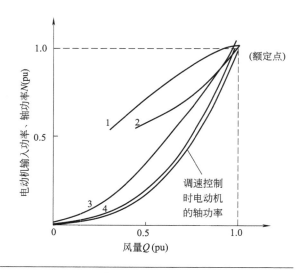

图 12-7

风机的输入功率-风量特性

1—输出端风门控制时电动机的输入功率；2—输入端风门控制时电动机的输入功率；3—转差功率调速控制（采用转差电动机、液力耦合器）时电动机的输入功率；4—变频器调速控制时变频器的输入功率

变频调速的情况，所需电源功率仅为全风量的 12.5%。当然，这是理想情况下得到的结果。

② 时间的调控节能。通风机是为人们的工作与生活、集中与分散而设定的，所以在不同的时间段人们所需的各参数是变化的。如何随时间、随工况的变化而使风量变化，既能满足人们的要求，又能达到节能的目的。变频器为这一目标的实现提供了可能和保障，根据不同的场所环境，排送风的时间要求也不尽相同。图 12-9 所示为餐饮业理想状态和实际状态的排风情况。

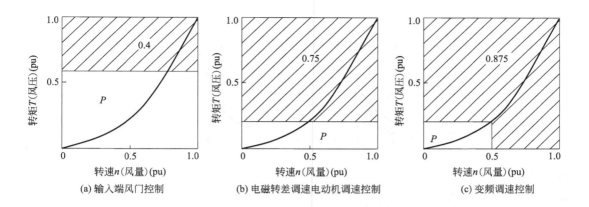

图 12-8

风量为 50% 时可节约的电能

正方形面积—全风量时的电动机轴功率

从图 12-9 中分析得出 A 部分为能源浪费区；图中 B 部分为需要而达不到需求区；图中 C 部分为满足需要而又不浪费区。其他场所同样有这样的问题，如：商业中心、写字楼、宾馆、娱乐场所等。

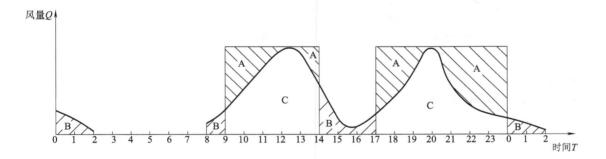

图 12-9

餐饮业理想状态和实际状态的排风情况

③ 风机低转速与节能。风机是一种平方转矩负载，随着转速的降低，负载转矩与转速的平方成正比地减小。对于这种节能调速运行，通用变频器的 U/f 曲线的图形（模式）应采用图 12-10 所示的专用模式。这种模式与恒转矩负载所采用的模式有所不同，这是因为电动机在低速时负载转矩变小，采用这种模式有利于节能。采用不同 U/f 模式时变频器和电动机总效率的差别如图 12-11 所示。

在各种风机中，随叶轮的转动，空气在一定的速度范围内所产生的阻力大致与转速 n 的 2 次方成正比。随着转速的减小，转矩按转速的 2 次方减小，又称为"2 次方递减转矩负载"，如图 12-12 所示。

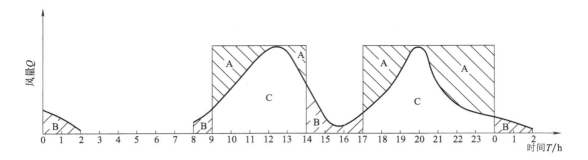

图 12-10

通用变频器的 U/f 曲线的图形

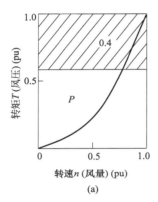

(a)

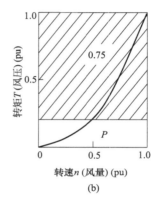

(b)

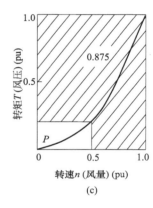

(c)

图 12-11

不同 U/f 模式时变频器和电动机总效率

图 12-12

输出功率与效率关系

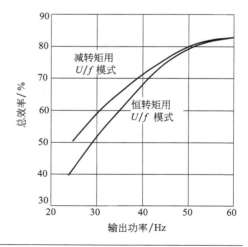

这种负载所需的功率与速度的 3 次方成正比。当所需风量减小时，利用变频器通过调速的方式来调节风量，可以大幅度地节约电能。由于低速下负载转矩减小，这最适合通用的 U/f 变频器。当惯量 GD^2 较大且启动较快时，还应事先校核启动转矩是否满足要求。

考虑电动机的容量时，应按流体机械最高可能转速（一般为额定转速）下的功率来决定。

由于高速时所需功率随转速增长过快，与 n^3 成正比，所以通常在增加速度时应考虑原电动机的输出功率或荷载能力，一般设计时应减速设计，但也可以增速设计，即高于工频运行，但一定不能使功率超出电动机的容量。当将变频技术用于风机的设计时，要视具体情况而定，如果选定速度为两个速度的平均值上半区应减速设计；如果选定速度为平均值的下半区就应为增速设计。

（2）变频技术在风机降噪中的作用

① 风机噪声的特性。风机的噪声是环境污染中的一个较大的污染源，不论是对风机行业，还是使用者来说，风机的噪声都是一个很重要的参数。

风机的种类很多，应用的领域很广，但是它们的噪声特性基本相同，存在很大的共性，它们有气动噪声（旋转噪声、涡流噪声）、机械噪声、电磁噪声。以上特性均与转速有关，转速较低时其噪声值也较低，频谱以低频、中频为主；转速较高时，噪声值也较大，频谱以中频、高频为主。另外，噪声值的大小与风量、风压、转速等也有密不可分的关系。

A 声级：$L_A = L_{SA} + 10\lg q_v P_{tf2} - 19.8$

比 A 声级：$L_{SA} = L_A - 10\lg q_v P_{tf2} + 19.8$

式中　q_v——风机额定工况风量，m^3/min；

P_{tf2}——风机额定工况全压，Pa；

L_{SA}——风机额定工况运行时的比 A 声级，dB；

L_A——风机额定工况运行时的 A 声级，dB。

上式表明，风机噪声值 LA（dB）与 P_{tf2} 成正比，而风压 P 的变化与转速的平方成正

比，即 $P_{tf1} = P_{tf2}\left(\dfrac{n_1}{n_2}\right)^2$，所以 $L_A = L_{SA} + 10\lg q_v P_{tf2}^2\left(\dfrac{n_1}{n_2}\right)^4 - 19.8$。

噪声值 L_A 与转速的 4 次方的对数成正比，所以降低风机的转速就可大幅度地降低风机的噪声。为了能使噪声按人们的需要或要求随时得到控制，只有采用变频技术才能实现。

② 变频技术在风机降噪中的运用

a. 通过对风机节能原理中的②时间的调控节能的阐述可知，变频技术可以使风机按时间需要调控达到节能的目的，除此之外，还可以使噪声值满足国家的昼间与夜间的不同标准。通过实验得知，如果风机在昼间能满足国家标准，通过变频器将负荷下降 15%～20%，即可满足夜间标准。这样不但可节约降噪的成本，还能节能，同时噪声也能满足要求。

b. 另外由于电机与叶轮全部为直联传动，也避免了由于传动链产生的机械噪声。

c. 风机的降噪途径还可以通过变频技术，使低转速配大直径的叶轮，这样不但可以得到所需的风压、风量，还由于大直径的叶轮的气动噪声小于同样风压、风量的高转速的

小直径的叶轮，所以，通过变频技术使风机制造业降噪的前景是十分广阔的。

d. 变频器对电磁噪声有很强的抑制作用，传统的通用 PWM 式变频器、逆变器的主开关器件常采用 BJT，最高载波频率在 $2\sim3kHz$ 左右，传动异步电动机时产生电磁噪声，引起刺耳的金属鸣响声，使得噪声水平远高于运转时工频的噪声。最近由于采用 IGBT（或 MOSFET）等作为主开关器件，将载波频率提高到 $10\sim15kHz$，由于频率高金属鸣响声人耳听不到了，电动机的运行声音已经接近于接在工频电网上运行的情况，即变频器传动实现了"静音化"。

（3）变频通风机设计

在当今社会中应用通风机的场所或领域占整个风机市场的 $70\%\sim80\%$，它是一个量大、面广，而且是几十年无太大变化的产品。为了使这一传统产品能适应现代社会发展的要求，进一步的设计与改造是十分必要的。

电动机是变频风机的主要部分之一，如何发挥电动机的作用是变频风机设计的主要内容之一。为了使之具有通用性、互换性、普遍性，我们首先选定 Y 系列普通电动机。

① 容量的选择。对于不同类型的负载，选择方法也不同，但总的原则是，要不过热，带得动。在改造旧设备时，要尽量留用原选电动机。

② 磁极对数的选择。由于变频器的许多功能（如矢量控制功能等）是以 $2p=4$ 的电动机作为模型进行设计的，所以，如无特殊情况，应尽量选择 $2p=4$ 的电动机。

③ 工作频率的确定主要原则。

a. 满足负载对调速范围的要求。设工作频率的调节范围为 α_f：

$$\alpha_f = f_{max}/f_{min} = k_{fmax}/k_{fmin}$$

式中　f_{max}、k_{fmax}——最高工作频率和对应的变频比；

　　　f_{min}、k_{fmin}——最低工作频率和对应的变频比。

决定 α_f 时，必须满足 $\alpha_f \geqslant \alpha_L$（$\alpha_L$ 负载的调速范围）。

b. 尽可能提高工作频率。因为在低频时须进行各种补偿，不可能十分理想，所以，应该在满足 $k_f \leqslant \beta_N/\beta_X$（$k_f$ 为频率调节比；β_N 为电动机的额定过载能力；β_X 为电动机的过载能力）的前提下，尽量提高工作频率。

④ 散热问题

因为电动机的有效工作电流仍等于额定电流，所以在正常工况下，产生的热量并不增加。

由于转速增加，通风条件得到改善，散热较快，故在同样的工作电流下，电动机的温升将有所下降。

所以，从发热的观点讲，电动机在 $k_f > 1$ 的情况下运行是完全没有问题的。

⑤ 电动机的机械强度及其他。对于机械强度，主要应考虑转子轴的强度、转子的动平衡状况以及轴承的允许转速等。在这些方面，对于国产的通用电动机来说，目前尚无比较确切的结论。一般来说，大致如下：

对于 $2p=4$ 的电动机，由于其机座和铁芯、转轴等基本结构都和同容量的 $2p=2$ 的电动机相同，因此，在 $f_X \leqslant 2f_N$ 的范围内运行，只要带负载能力不成问题，应该是允许的。

对于 $2p \geqslant 6$ 的电动机，即使 $f_X = 2f_N$，其转速 $n_M \leqslant 2000 \text{r/min}$，机械强度的问题也不大；但当 $f_X > 2f_N$ 时，因临界转矩减小太多，实际意义不大。

对 $2p = 2$ 的电动机，当 $f_X > f_N$ 时，转速 $n_M > 3000 \text{r/min}$，应慎重对待，f_X 不宜超过 f_N 太多。

根据以上的依据和特点，首先确定基本参数，然后把功率再在原基础上提高一个档。如基本参数 Y112M-4，提高一档为 Y132M-4，使额定功率增加 30% 左右，额定转速提高 11% 以上，按实际工况及其他因素转速可达 1800r/min 以下。采用这种设计就可克服因季节、气候流场、管线变更等诸多因素引起的风量不足，有较宽的调整余地。

表 12-1 为变频风机参数的确定。

表 12-1   变频风机参数

机号	基本参数			电动机参数(B5)	变频器参数
	序号	流量/(m³/h)	全压/Pa		
6	1	14160	465	型号：Y132S-4 额定功率：5.5kW 额定电流：11.6A 额定转速：1440r/min 频率：50Hz 最佳使用转速：1200～1800r/min 最佳工作频率：40～60Hz	型号：CIMR-P5A43P7 SPEC：24P71A 输入电源规格：AC 3PH 380-460V 50Hz 380-460V 60Hz 输出电源规格：AC 3PH 0～460V 6.7kV·A 8.5A
	2	14046	580		
	3	13236	702		
	4	12054	851		
	5	10698	969		
	6	9888	1051		
	7	8886	1069		
	8	7926	1101		

（4）变频风机试验

① 试验目的

a. 通过使用变频器前后电流的变化，分析节能效果与作用；b. 风机在不同转速下的功率及噪声指标，根据测定数值，绘制出曲线图。

② 样品说明

产品型号 LAT-3-75-No10，转速 $n = 960 \text{r/min}$，风压 $P = 698 \sim 1010 \text{Pa}$，风量 $Q = 41477 \sim 24772 \text{m}^3/\text{h}$，抽样日期 2003.7.1。

电动机型号参数：型号 Y180L-6，额定功率 15kW，额定转速 970r/min，额定电流 31.4A，频率 50Hz，重量 179kg，生产厂商北京电机总厂。

安装变频器型号参数：型号 CIMR-P5A43P7 SPEC：24P71A，输入电源规格 AC 3PH 380-460V 50Hz/60Hz，输出电源规格 AC 3PH 0-460V 6.7kV·A 8.5A，生产厂商日本安川。

③ 测试数据

（没有配装变频器）电动机直联起动，启动电流最大 58A，运转正常时电流 23A，噪声 72.5dB（A）。已配装变频器风机性能见表 12-2。

表 12-2　已配装变频器风机性能

序号	线速度/(m/s)	转速/(r/min)	风量/(m³/h)	风压/Pa	电流/A	噪声 L_A/dB
1	15.7	300	12961～7741	68～98	3.3	55
2	31.4	600	25923～15482	272～394	6.7	62
3	41.9	800	34564～20643	484～701	10.5	67
4	47.1	900	38884～23223	613～887	12.6	71
5	50.2	960	41477～24772	698～1010	14.3	73
6	52.3	1000	43205～25804	757～1095	15.5	74
7	68	1300	56166～33545	1279～1852	26	80
8	75.8	1450	62647～37416	1592～2304	34	82

④ 性能曲线图如图 12-13 所示。

图 12-13

速度-噪声性能曲线

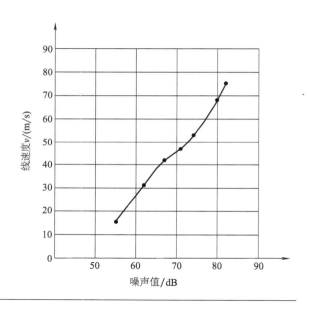

⑤ 结论

a.通过电流测试表，使用变频器与不使用变频器在同样状态下，启动电流相差很大，运行电流相差 37%。

b.通过噪声测试表明，转速下降 10%左右，噪声值就可下降 5dB（A），如果风机噪声能满足昼间标准，那么夜间时，只需将转速下调 10%～15%，即可满足噪声标准。

c.通过动力曲线图（图 12-14）表明，如果需 33000m³/h 的风量，可有几个不同的压力值，如果选用转速 $n = 800$r/min，电流为 10.5A 的，可节能 56%。

（5）变频风机应用实例

① 新世界美食中心排烟风机改造。原风机参数：$Q = 17553～34533$m³/h；$P = 575～1087$Pa；

$N=15kW$；$n=1450r/min$；$I=25A$；数量 2 台；安装方式为并联。因为属于改造项目，管道系统阻力过大，排风量达不到要求，又因为受空间影响，更换大型设备不现实，如果能够更换为大型设备也要花费 10 万元的费用。经过研讨决定方案如下。

a.将原电机 15kW 更换为 22kW，2 台；

b.增装 22kW 变频器，2 台；

c.将原转速 $n=1450r/min$ 提高到 $n=1760r/min$，电流 $I=36A$。

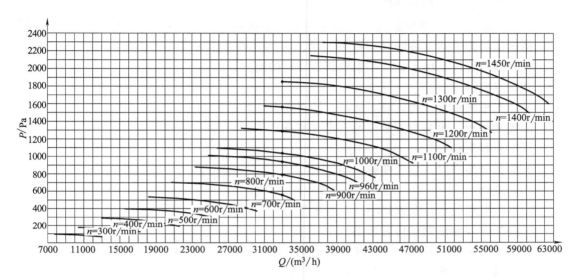

图 12-14
空气动力性能曲线图

② 新东安职工食堂主灶间排烟工程。主灶间排烟系统有两台 4-72-6A 型离心式风机，$N=4kW$；$n=1450r/min$。为能使油烟排放满足国家标准，需要更换为 YZL-6♯ 油烟净化风机。由于烟罩形式及管道阻力较大，$Q=7000m^3/h$ 有明显的风量不足现象，但由于风机安装位置较窄，放置大型设备的方案不可行，选用速度高的设备又有噪声与振动增大、能源消耗大幅度增加等问题，经过方案改正，采用加装变频器的方法解决问题。各参数如下：

电动机 Y132S-4；$N=5.5kW$；额定转速 $n=1450r/min$；额定电流 $I=11.6A$。

变频器为西门子，型号 CIMR-P5A43P7；$N=5.5kW$；$f_{max}=60Hz$。

安装后工作状态：电动机 $n=1800r/min$；$I=11.4A$；$t=34℃$；风量由原 $7000m^3/h$ 增至 $9700m^3/h$，使主灶间的排烟效果有明显的改善。

目前全国每年新风机产量约为 250 万台，把目前正在运行的数千万台抛开不算，就这些新增量而言，每台功率平均为 10kW，运行时间为 12h，每年的耗电量就为 3 亿度，按每度电为 0.8 元计算，每年的电费就为 2.4 亿元，如果节能 40%，则每年要节能 0.96 亿元。由此可见变频器技术应用于风机领域的潜力是如此的巨大。如果这 250 万台风机全部配装变频器，投资约为 0.25 亿元，节省下来的电费就可收回变频器的投入。由此可以看出其市场的广阔和前景的美好。

12.4　变刚度隔振器及无基础隔振

（1）目前各类隔振器优缺点

① 金属弹簧隔振器的优缺点。金属弹簧隔振器是一种用途很广泛的隔振元件，从轻巧的精密仪器到重达百吨的设备都可广泛地应用，通常用在静态压缩量需要大于5cm或者温度与其他环境条件不容许采用橡胶等材料的地方。

其优点为：

a. 静态压缩量大，固有频率低，使低频隔振良好；

b. 能耐受煤、水和溶剂等侵蚀，温度变化也不影响其特性；

c. 不会老化或蠕变；

d. 大批量生产时，特性变化很小。

其缺点为：

a. 本身阻尼很小，以致共振时传递率非常大；

b. 高频时容易沿钢丝传递振动；

c. 容易产生摇摆运动，因而常常需要加上外阻尼（如金属丝、橡胶等）和惰性块。

目前国产金属弹簧隔振器有：ZM-129型、ZT型、TJ型等等。

② 橡胶隔振器的优缺点。橡胶隔振器是一种适合于中、小型机器设备和仪器的隔振元件，它可用于受切、受压或切压的情况，很少用于受拉的情况。它的静刚度在不同方向是不同的，但通常仅提供垂向静刚度值。

其优点为：可以做成各种形状和不同刚度，其内部阻尼作用比钢弹簧大，并可隔绝低至10Hz左右的扰动频率。

其缺点为：使用时间长了会发生老化现象，在重负载下会有较大蠕变（特别在高温度时），所以不应受超过10%～15%（受压）或者25%～50%（节变）的持续变形。

目前国产橡胶隔振垫有JG型、BE型、Z型等等。

③ 隔振垫的优缺点

a. 隔振垫。是适用于中小型机器设备的隔振元件，其自身有厚度小、价格低、安装方便，又可裁剪成所需的大小尺寸，并能重叠使用，尤其在目前机器设备转速还比较高的情况下，使用时能达到良好的隔振效果。但与金属弹簧隔振器比较，其固有频率较高，一般在10Hz以上，20Hz以下。个别的有5～10Hz。

b. 橡胶隔振垫。其特性与橡胶隔振器相似，但由于橡胶在受压时的容积压缩量极小，仅在能横向出时才能压缩，故通常做成带有凹凸形、槽形及交错半圆弧形，以便增加其压缩量和各个方向的变形。

（2）传统隔振机理分析

① 金属弹簧隔振器变形成因分析。金属弹簧的隔振是靠金属弹簧的弹性变形来实现

的，它的变形量的大小取决于金属的弹性。圆柱形弹簧的隔振效果与弹簧的圈数无关，但是多圈弹簧的变形量等于各圈变形量的总和。所以多圈弹簧比单圈或少圈弹簧只能带来不好的影响，无任何好处。

圆柱形螺旋（图12-15）是一个等量变形结构，因为它的整体受力是一个，所以各圈受力是相等的，因此各圈的变形量也是相等的。总变形量等于各圈变形量之和 $\Delta h = n \Delta h$。

图 12-15
圆柱形螺旋

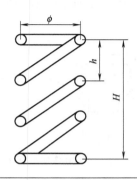
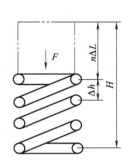

② 金属弹簧隔振器力学分析。隔振器的工作环境及自身特性决定其是一个受力元件，它主要是支撑设备及振动的荷载，所以它的力学特性是以受压力为主的。能不能改变力学结构，提高其各种性能指标，为此做一些力学分析、金属弹簧的受压分析及受拉分析。

a. 金属弹簧受压时，两个压力点之间的距离缩短，弹簧受到拉力时，两个拉力点之间的距离增加。

b. 金属弹簧受压时，弹簧圈直径加大，弹簧受到拉力时，弹簧圈直径变小。

c. 金属弹簧受压时，各圈间距离等于零时，弹簧失效，隔振效率为零，弹簧受到拉力时只要在抗拉强度以内就永远有效。

d. 金属弹簧受压时，压力全部转化为扭力，弹簧受到拉力时，扭力由大变小，拉力由小变大，扭力转变成拉力。

e. 金属弹簧受压时，受力方向与变形方向垂直，弹簧受到拉力时，拉力与变形平行。

f. 金属弹簧受压时，各圈间的距离等于零时，变成刚体达到工作极限，弹簧受到拉力时，钢丝拉直至拉断是工作极限。

g. 金属弹簧受压时，在有效段内弹簧是振动自由体，弹簧受到拉力时，隔振效率随负荷变化很小，单圈拉簧也是靠晶格变形吸收振动能量。

h. 多根弹簧机械的组合在一起或拧绕成钢丝绳，它的隔振效率大于同等钢丝绳同样直径（断面）的单根钢丝，因为它除了晶格变形产生热量外，组成绳的各钢丝之间摩擦也产生热量，吸收振动能。

③ 传统隔振器变形及带来的影响

a. 安装精度不易掌握；

b. 抵抗水平扰力差；

c. 容易摇摆；

d. 隔振器疲劳失效寿命短；

e. 引起共振。

（3）静力吸振及静力吸振器

① 静力吸振。在隔振理论与实践中有双层隔振和动力吸振，这些都在隔振技术中起了很大的作用。但是这些技术中仍存在着变形摆动、共振等不稳定因素。因此，在双层隔振［图 12-16(a)］和动力吸振［图 12-16(b)］基础上进一步发展，用静力吸振来解决以上不足［图 12-16(c)］。

图 12-16
不同吸振方式

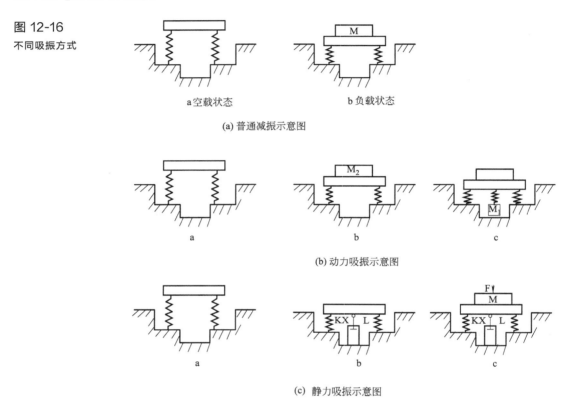

a 空载状态　　　　　　　　b 负载状态

(a) 普通减振示意图

a　　　　　　b　　　　　　c

(b) 动力吸振示意图

a　　　　　　b　　　　　　c

(c) 静力吸振示意图

从以上三组图中就可以看出，前二组的共同特点是负载之后，隔振器受力变形，设备势能与弹性势能相等，所以弹簧始终存在着一个恢复力，而第三组则不同，它在负载之前即受力变形，即受一个比质量 M 大得多的力，致使在负载以后隔振器仍不变形，它的吸振原理与动力吸振有所区别。

所谓静力吸振就是在隔振器负载前就给它一个相当于与动力吸振 M 的相当的一个力 kx。它与动力吸振的区别为，M_2 是一个永恒不变的一个质量，而静力吸振中的力 L 是一个随 M_1 的振动变化而变化的一个力，这个力 L 是一个变量，当空载即 $M=0$ 时，$L=kx$ 最大值，负载后 $M<L$，$L=kx-M$，当 M 工作时，不管是反复运动还是恒速转动机构 L 始终是自动随 M 工作变化而变化，使 kx 永远大于设备质量 M 和设备工作时的振动力 F 的合力而保持一个平衡，起到吸振的作用。因此系统虽然没有位移的变化，但 L 内部

受力的情况是始终在变化的，它的工作条件 $[m+g(振动力)]<L$（空载时的力），动力吸振是 M_1 与 M_2 互相抵消，而静力吸振是补偿和替代，它是靠势能相互转换来吸收振动能量，所以静力吸振从根本上解决了隔振器变形摆动及共振等问题。

$$空载\ L=kx \qquad\qquad 负载\ L=kx-M+F$$
$$F=F\cdot\sin\omega t$$
$$=kx-M+F_0\sin\omega t$$

② 静力吸振器。根据静力吸振理论、非等量变形理论及稳定性结构理论，设计了两种新型隔振器，第一种：GTL 型；第二种：GSL 型。

由于圆柱型螺旋弹簧是一个三维自由体，除了在铅垂方向的往复振动外，水平方向是不受任何制约的，所以它属于不稳定结构，为了使它成为稳定结构和非等量变形就应将圆柱型改为圆锥型。圆锥型螺旋弹簧受力时，由于各圈直径不同，受力的变形量也因此不同，每圈弹簧受力变形是一个范围值。当所受的荷载是一个定值时，如果在因受力而变形，在此范围内，那只有整个圆锥弹簧中的一点平衡，整体是由变形最大到变形最小，它的变形量是一个累计值，所以当荷载按一定频率变化时，它的变形量只等于一圈弹簧的变形量 $\Delta h=\Delta h$，而且变形量很小，利于稳定，另外由于圆锥形是一个稳定结构，因此它能抵抗很强的水平方向的力。

钢丝绳橡胶静力吸振器（GSL 型）见图 12-17。

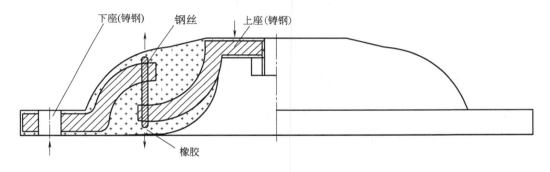

图 12-17
钢丝绳橡胶静力吸振器（GSL 型）

吸振机理：按图将上下座用钢丝绳连接好以后，用生橡胶填充，放入橡胶模具中，橡胶模具给上座一个外力 F，这个外力作用在钢丝绳上，当橡胶硫化后脱模时，这个外力就转移给下座之间的橡胶上，此时隔振器内部静力就形成了，工作时就可达到吸振的目的。

纵观目前各种类型隔振器的特点，在受力分析后得知，几乎所有隔振器全部是受压型，即是压力型，而 GSL 型隔振器则是拉力型。传统隔振器受压元件是金属弹簧和橡胶，而新型隔振器受拉元件则是钢丝或钢丝绳。在 GSL 型隔振元件结构中，有四部分组成，即上、下座、钢丝绳、橡胶。上、下座由钢丝绳相连组成主体，上座与振动源（设备）接触，下座与基础（地面）接触，振动的能量通过下座被钢丝绳和起填充固定作用的橡胶吸收，从而达到隔振目的。

（4）静力吸振原理分析

元件自由状态（图 12-18），元件受力状态（予载荷）（图 12-19）。

图 12-18
元件自由状态

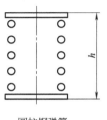
圆柱钢弹簧

钢丝绳

弹簧上下受到钢丝绳的拉力产生变形，它们相互作用弹簧受到压力，钢丝绳受到拉力，并且大小相等，方向相反。

图 12-19
元件受力状态

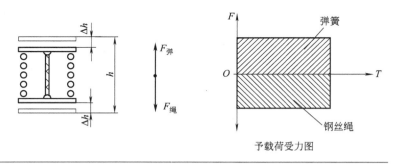

予载荷受力图

外加静载荷 W（图 12-20）。当 $W < F$ 时

$$F_弹 = F_绳 + W$$

当 $W = F$ 时 $F_绳 = 0$，$F_弹 = W$。

图 12-20
外加静载荷 W

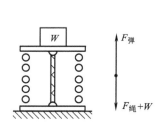
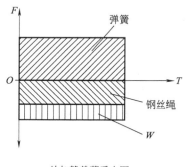

外加静载荷受力图

当静载荷大于予载荷时，吸振无效，成为普通减振器。

外加静载荷后再加动载荷 W_d（图 12-21）。

当静载荷 W 等于予载荷 F 时，在动载荷作用下弹簧会产生半波振动，其受力图如图 12-22 所示。

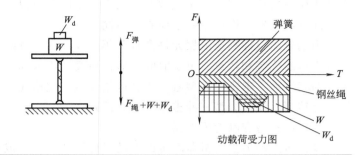

图 12-21
外加静载荷后再加动载荷 W_d

动载荷受力图

图 12-22
W-F 时的受力图

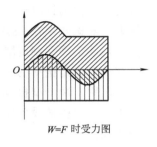

$W=F$ 时受力图

总结：

a. 由两个不同性质的材料（固有频率）单元，合成一个新的减振或吸振元件，这两个材料单位形成一个阻尼偶，它在工作状态下，不但起到了不变形减振或吸振，而完全避免了共振的产生。

b. 刚体与不变形弹性反共振体系的区别

（a）刚体是振动的良导体，它是一段起支承作用的承载物。它没有势能，同时也不能储存能量。振动是一种能量，只有将其能量转变为热能或用反振动能量才能将其消除。

（b）组成静力吸振体系的弹簧和钢丝绳在减振过程中分别起到不同的作用，弹簧起支承作用，钢丝绳的作用是产生反共振并吸收振动的能量。弹簧的荷载能力要大于等于静荷加上最大动载荷，即弹簧承受的是静载荷，钢丝绳承受的是动载荷，而产生振动的则是动载荷而非静载荷。

（c）刚体与吸振体系是形态等效，隔振不等效，在工作过程中刚体的内部无任何变化，而吸振体系的内部则不停地随运载荷变化而变化。

12.5　（非线性）变刚度隔振器

一般机械设备产生的振动可分为两种类型，一种是稳态振动，一种是冲击振动。产生稳态振动的机器有风机、水泵、发电机等或以旋转运动为主、往复运动为辅的如压缩机等，产生冲击振动的机器有锻锤、冲床、折板机和打桩机等或以往复运动为主、旋转运动为辅的如高速冲床等。由于振源产生的方式不同，所以振源的性质也有所不同，用于隔振的元件（隔振器）设计使用也应有所不同。

用钢丝绳设计制造隔振元件是近几年新发展的一种隔振技术，它有着橡胶和金属弹簧不可比拟的优势和特点。由于时间较短，研究还不太深入，所以还应在理论与实践上进一步挖掘其潜力，丰富产品型号，扩大应用领域和应用能力。根据振动的性质将其分为拉力型（旋转型）和压力型（冲击型）两大系列。

（1）旋转型变刚度隔振器

以旋转运动为主的机器产生的振动对地面的冲击力或重力加速度很小，所以此类振动的隔振元件不需要有很大缓冲功能或抗冲击能力，主要是将振动隔绝即可，所以拉力型隔振器就有较强的针对性，它既有很大的荷载能力，又有很大的阻值，并且还有很好的抗水平扰力，隔振效率在98%以上。

（2）冲击型变刚度隔振器

冲击撞击是振动的一种表现形态，对于冲击防振或隔振应与旋转运动或固体噪声的振动有所区别。冲击型振动具有较大的冲击力，影响距离由几十米至几百米，严重影响工作、生活，使机械设备使用寿命缩短或损坏，所以研究具有较强针对性的隔冲器有十分重大的意义。

目前对于冲击隔振的没有专用的设备，所以不具有针对性。根据冲击特征及理论得知，弹性元件储存能量，弹簧越软储存能量越大；弹簧越硬，储存能量越小，如图12-23所示。

图 12-23
两种不同的钢丝绳隔振器

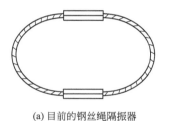 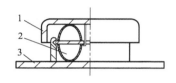

(a) 目前的钢丝绳隔振器

(b) 新型钢丝绳隔振器
1—上盖；2—隔振器芯；3—隔振座

（3）冲击与旋转性振动或固体噪声的区别

冲击是一个突然加入的激振作用（力、加速度、速度或位移），是骤然的能量释放、转换和传递，其加速度值可大到几个甚至几百个 g（重力加速度），并且时间很短，是不连续及非周期的。

因此，冲击的隔离与常规（旋转运动的振动、固体噪声）的振动是不相同的。常规振动的隔离是寻求激振频率和系统的固有频率之间的关系，使传递率在容许的范围内。而对冲击的隔离是使冲击的能量被吸收与被缓慢释放。

（4）新型钢丝绳隔振器

目前的钢丝绳隔振器大多应用于军事领域，由于存在着价格高、体积大、适应性差、荷载低等不足，所以在工业领域内的应用受到影响，本产品在结构设计上应用结构力学原理，弥补了以上的各项不足。

新型隔振器钢丝绳固定骨架为一钢制同心圆盘，在沿圆盘外圆和内圆上分别钻制比选用钢丝绳直径略大些的圆孔，内外孔数量相等均布，然后将钢丝绳在圆盘上穿绕，并使钢丝绳的方向与直径夹角为 45°左右，钢丝绳呈圆形，固定骨架在螺旋环状钢丝绳中部，由于是螺旋环状，所以在固定骨架的上下与钢丝绳形成两种不同的半圆，如图 12-24 所示。

图 12-24
新型隔振器钢丝绳固定骨架

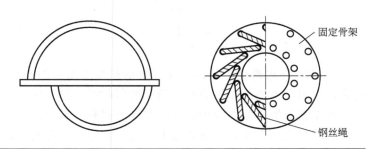

（5）新型钢丝绳隔振器力学分析

① 结构及荷载能力分析。现有的钢丝绳隔振器虽然隔振效果很好，但仍存在着众多不足，分析其原因，主要是结构型式比较原始、简单，深入设计不够。隔振器结构为接近平行四边形结构，由于平行四边形结构为不稳定结构，所以其荷载能力很低。

新型钢丝绳隔振器结构为接近三角形桁架结构，属于稳定型结构，所以其荷载能力很强，这样为大荷载体积小型化提供了很好的途径。由于新型钢丝绳隔振器可以分为上下两个相对独立的系统，所以可以看成是两个隔振器串联，并且具有各自的载荷变形曲线，同时合成一个新的多变刚度的曲线。现有的钢丝绳隔振器的荷载及工作是可以看成由若干个小的隔振单元并联而成，现有的隔振器各单元间的联接固定需占较大的位置空间，因此荷载能力、体积比、形状（长条状）及使用选型受较大限制。新型隔振器由于采用了完全不同的联接方式，因此荷载能力、体积比及形状（圆台形）产生了根本的变化，即荷载能力强，体积小，圆台形状，这些均为使用选型提供了更大的空间，同样的体积其荷载能力可差几十倍。

② 受力分析。现有钢丝绳隔振器的受力分析，如图 12-25 所示。

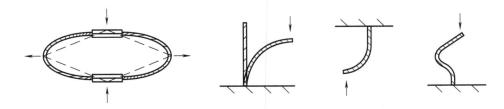

图 12-25
现有钢丝绳隔振器的受力分析

新型钢丝绳隔振器的受力分析，如图 12-26 所示。

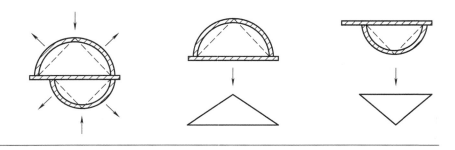

图 12-26

新型钢丝绳隔振器的
受力分析

③ 钢丝绳内部受力分析。现有的钢丝绳隔振器的内部受力相当于一端固定的刚性悬臂梁，在另一端施加作用力时，钢丝绳弯曲产生弹性变形，如图 12-27 所示。

新型钢丝绳隔振器的钢丝绳内部受力则有所不同，由于是相当于三角形桁架结构，使原有的钢丝绳由长变短，只有加大外力，才能产生更大的力矩，如图 12-28 所示，因此它的荷载比现有的隔振器要大数倍。

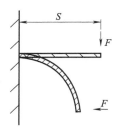

图 12-27

现有钢丝绳隔振器

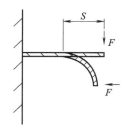

图 12-28

新型钢丝绳隔振器

中气回用与零排
技术的研究

通过对大气污染控制技术与设备的研究，加上对节能减排及建设环境友好型、资源节约型社会的理解及认识，提出了中气回用与零排的概念；同时经过数年的试验与实践，证明了该理念的可行性和可操作性，对进一步提高大气污染的防治提供了理论依据及新的技术路线。中气与中水的概念接近，即污染的空气经过处理后可重复使用的空气。本章介绍一种新型的净化技术即中气回用与零排技术。

13.1　概述

节能减排是国家当前的总方针，在各领域，创新是实现这一目标的重要手段，改革旧的工艺、改进传统的操作方式、改变传统的思维方式、开发新的技术、创立新的理论都是实现这一目标的重要措施，尤其是在传统领域其潜力是巨大的。

空气、水和阳光同为人类赖以生存的三大必备条件之一，空气不是取之不尽、用之不竭的资源之一，随着人类社会的发展，空气的质量也被污染到人类生存不可容忍的程度，如何解决生存与发展的矛盾是人类必须首要解决的问题。

人们在生产生活必需品及改变生存状态的同时，制造了大量的气溶胶污染，在这些污染产生的过程中有物理过程、化学过程及物理化学复合的过程，如矿业建材大部分为物理过程，各种炉窑则表现为化学过程，而物理化学复合过程的代表行业则为餐饮业。

传统的空气净化模式是一种简单、粗放的模式，即捕集、净化、排放，在这一过程中，没有做到精准、细致，造成很大的浪费，往往也会得不到预期的效果。

空气净化的第一阶段是捕集。捕集效率是人们关注的重要指标，为完成或满足这一指标，通常的做法是靠足够的空气量，而要满足足够的空气量就要有足够的动力，而动力的产生则靠能源或资源。我们通常所说的捕集效率是污染物收集率，在这个概念中人们很少考虑或注意污染物的载体——空气或空气量，如果把污染物的量作为分子，把载体空气量作为分母，就得到一个新的参数——载体效率，载体效率越高，证明空气使用量越低，所用动力能源消耗也就越低。那么如何使载体效率最高，可通过合理的设计实现，如空间的流场设计是否合理，集尘（气）罩的大小、位置、形状是否合理，或有无其他辅助条件，如气幕等，如果设计得好，就可使用最小的空气量，最大限度地输送污染物。

空气净化的第二阶段是净化。第一阶段要用最少的空气输送尽可能多的污染物，使载体效率达到最佳的效果，而在此阶段要解决的则是净化效率及净化效率的稳定性。不论哪种类型的净化装置都存在这两个问题，其中净化效率的稳定性不能等同于净化装置运行的稳定性，如袋式除尘器的布袋破损问题、静电式净化器的比电阻问题及电场不稳定（电极板黏附物过多）、湿法净化的气液接触传质问题、活性炭吸附饱和问题等等。由于以上问题的存在，使效率达不到设计要求，大量的污染物排放就不可避免，空气质量降低也不可避免。

空气净化的第三阶段是排放。净化后的空气不论效率高低，都是要排放的，在此有一个被人们忽视了的问题，随着污染物的排放，空气所具有的动能也随之排放了，做了无用的功。能否将已产生的动能回收并加之利用，达到节能的目的，答案是肯定的，中气回用就是解决此问题的途径之一，如图 13-1 所示。

图 13-1
中气回用零排方式

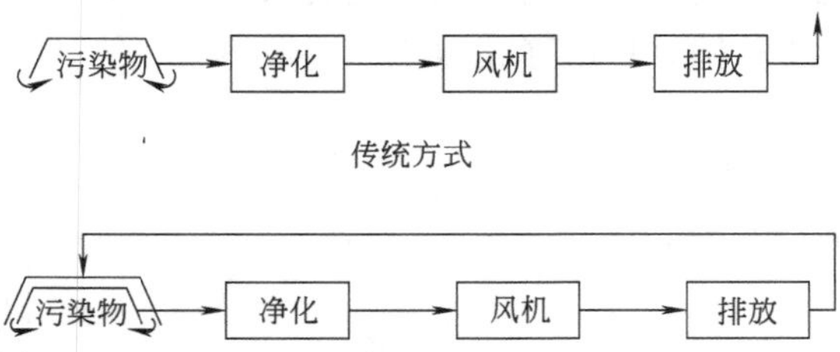

从图中可以看出，传统方式的污染物净化排放，风机除了要克服管道、净化设备的阻力而消耗能量外，还要能使污染物周边的空气产生一定的压力，使其流动，才能达到整体系统的作用；而中气回用零排方式，可利用净化后空气的压力解决污染物的收集输送的能耗问题，此外，还可通过设计，利用流体力学和空气动力学的原理，减少压力和空气需要量，从而达到节能降耗的目的。

13.2　空气污染与控制现状

空气是人们不可缺少的，而在各生产制造领域却又无时无刻不使空气遭到污染，人们又为了使污染得到控制制造了大量的设备，即使如此，人们还是得不到满意的结果，其一是仍有大量的无组织的排放，原因是投资大、能耗大，企业不愿意或不能承担由此带来的成本；其二是有组织排放的设备，无组织排放的管理（如有净化设备不用）；其三是不能稳定运行；其四是能耗大，空气使用量大。到目前为止几乎所有的使用者对资源都是一次性使用，使其遭到极大的浪费。一个中型铁矿选矿厂（300 万吨/年）的通风，设计风量可达 40 万～50 万 m^3/h，耗电 400～500kW·h；在餐饮业，一个六个灶头的灶间的排风量为 15000～20000m^3/h，耗电 10kW·h 左右。在一个城市，餐饮所造成的空气污染是惊人的，以一个 1000 万人口的城市计算，每个人因炊事活动所用空气量设定为 200m^3/d，每天的空气总量为 1000 万×200＝200000 万 m^3/d，如果城市的面积为 250×250km^2，则污染空气的厚度可达 3.2m，如此之大的面积和体积，其中有多少是经过达标排放的呢？餐饮业的油烟净化装置 80% 以上为静电式，而效率的稳定性方面，有 90% 以上不能算是稳定的，所以中气回用、污染物零排是城市发展、社会进步所必须实现的。

13.3　中气回用及零排的技术路线

（1）传统净化系统
传统净化系统（图 13-2）是采用引风机加净化器的形式，引风机为空气污染物的动力源，在引风机的作用下，空气污染物由集尘罩进入净化器，经净化后的气体再进入引风机经烟筒排放。此净化系统要求有相当高的压力，并且遇有黏附性污染物时，净化器容易产生故障，影响净化效果。

图 13-2
传统净化系统

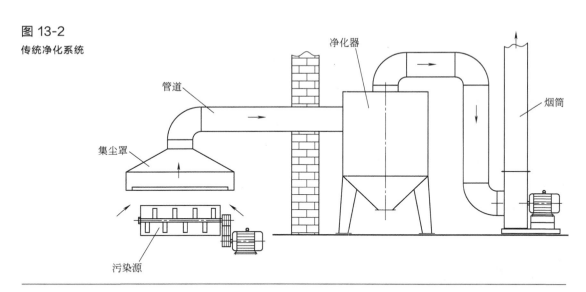

（2）中气回用净化系统

中气回用净化系统可分为两种形式，一种是无管道式（一体式），即空气动力源——风机与净化器结合，再与集尘罩出风口直接相连，中间无管道；一种是有管道式（分体式），即空气动力源风机与净化器结合，再通过管道与集尘罩出风口相连。以上两种形式中的集尘罩均为气幕式，经过净化后的气体可直接返回集尘罩，作为补风，形成污染源的屏蔽，阻止自然风过多地进入集尘罩，如图 13-3、图 13-4 所示。

图 13-3
无管道式

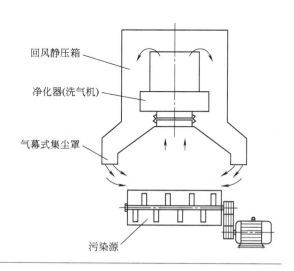

图 13-4
有管道式

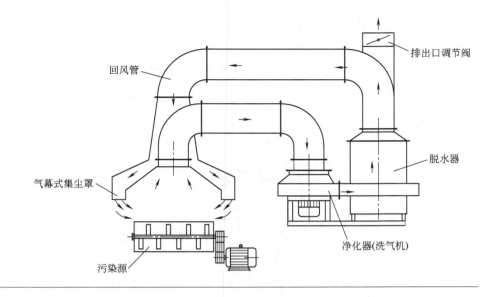

回风管

排出口调节阀

脱水器

气幕式集尘罩

净化器(洗气机)

污染源

① 无管道式（一体式）。该形式适用于半封闭或无封闭的车间或场所，其原理是粉尘在上升气流的作用下，进入洗气机，粉尘在洗气机内部实现转乘（进入水中），经高效净化后的空气流回静压箱，进入气幕式集尘罩的夹层形成气幕，气幕又将粉尘携带进入洗气机完成循环。

② 有管道式（分体式）。该形式适用于封闭的车间或场所，如果环境具备送排风系统，可将外排阀门完全关闭，如果无其他排风系统，可将外排阀门打开 1/5 左右即可。

（3）气幕式集尘罩的功能及作用

工作过程中产生的粉尘，经过集尘罩被吸入洗气机，净化后的气体被输送到集尘罩的条缝式气幕回风口处，形成气幕，可起到补风和屏障的作用。回风气幕作为屏障可抑制粉尘向集尘罩以外扩散，同时可防止横向气流干扰，保证很少量的自然空气参与净化；作为补风可携带新生污染物进行净化。同时，由于压差射流作用，保证污染物在一个密闭空间全部参与循环净化过程，这样由于在污染物产生的空间形成有序稳定的流场，其风量可大量减少，约在 50% 以上，所以用于通风的总能耗可减少50%～70%。

13.4 中气回用零排技术的应用

某制药车间搅拌机粉尘治理方案如图 13-5 所示。

将集气罩设计为气幕式集气罩，带有条缝式风幕回风口，使气幕对搅拌粉尘形成屏障，保证粉尘不外逸，同时保证只有少量自然空气被携带净化。

在脱水器的出口安装三通管，其中一路供集气罩风幕回风，携带粉尘净化，另一路接排风主管或直接排放，两路风量可通过阀门进行调节，比例为1∶1。

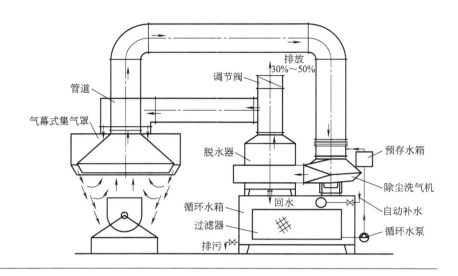

图 13-5
治理方案示意图

除尘洗气机净化效率等效或高于文丘里洗涤器，它是通过叶轮旋转形成叶片与气流的高速相对运动使空气与洗涤液混合，并在混合过程发生一系列的、复杂的物理作用，使空气中的有害粒子与洗涤液结合达到净化目的。洗涤液完成混合洗涤作用后与气体同时进入脱水器，由于脱水器的分离作用，净化后的气体可直接排入大气，分离后的洗涤液流回水箱，经过滤后被重新循环利用。

循环水箱内设计有过滤器，可对洗涤液中的污物进行过滤，经排污口排出，干净洗涤液重新参与净化洗涤。

本设计中的预存水箱，在停机时，可对循环水箱中的过滤器起到反冲洗的作用。

本设计中配备变频技术可使系统中所需的各项指标如风量、风压等得以很好地实现，由于工况的设计与实际运行工况存在较大的差异，即在设计时按最大负荷设计，但由于工况不稳定，负荷较低，因此存在较大的浪费，较为理想的是按上限设计，使用时随机调控，而变频技术恰能满足此项要求，即上限设计，下限使用，能最大限度地满足工况要求，同时最少的消耗能源，节能可达30％～40％；除此之外，还可起到保护设备不过热、不过载，自动检索故障等多项功能。

某厂矿振动筛粉尘治理方案如图 13-6 所示。

本方案为粉尘零排式。主机为倒立式洗气机，结合与现场相配置的气幕式集尘罩，使净化后的气体作为送风使用。其优点如下。

a. 节约能源。粉尘源被封闭，使粉尘更有效地送入洗气机内进行净化，不向大气排放粉尘。

b. 省掉了风管道的设计安装。

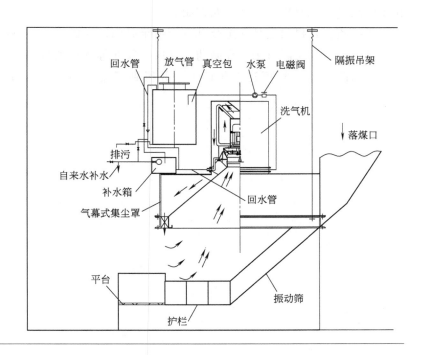

图 13-6

治理方案示意图（一）

c. 水系统自动循环过滤、排渣。

某酒家厨房排烟净化方案如图 13-7 所示。

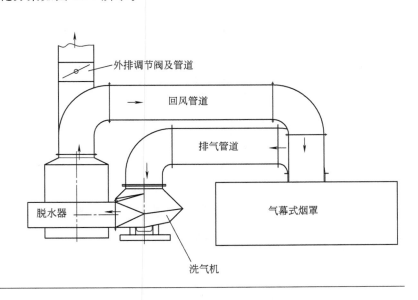

图 13-7

治理方案示意图（二）

　　本案例为厨房排烟净化，主设备为湿式油烟净化洗气机，现场配合气幕式烟罩使用，烹饪中的油烟经烟罩，由管道进入洗气机，在洗气机内部完成净化后，由脱水器进行气水分离，净化后的气体一部分送回烟罩，形成气幕，重新利用，另外多余的很小的一部分由排出管道排放到室外，由调节阀控制。

　　零排概念自提出之日起至今已有十余年时间，在此期间经多次理论探讨及实践应用，证明理论可行，实际可用。在制药、煤炭、餐饮等领域的应用实践中，积累了很多经验，设备长时间连续运行可达五年以上，并得到了用户的认可，为环境保护安全做出积极贡献。

强力传质洗气机
工程应用

前面已经对强力传质洗气机技术从理论到技术进行了详细的介绍。对于洗气机的应用实例，在第 10 章和第 11 章已经简要提及，本章主要针对这些实际应用的成果做详述，让大家对强力传质洗气机的实际工程应用有一个全面明确的认识。

14.1 油烟的净化与冷却

不论是工业油烟还是餐饮业油烟都是气溶胶与 VOC 的混合体，由于其物相及成分的特性，使得对其净化与回收的难度大为提高，只有将其特性充分认识才能够针对性地对其进行处理。

（1）油烟特性

① 由于油烟的产生是油脂高温气化后的冷凝物，所以形成颗粒物粒径小，可达到小于等于 $0.1\mu m$。

② 不亲水。

③ 黏性强，流动性差。

④ 易燃易爆。

⑤ VOC 是气相污染物。

（2）油烟净化和回收的技术与方法

采用强力传质洗气机技术或采用强力传质洗气机加湿静电的复合型技术均可达到超洁净排放的效果，并能最大限度地进行回收，同时可避免易燃易爆的风险。

强力传质洗气机净化回收油烟的优势是洗气机的超强动力使得油烟与液相的机械乳化的形式进入分离水箱，同时配置自动化排污系统，对油脂进行回收，对低浓度的烟气只采用洗气机即可，对于高浓度可采用洗气机加湿电的方式。由于油烟中的 VOC 成分中有很大一部分是可水解的，所以通过洗气机的作用，利用水解加冷凝，油烟中的气态污染物 VOC 也可以得到大幅度的降解。

（3）餐饮业油烟净化

本节介绍某饭店厨房油烟净化改造方案。

根据现场观察，烧腊间厨房位于原排风系统的最末端，由于排风管道拐弯多，距风机远，造成排风不畅，为改善此厨房的排风效果，提出改造方案如下：

① 将此厨房现在的排烟管道截断，密封不用，烟罩及集风管原样不动。

② 在烟罩上方安装 1 套 YZL-Ⅲ-No5 隔火型湿式油烟净化风机，为了减小运行时的气流噪声，风机进出口均加装进出风消声器。

③ 此厨房排烟风机单独安装管道，至排烟竖井。

④ 安装示意图如图 14-1 所示。

⑤ 因风机为湿式净化，需以水为净化介质，所以需要安装循环水箱，水箱放在厨房内地面上，可据放置位置确定大小；水箱设计为隔油型，废油定期回收利用。

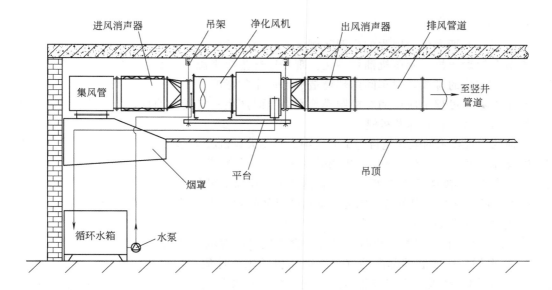

图 14-1

安装示意图

⑥ 风机配备变频启动，按上限设计，下限使用，可节约电能。

⑦ 净化风机与烟罩的距离很近，两者之间的管道很短，不易积累油垢；净化风机是湿法净化，洗涤液可起到降温的作用，降低燃烧质的温度，消除火灾隐患。

⑧ YZL-Ⅲ（G）型净化风机参数见表 14-1。

表 14-1　YZL-Ⅲ（G）型净化风机参数

机号	风量/(m³/h)	风压/Pa	功率/kW	配套电机
5	8184～4581	323～764	3	Y100L2-4

净化风机主要有以下六个特点：

① 集通风、油烟净化及隔火为一体，三效合一，前端安装，减轻了排油烟管道清洗的负荷。

② 可选用灶台废水和洗碗废水作为循环洗涤液，实现自动上水，自动排污。由于废水中含有大量的过剩清洗剂，能使设备长期保持清洁，系统免清洗，运行稳定，阻力低。

③ 净化过程是将多种机理结合在一起，雾化性能良好，油烟净化效率可达 99％以上，排气出口烟气含水率＜8％，净化系统密封良好，设备整体漏风率＜5％。由于技术性能稳定，不会随着使用时间的推移而影响净化效果。

④ 安装变频智能节电器调整不同状态下的负荷，可使能耗大幅度降低，可满足上限设计，下限使用，降耗 30％～40％。

⑤ 耐高温性能良好，符合 XF211—2009 消防排烟风机耐高温试验方法，在烟气温度＞280℃时仍能连续长时间运转。本系统自身隔火，经国家固定灭火系统和耐火构建质量监督检验中心认定，具备消防灭火作用，避免烟道火灾隐患。

⑥ 设备采用悬挂式安装，设备减振采用本公司专利产品 YL-a 预应力吸振器，使用寿

命长达 30 年。

（4）工业油烟净化与回收的典型案例

本节介绍锻压机、旋压机油烟净化。现场废气主要来源于产品生产的过程中热压成型的油烟及颗粒物的排放，对车间内环境造成了一定的影响。

在工件锻压过程中应用的有机脱模剂在高温时产生一定量的油烟，为防止油烟污染大气环境，对此必须进行净化处理。

目前的常规技术的处理是将污染源集中，利用大风机收集汇总，经处理后排入大气。处理方法有静电吸附、活性炭吸附、生物碱洗涤、UV 光解等，这里的方法均是有效的处理方法，但是由于油烟的物理化学特征，使得这些方法所需的设备设施不能长期稳定的运行，同时造成大量的废弃物难以处理。因此根据这些具体问题，提出了污染单体处理的治理方案。

治理过程方案如下：

① 每个锻压单元配置一套净化设备，含洗气机和静电式净化器。

② 每台锻压机安装外部围挡（根据锻压机的工作性质，用户建议围挡只能做成软垂帘的形式），烟气经垂帘围挡及管道进入洗气机，经洗气机初步净化后，然后再经过静电式净化器进行精处理。外部垂帘围挡需现场制作。出风管道沿车间每跨度之间的立柱向上延伸至车间顶至室外，此位置正是两架天车之间的空隙，管道可以通过。

③ 锻压工段洗气机和静电式净化器吊装于二层钢梁上，距离地面 4m 以上的空间。

④ 旋压工段洗气机和静电式净化器放在地面上，两者为上下结构。由于旋压机烟气量较小，净化后的气体可直接在室内排放。

⑤ 单台锻压机：8♯洗气机，风量 10000m³/h，功率 15kW，转速 1450r/min；静电式净化器处理风量 20000m³/h，功率 1.5kW。单台旋压机：5♯洗气机，风量 5000m³/h，功率 4kW，转速 1450r/min；静电式净化器处理风量 10000m³/h，功率 1kW。

⑥ 洗气机属于湿式净化，需配装循环水箱使用，水箱放在地面合适位置。净化介质初步可选用自用材料脱模剂（也可为自来水），根据相似相溶理论可达到最好的效果。

⑦ 循环水箱安装水泵，水泵与洗气机联动，洗气机启动同时水泵启动，向洗气机输送净化介质。净化介质为水时，洗气机不仅可通风、净化，还可做到防火。

⑧ 洗气机电控采用变频控制，上限设计下限使用，适时调节风量，还可保护电机。系统中静电式净化器可与洗气机联动，做到一键启动，同时启停。净化系统中可以加装烟气浓度报警器。

⑨ 每台锻压机的外部围挡均为垂帘式，锻压工作时自然垂下为封闭状态，上下件或更换模具时人工撩起打开。

洗气机是以洗涤液为介质，在机械力的作用下将洗涤液雾化成为细微小液滴颗粒，通过一定速度的撞击或乳化剂的作用与粉尘粒子结合，达到净化的目的。

本洗气机净化机理，等效或高于静态文丘里洗涤器。叶轮旋转，输水管位于叶轮中心，通过叶轮高速旋转的作用形成超强动力，使喷于其上的洗涤液充分雾化，另外还形成了叶片与气流的高速相对运动，使空气与洗涤液以最大接触面积和最大冲击速度剧烈地碰撞、聚合，并在此过程中发生一系列的、复杂的物理作用，使空气中的有害粒子与洗涤液结合达到净化目的。洗涤液完成混合洗涤作用后与空气同时进入气液分离器或脱水器，经分离后的洗涤液流回循环水箱，净化后的空气可排入大气。烟气在洗气机中各阶段速度的变化，在理论上等效于湿式文丘里洗涤器，文丘里气液混合过程可以通过叶轮对气流形成动力的同时在洗气机内部来完成，可以说洗气机相当于动态的文丘里，由于烟气不是直线运动，所以洗气机的净化机理及效果等效并高于文丘里洗涤器，同时又避免了传统文丘里高能耗这一缺陷。

本产品突破传统的概念，做到了效率的模块化、气体压力流量的非线性选择，基本达到了亚零排放，并且能耗最低、投资最小、适应性（高温、高湿、黏性、防爆）最强。另外，本产品可配备变频器使用，节能可达 30%～40% 以上。

应用洗气机净化锻压机、旋压机油烟有以下 7 个特点：

① 集通风、净化、防火于一体，净化效率达 99% 以上。

② 适用范围广，除可适用于物料粉碎、筛分、输送、装卸料等场所的粉尘污染治理，还可用于高温、高湿、高黏等布袋、静电不能适应的场所。

③ 系统结构设计合理，在装配上应用了很多噪声与振动控制技术，设备噪声振动小。

④ 安装变频器调整不同状态下的负荷，可使能耗大幅度降低，性能参数表中的风压、风量非满负荷时的参数，在变频器的配合下还有 30%～40% 的上下调整余地。

⑤ 用于净化介质的洗涤液循环使用，可选用现场使用的脱模剂为净化介质。

⑥ 结构紧凑、占用空间小、重量轻，安装时可免去基础工程，便于安装调试。

⑦ 为了保证设备稳定有效运行，延长设备的使用寿命，本系统运行时必须保持有洗涤液，设计了水泵与洗气机联动控制，水泵停止供水洗气机停止运行。

此治理项目均为管道室外排放，避免了对车间内形成油、烟、气、味的污染。设计排放标准依据 GB 16297—1996《大气污染物综合排放标准》规定限值：颗粒物≤120mg/m³，非甲烷总烃≤120mg/m³。

净化介质（水）循环使用，循环水箱需定期排污清洗，产生污物人工自行处理。油烟净化洗气机实物如图 14-2 所示。

图 14-2
油烟净化洗气机实物图

（5）油烟中 NMHC 和醛酮类化合物检测

使用 GC-MS 法分析餐饮油烟 NMHC 的含量，同时使用液相色谱（HPLC）分析餐饮油烟中醛酮类化合物的含量，并考察油烟净化装置的净化性能。

本实验采用 Tedlar 采样袋采集 VOCs 样品，然后倒入事先抽好真空的 Summa 罐中，送回实验室采用 GC-MS 分析 VOCs 的组分及含量。同时采用涂有 DNPH 衍生剂的硅胶管采集醛酮类化合物，采样流量 0.5L/min，时间为 30min。采样开始前，将涂有 DNPH 衍生剂的硅胶管，接在具有稳定流量的真空泵上，采样前后用流量计校正流量。采集后的样品放到密封袋内拿回实验室放入 4℃ 左右的冰箱内冷藏，并在一个星期之内用乙腈冲洗定容至 5mL HPLC/UV 检测，进样量为 25μL，采用外标法对 15 种醛酮类化合物进行定量。

油烟净化器前后 NMHC 浓度见表 14-2。

表 14-2　油烟净化器前后 NMHC 浓度

名称	洗气机前/(μg/m³)	洗汽机后/(μg/m³)
丙烯	40500	8055
1,3-丁二烯	437.4	438.6
丙酮	306.2	784.2
2-丙醇	649.7	125.1
二氯甲烷	7.2	—
2-丁酮	50.9	140.9
正己烷	16	73.7
苯	937.4	2136.4
庚烷	63.9	224.1
甲苯	87.1	316.7
乙苯	11	
苯乙烯	13.7	—
2-己酮	—	156.4

油烟净化器前后醛酮类化合物谱图对比如图 14-3 和图 14-4 所示。

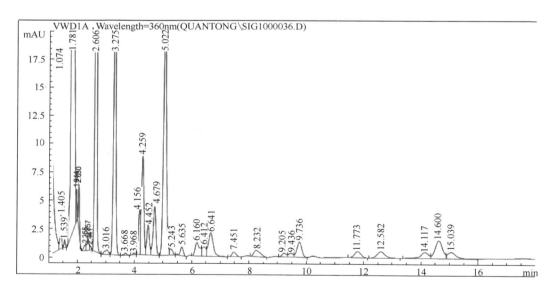

图 14-3

净化器前醛酮类物质检测谱图

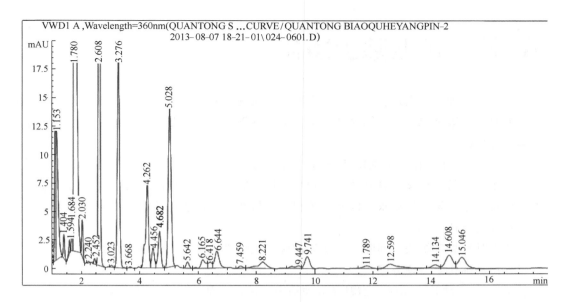

图 14-4

净化器后醛酮类化合物检测谱图

由净化器前后谱图看，处理前后物种的数量和峰面积变化不大，通过外标法定量，油烟净化器前后醛酮类化合物的浓度见表 14-3。

表 14-3　油烟净化器前后醛酮类化合物的浓度

中文名称	英文名称	洗汽机前浓度/(mg/m³)	洗汽机后浓度/(mg/m³)
甲醛	Formaldehyde	0.38	0.25
乙醛	Acetaldehyde	0.27	0.19
丙烯醛	Acrolein	0.12	0.10
丙酮	Acetone	0.08	0.06
丙醛	Propionaldehyde	0.07	0.05
巴豆醛	Crotonaldehyde	0.01	0.01
丁醛	Butyraldehyde	0.08	0.05
苯甲醛	Benzaladehyde	0.01	0.003
异戊醛	Isovaleraldehyde	0.02	—
戊醛	Valeraldehyde	0.07	0.05
邻甲基苯甲醛	O-toleraldehyde	—	—
对甲基苯甲醛	m/P-toleraldehyde	—	—
己醛	Hexaldehyde	0.14	0.10
2,5-二甲基苯甲醛	2,5-dimethylbenzaldehyde	0.07	0.11
总量		1.33	0.97

由表 14-3 检测结果可知，油烟净化器对上表所列的醛酮类化合物具有一定的去除效果。

14.2 矿业除尘净化

矿业的生产加工输送过程中始终存在着粉尘飞扬的问题，尤其是呼吸性粉尘不但给操作人员的身心健康造成伤害，同时还对空气造成污染，且于矿业粉尘的特殊性不宜采用袋式和静电除尘器。

煤炭的开采/加工和输送是矿业具有代表性的领域之一，由于煤炭粉尘的湿度很大，相对密度小，且易燃易爆。日常的袋式和静电场不能适应，常规的湿法也由于效率低，设备庞大也难满足现场使用要求。因此，体积小、效率高、低能耗的旋流式强力传质洗气机成为煤炭业的首选。

本节以某洗煤场煤块车间除尘净化为例说明洗气机在矿业除尘净化方面的应用。

（1）振动筛粉尘治理方案

① 简述。振动筛工作时，物料在振动筛中振动，于是大量粉尘从振动筛中扩散出来，对工人操作环境造成了严重影响，需要治理。根据现场考察，结合我公司专利产品 AB 型洗气机，提出治理方案。

② 说明

a. 现场共有 2 台振动筛需要进行治理，每台均采用相同的治理方式，在振动筛上方安装一套静压集尘罩，集尘罩下部安装柔性密封帘；集尘罩上安装一套洗气机，用管道与集尘罩连接，输送含尘气体至洗气机净化，净化后的气体经管道排出室外。即每 1 台振动筛装 1 套洗气机。

b. 洗气机型号为 AB-7 型，另配循环过滤水箱，洗涤液循环使用，定期排污。

c. 洗气机单独配备电控系统，采用 380V 变频控制，以便根据需要进行调节，做到上限设计，下限使用。

d. 洗气机进出口安装进出风消声器，减小运行时的气流噪声。

e. 洗气机参数：风量 $Q=18000\text{m}^3/\text{h}$，风压 $P=2500\sim3500\text{Pa}$，电机功率 $N=37\text{kW}$，变频器型号为 DZB100B0370L4ACM。

③ 方案示意图如图 14-5 所示。

（2）皮带机落料粉尘治理方案

① 简述

皮带机落料时，物料向下由于落差气流反冲激起大量粉尘，污染工作环境。根据现场观察，结合我公司产品 AB 型洗气机，提出治理方案。

② 说明

a. 在现有条件下，安装静压集尘罩，集尘罩下采用柔性密封；用管道将含尘气体输送至洗气机，通过洗气机净化，净化后的空气排出室外。

b. 洗气机型号为 AB-6 型，另配循环过滤水箱，洗涤液循环使用，定期排污。

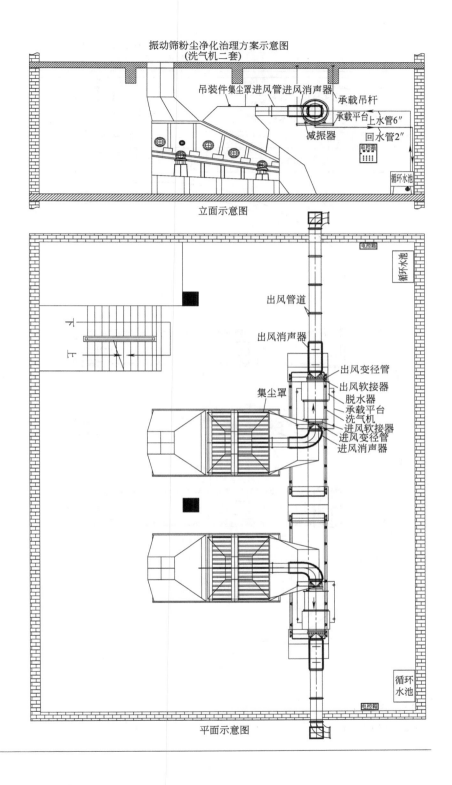

图 14-5
方案示意图（一）

振动筛粉尘净化治理方案示意图
（洗气机二套）

吊装件集尘罩进风管进风消声器
承载吊杆
承载平台上水管6″
减振器
回水管2″
电控箱
循环水池

立面示意图

出风管道
出风消声器
出风变径管
出风软接器
脱水器
承载平台
洗气机
进风软接器
进风变径管
进风消声器
集尘罩
循环水池
电控箱
循环水池
电控箱

平面示意图

东、西仓皮带机粉尘净化治理方案示意图
(洗气机二套)

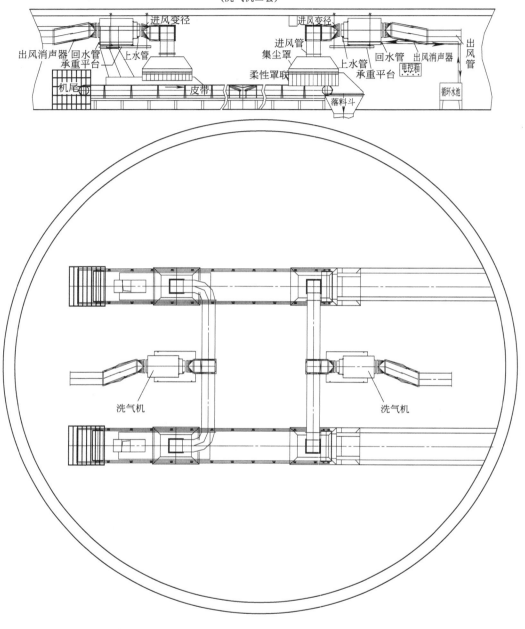

图 14-6
方案示意图（二）

强力传质洗气机技术及应用
Technology and application of powerful mass transfer scrubber

c.洗气机单独配备电控系统，采用 380V 变频控制，以便根据需要进行调节，做到上限设计，下限使用。

d.洗气机进出口安装进出风消声器，减小运行时的气流噪声。

e.洗气机参数：风量 $Q=10000\text{m}^3/\text{h}$，风压 $P=2000\sim3000\text{Pa}$，电机功率 $N=15\text{kW}$，变频器型号为 DZB100B0150L4ACM。

③ 方案示意图如图 14-6 所示。

（3）粉尘治理效果

根据 GBZ/T 192《工作场所空气中粉尘测定》，采用滤膜质量浓度法进行粉尘浓度的测量。使用 AZF-2 型粉尘采样器对某洗煤厂块煤车间粉尘浓度进行现场实测。为了测定除尘系统的降尘效率，分别在相应采样点带煤作业条件下测定各除尘系统开启和关闭前后的总粉尘和呼吸性粉尘浓度值，详细见表 14-4～表 14-9。

开启降尘设备后，洗煤厂各个粉尘治理点原始总粉尘浓度绝对值有了很大的降低，相对降尘效率值也比较理想；呼吸性粉尘浓度变化规律与总粉尘基本相似，具体分析说明如下。

表 14-4　206A/207A 破碎机除尘系统粉尘浓度实测记录表

采样位置	类别	原始粉尘浓度/(mg/m³)					降尘设备开启后粉尘浓度/(mg/m³)					降尘效率/%
		样本号				平均值/(mg/m³)	样本号				平均值/(mg/m³)	
		1#	2#	3#	4#		1#	2#	3#	4#		
破碎机处	总尘	480.0	503.3	490.7	510.6	496.2	41.7	45.0	50.0	52.7	47.4	90.4
	呼尘	140.0	147.4	142.3	153.2	145.7	23.3	25.0	25.2	26.4	25.0	82.8
吸尘罩处	总尘	595.0	558.3	548.8	577.9	570.0	51.7	41.6	52.5	38.6	46.1	91.9
	呼尘	176.7	156.7	153.1	171.2	164.4	35.0	23.3	33.3	19.2	27.7	83.2

表 14-5　201 皮带转载点除尘系统粉尘浓度实测记录表

采样位置	类别	原始粉尘浓度/(mg/m³)					降尘设备开启后粉尘浓度/(mg/m³)					降尘效率/%
		样本号				平均值/(mg/m³)	样本号				平均值/(mg/m³)	
		1#	2#	3#	4#		1#	2#	3#	4#		
机头吸尘罩处	总尘	126.7	80.0	103.2	90.7	100.2	41.7	31.6	37.4	34.5	36.3	63.8
	呼尘	43.3	30.6	35.7	32.3	35.5	15.5	12.2	14.3	13.5	13.9	60.8
溜煤筒吸尘罩 I	总尘	54.5	65.3	48.9	57.8	56.6	7.6	8.3	6.2	9.8	8.0	85.9
	呼尘	18.1	20.8	15.0	19.8	18.4	3.4	3.8	2.9	4.1	3.6	80.4
溜煤筒吸尘罩 II	总尘	78.3	46.7	50.4	65.5	60.2	8.2	7.3	3.6	5.8	6.2	89.7
	呼尘	23.3	16.6	18.5	21.7	20.0	5.1	4.4	1.7	2.7	3.5	82.5

表 14-6 815A/816A 博后筛除尘系统粉尘浓度实测记录表

采样位置	类别	原始粉尘浓度/(mg/m³)				平均值/(mg/m³)	降尘设备开启后粉尘浓度/(mg/m³)				平均值/(mg/m³)	降尘效率/%
		样本号					样本号					
		1#	2#	3#	4#		1#	2#	3#	4#		
筛面上部	总尘	58.3	61.7	55.0	63.8	59.7	10.3	12.4	9.8	14.5	11.8	80.2
	呼尘	15.8	18.3	11.7	20.9	16.7	3.7	4.5	3.5	4.9	4.2	74.9
筛面前方	总尘	63.3	81.7	65.0	78.2	72.1	18.3	15.0	12.3	16.6	15.6	78.4
	呼尘	21.7	23.3	22.0	22.6	22.4	6.6	6.4	4.5	6.8	6.1	72.8

表 14-7 筒仓底部给料机除尘系统粉尘浓度实测记录表

采样位置	类别	原始粉尘浓度/(mg/m³)				平均值/(mg/m³)	降尘设备开启后粉尘浓度/(mg/m³)				平均值/(mg/m³)	降尘效率/%
		样本号					样本号					
		1#	2#	3#	4#		1#	2#	3#	4#		
给料机上方	总尘	81.7	126.7	83.3	109.4	100.3	25.4	28.7	20.1	22.7	24.2	75.9
	呼尘	48.3	58.3	55.0	44.6	51.6	11.3	14.6	17.5	13.9	14.3	72.3
给料机下方	总尘	290.0	248.3	280.0	267.2	271.4	45.7	55.4	46.7	42.3	47.5	82.5
	呼尘	121.7	110.0	105.0	90.8	106.9	26.8	22.3	19.8	20.9	22.5	79.0

表 14-8 201 皮带走廊除尘系统粉尘浓度实测记录表

采样位置	类别	原始粉尘浓度/(mg/m³)				平均值/(mg/m³)	降尘设备开启后粉尘浓度/(mg/m³)				平均值/(mg/m³)	降尘效率/%
		样本号					样本号					
		1#	2#	3#	4#		1#	2#	3#	4#		
皮带走廊	总尘	161.7	176.7	143.5	134.1	154.0	43.3	46.6	40.2	41.2	42.8	72.2
	呼尘	42.7	50.0	38.3	35.7	41.7	14.8	16.6	15.0	12.4	14.7	64.7

表 14-9 802A、803A、804A、805A 及 210A 皮带预湿系统粉尘浓度实测记录表

采样位置	类别	原始粉尘浓度/(mg/m³)				平均值/(mg/m³)	降尘设备开启后粉尘浓度/(mg/m³)				平均值/(mg/m³)	降尘效率/%
		样本号					样本号					
		1#	2#	3#	4#		1#	2#	3#	4#		
804 皮带机头转载点	总尘	65.0	70.0	51.7	58.4	61.3	17.1	25.2	23.0	18.3	20.9	65.9
	呼尘	20.0	18.3	20.0	23.6	20.5	8.3	5.4	11.2	8.0	8.2	60.0
210A 皮带机头转载点	总尘	198.3	171.7	166.7	205.0	185.4	73.2	65.1	59.8	63.9	65.5	64.7
	呼尘	78.3	50.0	66.7	55.0	62.5	19.3	22.5	28.8	24.9	23.9	61.8

① 206A/207A 破碎机除尘系统：采样位置选择二楼破碎机处和一楼 209A 转载皮带吸尘罩处。开启除尘系统前，颚式破碎机在破碎大煤块过程中，粉尘从破碎上口大量逸出，总粉尘浓度均值达到 496.2mg/m³，呼吸尘浓度达到 145.7mg/m³；破碎后的细块煤顺溜煤筒落到一楼 208A/209A 转载皮带上，由于落差较高，产尘量很大，粉尘浓度达到 570.0mg/m³，呼吸尘浓度达到 164.4mg/m³。抽尘净化系统在每条转载皮带两溜煤筒之间安设吸尘罩，采取对原溜煤筒壁漏洞进行封堵、用盖板盖住溜煤筒上下两端的皮带架、在端头设置两道挡尘帘、用胶条密封溜煤筒壁与皮带架之间的缝隙等密闭措施。开启 UO-800 抽尘净化系统后，含尘气流在风机抽吸作用下，溜煤筒及皮带架内形成高负压区，破碎机外逸的粉尘及落煤产生的粉尘得到有效的控制。经测定，破碎机处总粉尘浓度均值降为 47.4mg/m³，降尘效率达到 90.4%，呼吸性粉尘浓度均值降为 25.0mg/m³，降尘效率为 82.8%；吸尘罩处总粉尘浓度均值为 47.7mg/m³，降尘效率达到 91.9%，呼吸性粉尘浓度均值为 26.1mg/m³，降尘效率达到 83.2%，总粉尘浓度均降到 50mg/m³ 以内，降尘效果显著。

② 201 皮带转载点除尘系统：采样位置选择楼上机头转载吸尘罩处及楼下两个溜煤筒吸尘罩处。开启除尘系统前，原煤随皮带走廊运到 201 机头转载点，由于下煤量大、落差较高、原煤的含水率低、溜煤筒漏洞等原因，造成粉尘逸散，机头总粉尘浓度达到 100.3mg/m³，两溜煤筒下煤口处总粉尘浓度分别达到 56.6mg/m³、60.2mg/m³，给该楼层配电室、岗位房及工具房造成严重污染。抽尘净化系统对两溜煤筒下煤口进行了较好密闭处理，配做了可拆卸挡尘胶帘，方便检修、观察；开启 UO-600 抽尘净化系统后，总粉尘浓度降为 8.0mg/m³、6.0mg/m³，低于 10mg/m³；呼吸性粉尘浓度降为 3.6mg/m³、3.5mg/m³，低于 5mg/m³。考虑到 201 机头转载点处经常有未被破碎、外形尺寸超过 1.5m 的大块煤矸，该处吸尘罩由设计的密闭罩改为半密闭罩，总粉尘及呼吸性粉尘降尘效率为 63.8% 及 60.8%，该处降尘效果欠佳。

③ 815A/816A 博后筛除尘系统：采样位置选择两部筛子中间的上部及下部两个位置。由于筛面倾角较大、下煤量大、落差较高等因素，产尘较大。特别是块度大于 13mm 的煤块顺高落差溜煤筒落到底楼 806、808 转载皮带后产生的大量粉尘沿溜煤筒上飘到筛面；底楼转载皮带落煤点两侧未做密闭处理，大量粉尘外逸后污染底楼，并沿博后筛安装平台起吊口上扬到博后筛处，导致总粉尘浓度达到 72.1mg/m³，呼吸性粉尘浓度为 22.4mg/m³。开启压气喷雾后，布置在筛面上的三道喷雾能很好地覆盖整个筛面，降尘效果较好；同时，沿溜煤筒向下安装的第四道喷雾能对扬尘起到很好的抑制作用。降尘系统启动后，筛面下部总粉尘及呼吸性粉尘浓度分别下降到 15.6mg/m³ 和 6.1mg/m³，降尘效率分别为 78.4% 和 72.8%。

④ 筒仓底部给料机除尘系统：采样位置选择给料机上部人行平台及下方 232 转载皮带旁。给料机启动后，含水率较低的块煤沿溜槽落入 232 转载皮带上产生大量粉尘，而后弥漫整个筒仓底部空间。经测定，未开启高压喷雾前，给料机下方转载皮带总粉尘及呼吸性粉尘浓度分别为 271.4mg/m³ 和 106.9mg/m³。开启高压喷雾（5MPa）降尘系统后，溜槽上的喷雾先对块煤进行了预湿润，然后安装上转载皮带上方的喷雾对扬程进行压制，

总粉尘和呼吸性粉尘浓度降为 $47.5mg/m^3$ 和 $22.5mg/m^3$，降尘效率分别达到 82.5% 及 79.0%。

⑤ 201 皮带走廊除尘系统：采样位置选择皮带走廊离下方转载点 20m 处。由于该条皮带较长，运转速度快，达到 $2.5m/s$，200 振动给料机下煤后沿皮带走廊带出大量粉尘到走廊内部，污染整个皮带走廊，总粉尘及呼吸性粉尘浓度达到 $147.4mg/m^3$ 及 $41.7mg/m^3$。在 200 给料机转载点处开启预湿润喷雾后，煤体得到湿润，同时原煤落入皮带时产尘得到较好抑制，总粉尘浓度降到 $50mg/m^3$ 以内。

⑥ 802A、803A、804A、805A 及 210A 皮带预湿系统：采样位置选择 804A 皮带机头及 210A 皮带机头两个转载点处。由于破碎机矸石转载皮带 208、208A、209、209A、210 皮带转载点离 802A、803A、804A、805A、210A 末煤转载点距离较近，矸石转载点未安装喷雾，末煤转载点安装喷雾，单独考察末煤转载点开启除尘设备前后的降尘效率可比性较差。经初步测定，末煤皮带预湿润系统的降尘效率仍可达 65% 左右。

14.3　炉窑脱硫除尘

炉窑冶金是工业组成的重要部分，而炉窑冶金也是大气污染的主要"贡献者"，它的主要"贡献"是挥发性粉尘及二氧化硫等污染物，这个领域的特点是体量大、烟气温度高、成分复杂、易燃易爆的比例大等特点。目前常规的方法是以喷淋塔为主，由于此技术的局限性使烟气排放达到高标准要求。在看似白的尾气中的气溶胶含量、硫酸盐含量都很高，采用氨法的氨逃逸很严重，同时能耗也很高，经过实践证明强力传质洗气机应用使得各项经济技术指标达到全面覆盖程度，并可大幅度降低投资成本及运营成本，成为这一领域的领跑者。

本节以某炉窑竖炉烧结烟气净化方案举例说明洗气机在炉窑脱硫除尘方面的应用。

（1）净化方案

① 原系统中的静电净化器不动，水泵及沉淀池可利用现有的。

② 确定设计参数：设备选型型号 CTL-No12 除尘洗气机，风量 $Q=100000m^3/h$，风压 $P=3180\sim4590Pa$，装机功率 $N=160kW$，电控配装变频器。

③ 本方案选用 CTL-No12 除尘洗气机为净化主体，共选用 3 台并联使用，配置为 2 用 1 备。总设计风量为 $200000m^3/h$。

④ 本净化系统与原系统对接，即静电除尘器的出口与本净化系统的进口相连接，本净化系统的出口与烟筒相连接。

⑤ 本净化系统配备变频器，其主要作用是通过无级调速，使本洗气机设备性能得以完美地实现，同时有节能的效果。

⑥ 平面布置示意图如图 14-7 所示。

⑦ 立面展开示意图如图 14-8 所示。

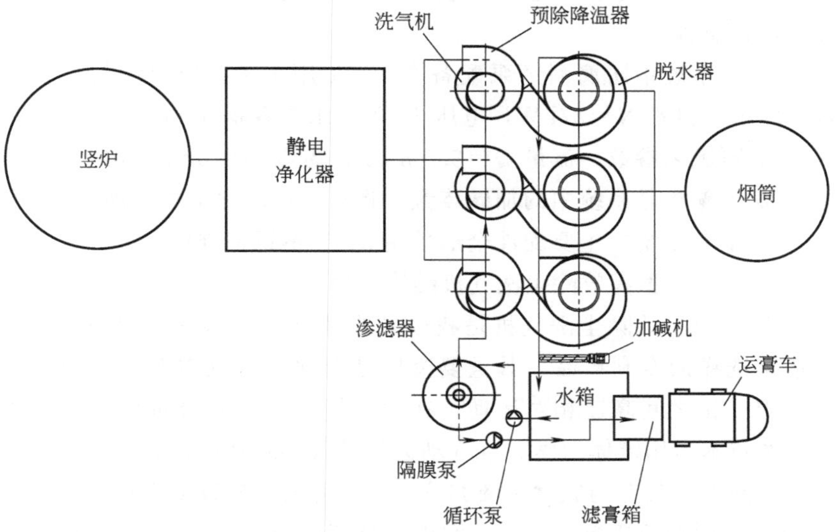

图 14-7
平面布置图

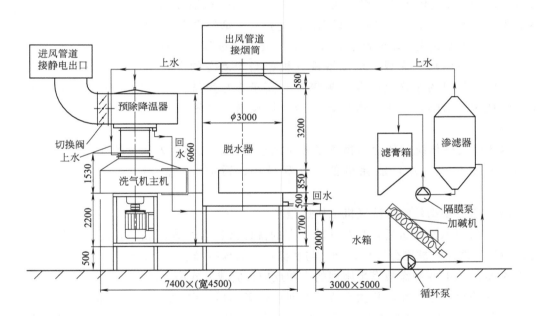

图 14-8
立面展开图

⑧ 本方案中配备有一套水系统，包括水箱、加碱机、渗滤器、滤膏箱、循环泵、隔膜泵。

⑨ 水系统中的污水渗滤器，洗涤液经脱水器回到水箱，液体中含有粉尘的污水经水泵输送至污水渗滤器，经过滤料后变为清水循环使用。在渗滤器下部有污泥处理器，它是将沉淀下来的污泥经强力过滤后，由隔膜泵排出到滤膏箱。该渗滤器还有自动反洗功能，

可保证滤料长期使用。此方案配备的过滤器过滤能力为250T/h，采用316L不锈钢制作，保证不被腐蚀。

⑩ 水系统中防腐耐磨泵配备2台，1用1备，单台参数：流量$Q=240m^3/h$，扬程$H=24m$，功率$N=37kW$，电压380V。水箱容积$30m^3$。

⑪ 隔膜泵参数：流量$Q=3.5m^3/h$，扬程$H=30m$，功率$N=1.5kW$，电压380V。

⑫ 加碱机是系统中的加碱装置，将石灰或氧化钠加入回水槽内随洗涤液进入水箱。

⑬ 本套系统中主要配件全部采用316L不锈钢制作。

（2）CTL型高效除尘洗气机结构原理

CTL型高效除尘洗气机是我公司自主研制开发的一种为烟气提供动力并对烟尘进行连续洗涤的专利产品，其重要突破是借助于风机内部流场及各种力的作用，形成气、液、固三相之间高速相对运动，在为烟气提供动力的同时，完成除尘、脱硫的过程。

本技术运用流体力学、空气动力学及气溶胶理论，利用叶轮高速旋转的作用形成超强动力，使喷于其上的碱性浆液充分雾化，并与烟气以最大接触面积和最大冲击速度（60～150m/s）剧烈地碰撞、聚合，实现在最短的时间、最小的空间、最小的液气比下气液充分接触，进行高速传质的过程，在这一过程中，灰尘被液体捕捉，烟气中的SO_2被洗涤液吸收并发生化合反应，完成一系列的净化过程。烟气在洗气机中各阶段速度的变化，在理论上等效于湿式文丘里洗涤器，文丘里气液混合过程可以通过叶轮对气流形成动力的同时在洗气机内部来完成，可以说洗气机相当于动态的文丘里，由于烟气不是直线运动，所以洗气机的净化机理及效果等效并高于文丘里洗涤器，同时又避免了传统文丘里高能耗这一缺陷，由于没有脱硫除尘专用设备，系统阻力只是其他脱硫除尘设备的$1/5～1/7$。

本产品突破传统的概念，做到了效率的模块化、气体压力流量的非线性选择，基本达到了亚零排放，并且能耗最低、投资最小、适应性（高温、高湿、黏性、防爆）最强。

（3）CTL型高效除尘洗气机工作过程

① 烟气进入洗气机后，与在叶轮下方的洗涤液汇合进入叶轮，在高速旋转叶轮的强力作用下，洗涤液被充分雾化，烟气与洗涤液剧烈地碰撞、聚合，使得粉尘被水捕捉，烟气中的SO_2与碱性洗涤液发生剧烈的中和反应，完成一次净化过程。

② 洗涤液与烟气在叶轮内完成一系列复杂运动后，以69～150m/s的速度离开叶轮，此时的高速气流在集风器与筒体间隙出口处形成负压区，形成喷枪效应，即将沿此间隙流出的一次洗涤液雾化，从叶轮飞出的高速洗涤液与一次洗涤液发生撞击，此时残余烟尘与SO_2被高密度的雾状洗涤液二次捕集。

（4）CTL型高效除尘洗气机特点

① 节能降耗：采用智能节电技术可满足上限设计，下限使用，可以降耗30％～40％。

② 流程简单：采用三级脱硫除尘技术，使总效率更高。

③ 排放达标：除尘效率99％以上，脱硫效率95％以上。

④ 性能稳定：采用以水为介质的方法，既为高温烟气降温，又减少设备的磨损。

⑤ 净化时效：不会随着使用时间的推移而影响净化效果。

⑥ 结构新颖：体积小、能耗低、耐腐蚀、耐高温、振动噪声小、寿命长、投资少。

⑦ 安装简便：新老旧竖炉可以全套安装，老旧竖炉也可以在不停机的情况下对其进行达标改造。

⑧ 便于维护：定期补水清除沉淀物即可。

（5）CTL 型高效除尘洗气机的脱硫方法

脱硫方法为双碱法即钠钙法，脱硫剂为氢氧化钠（NaOH）及氢氧化钙 $Ca(OH)_2$。

① 双碱法的优点。钠钙双碱法采用纯碱启动、钠碱吸收 SO_2 石灰再生的方法。较之其他湿式脱硫工艺，尤其是石灰-石膏法，它具有以下优点：

a. 钠碱吸收剂反应活性强、吸收速度快，可降低液气比，从而降低了运行费用；脱硫吸收与产物形成均在中低温状态下进行，脱硫效率高。

b. NaOH 清洁吸收 SO_2，石灰 $Ca(OH)_2$ 使得 NaOH 再生，可以避免管道的结垢、堵塞问题。

c. 钠碱循环使用，损失少，运行成本低。

d. 吸收过程无废水排放，吸收液浓度稳定。

e. 排放废渣无毒，无二次污染。

f. 石灰作还原剂（实际消耗物），安全可靠，来源广泛，运行成本低；

g. 运行过程中液相比重不增加，灰水易分离，可降低水池的面积，降低成本；

h. 操作简便，系统长期运行稳定。

② 双碱法的脱硫机理

a. 根据现在日益提高的环保要求、需要更高的脱硫率，采用双碱脱硫法是根据国外近年采用的脱硫技术结合我国国情经多次应用改进形成的，它是利用可溶性的碱吸收 SO_2、石灰处理和再生洗液，取碱法和石灰法二者的优点而避其不足。

b. 吸收剂的选择。我们经全面调研多种工业碱，选定液体 NaOH（20％～42％）为吸收剂，一则钠碱目前价低，二则液体钠碱应用浓度范围大，反应较完全，操作简便安全。

c. 反应原理

吸收反应如下：

$$2NaOH + SO_2 = Na_2SO_3 + H_2O \qquad \text{(a)}$$

$$Na_2SO_3 + SO_2 + H_2O = 2NaHSO_3 \qquad \text{(b)}$$

以上二式根据吸收液碱度不同而有不同的反应。

（a）式为碱性较高（pH＞9）时的主要反应式；

（b）式为碱度低或成酸性（5＜pH＜9）时的主要反应式。

再生：再生过程中的第二种碱采用石灰，反应如下：

$$Ca(OH)_2 + 2NaHSO_3 = Na_2SO_3 + CaSO_3 \cdot 1/2\, H_2O + 3/2\, H_2O$$

$$Ca(OH)_2 + Na_2SO_3 + H_2O = 2NaOH + CaSO_3 \cdot H_2O$$

主要副反应：

$$Na_2SO_3 + 1/2\ O_2 \Longrightarrow Na_2SO_4$$

$$Ca(OH)_2 + Na_2SO_3 + 1/2\ O_2 + 2\ H_2O \Longrightarrow 2NaOH + CaSO_4 \cdot 2H_2O$$

固液分离：经沉淀和过滤后，再生的 NaOH 循环使用。

（6）应用效果

本洗气机技术是目前最为先进的除尘脱硫技术，除尘脱硫设计效率完全可以达到现有企业国家标准排放规定，并且可以满足新建企业国家标准或地方标准排放值。

静电净化器出口处 SO_2 含量为（按平均值）$8000mg/m^3$，净化后 SO_2 排放量暂且按 $200mg/m^3$，烟气量按 $180000m^3/h$ 计算，竖炉运行一天（24h）CaO（生石灰）需用量为 29.5t，按每吨 300 元计算，全天 CaO 费用为 0.885 万元。

炉窑脱硫除尘为削减本地区 SO_2 的排放起到了带头作用，间接经济效益明显，据估算，在我国排放 1t SO_2 可造成社会经济损失约 3000 元人民币。该洗气机机组设计按脱硫排放 $200mg/m^3$ 计算，全天（24h）削减的 SO_2 量约为 33.696t，据此计算，单套竖炉机组脱硫后可为社会挽回 10.1088 万元/天的经济损失，其间接经济效益是明显的。

经济效益突出，全天（24h）减少 SO_2 排放 33.696t，按目前排污收费标准，以 0.63 元/kg 二氧化硫计算，全天可为企业节省 2.1228 万元，且随着国家环保力度的加大，效益将更显著。烧结烟气净化洗气机实物如图 14-9 所示。

图 14-9

烧结烟气净化洗气机实物图

14.4　洗气机在制药工业的应用

制药是关乎民生的重要行业，它在生产过程中的工艺复杂、工艺种类繁多，尤其是中药制剂则更是如此，正是如此原因其生产过程的污染物种类也是如此繁多。同时由于工艺的要求其污染物的成分、工况条件等等诸多的原因，使得常规的设备很难适应，如湿度大、黏度大、颗粒物细小、相对密度小、还含有一定量的糖分、酒精等有机物，而强力传质洗气机应用为制药行业的污染物防治开辟了一条新的路径，同时由于制药行业的卫生等级高也使强力传质洗气机的应用和适应提到一个新的高度。

本节以某制药厂制药颗粒车间搅拌机粉尘治理方案说明洗气机在制药工业的应用。

将集气罩设计为气幕式集气罩，带有条缝式风幕回风口，使气幕对搅拌粉尘形成屏障，保证粉尘不外逸，同时保证只有少量自然空气被携带净化。

在脱水器的出口安装三通管，其中一路供集气罩风幕回风，携带粉尘净化，另一路接排风主管或直接排放，两路风量可通过阀门进行调节，比例为 1∶1。

方案示意图如图 14-10 所示。

强力传质洗气机净化效率等效或高于文丘里洗涤器，它是通过叶轮旋转形成叶片与气流的高速相对运动使空气与洗涤液混合，并在混合过程发生一系列的、复杂的物理作用，使空气中的有害粒子与洗涤液结合达到净化目的。洗涤液完成混合洗涤作用后与气体同时进入脱水器，由于脱水器的分离作用，净化后的气体可直接排入大气，分离后的洗涤液流回水箱，循环水箱内设计有过滤器，可对洗涤液中的污物进行过滤，经排污口排出，干净洗涤液重新参与净化洗涤。预存水箱，在停机时，可对循环水箱中的过滤器起到反冲洗的作用。

图 14-10
方案示意图

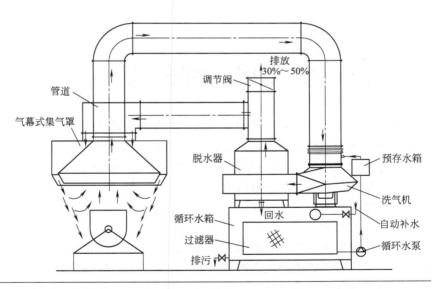

本设计中配备变频技术可使系统中所需的各项指标如风量、风压等得以很好地实现，做到上限设计，下限使用，能最大限度地满足工况要求，同时最少的消耗能源，节能可达 30%～40% 以上；还可起到保护设备不过热、不过载，自动检索故障等多项功能。制药搅拌间粉尘治理实物如图 14-11 所示。

图 14-11

制药搅拌间粉尘治理实物图

北京同仁堂制药厂

14.5 煤焦化、煤化工

煤焦化和煤化工是煤炭深加工领域里能源利用的龙头行业，是与国家经济息息相关，也是国家经济的命脉。煤炭的开采、洗选加工、筛分输送等均为物理过程，而煤焦化和煤化工则是化学工程，"三传一质"的化工过程在这两个领域得以充分的发展和应用。

（1）煤焦化和煤化工中的污染物

在煤焦化有两个大的分支，一个是炼焦过程产生的烟尘污染物，一个是化工环节产生的煤焦油、苯类物。

在煤焦的环节中有装煤出焦、熄焦及焦炉的烟气的排放等污染环节，在目前的治理结构中，对于装煤出焦的治理方法多为采用地面站的布袋除尘方式，由于布袋的使用特点是不适应高温及煤焦油的黏性，使用设备庞大，运行能耗高，效率低，对行业的标准升级形成一定的阻碍。

在熄焦的方法上分为干熄焦和湿熄焦，干熄焦用惰性气加布袋的形式解决了粉尘污染的问题，而湿熄焦的气凝胶则有待于解决或淘汰掉。

焦炉烟气中有烟尘及二氧化硫，由于烟气体量较大，温度高，而且要求一定的稳定性，因为它的燃料就是本炉生产的焦炉煤气，工况调控不好就会发生事故。强力传质洗气机不但能适应以上工况还能达到超洁净排放，运行的稳定性也达到了要求。

煤化工也是以煤炭为原料，除了能合成生产一定的化工原料外，还能生产柴油等一系列能源产品。它除了在转运、破碎、筛分等方面可应用洗气机外，在一些合成、裂解等多领域多环节处也可应用强力传质洗气机完成"三传一质"的传质过程，因此强力传质洗气机在煤焦化、煤化工领域可以发挥不可替代的作用。

（2）焦化焦炉出焦烟尘治理方案

以某焦化厂焦化焦炉出焦烟尘治理方案为例说明洗气机在煤焦化和煤化工除尘方面的应用。具体方案如下：

① 停止地面站使用，利用导焦车及现有集尘罩，设计安装两套洗汽机净化零排系统。

② 对导焦车进行加装平台改造并加固，在其平台上安装两套洗气机系统。成套设备含预除尘器、洗气机主机、脱水器、渗滤器、电控系统、进出风管道、支架及水系统、循环泵、水箱等。

③ 对现有集尘罩进行改造，首先对其进行密封，其次在集尘罩外围 300mm 的位置加装一层钢板，使其形成双层集尘罩，可称为零排式集尘罩。内层为洗气机进风通道，含尘烟气由此层经管道进入洗气机净化。外层为回风通道，净化后的气体不是通过烟筒排向空中，而是通过管道排向集尘罩，通过集尘罩周围的条形风口排出，形成气幕，防止集尘罩内含尘气体逸出集尘罩，有利于含尘气体被充分吸收净化。

④ 净化后的干净气体形成的气幕风，同时也作为送风使用，与含尘烟气同时进入洗气机，替代了集尘罩周围的环境气体进入洗气机。

⑤ 净化后的气体经过净化介质的洗涤，温度相对较低，回到集尘罩后与高温含尘烟气同时进入洗气机，可为高温烟气降温，更有利于洗气机对粉尘的净化，同时保护设备免受高温危害。

⑥ 单套洗气机参数：风量 $Q = 100000 \sim 150000 \mathrm{m^3/h}$，风压 $P = 2000 \sim 3000 \mathrm{Pa}$，装机电机额定功率 $N = 250 \mathrm{kW}$，$U = 380 \mathrm{V}$。电控配装施耐德变频器，可调节洗气机各参数。

⑦ 二套并联安装，根据实际情况选择开启状态。

⑧ 立面布置简图如图 14-12 所示。

⑨ 平面布置简图如图 14-13 所示。

⑩ 水系统中设计有一套渗滤器，经脱水器分离后的灰水混合体经循环泵打入渗滤器，经渗滤器过滤后的干净洗涤液被重新循环利用，污泥由渗滤器下部排出。水箱起到为渗滤器补水的作用。

⑪ 电控系统中配置有变频器，起到无级调速、故障显示、软启动等保护功能，同时与水泵联动。洗气机安装示意图如图 14-14 所示。

（3）洗气机的工作过程

① 烟气进入洗气机后，与在叶轮下方的洗涤液汇合进入叶轮，在高速旋转叶轮的强力作用下，洗涤液被充分雾化，烟气与洗涤液剧烈地碰撞、聚合，使得粉尘被水捕捉，完成一次净化过程。

② 洗涤液与烟气在叶轮内完成一系列复杂运动后，以 $60 \sim 150 \mathrm{m/s}$ 的速度离开叶轮，此时的高速气流在集风器与筒体间隙出口处形成负压区，形成喷枪效应，即将沿此间隙流出的一次洗涤液雾化，从叶轮飞出的高速洗涤液与一次洗涤液发生撞击，此时残余烟尘被

高密度的雾状洗涤液二次捕集。焦化焦炉出焦烟尘治理实物图如图 14-15 所示。

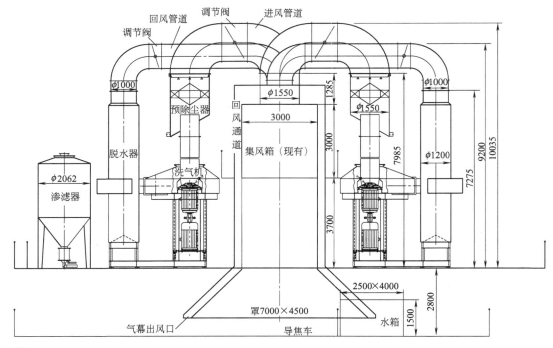

图 14-12
立面布置图

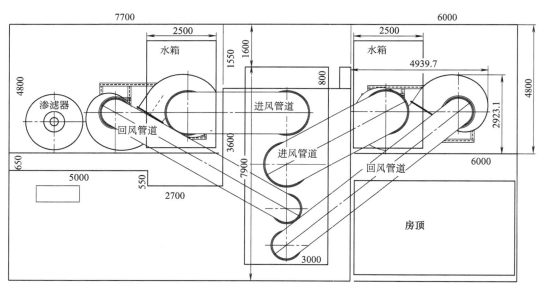

图 14-13
平面布置图

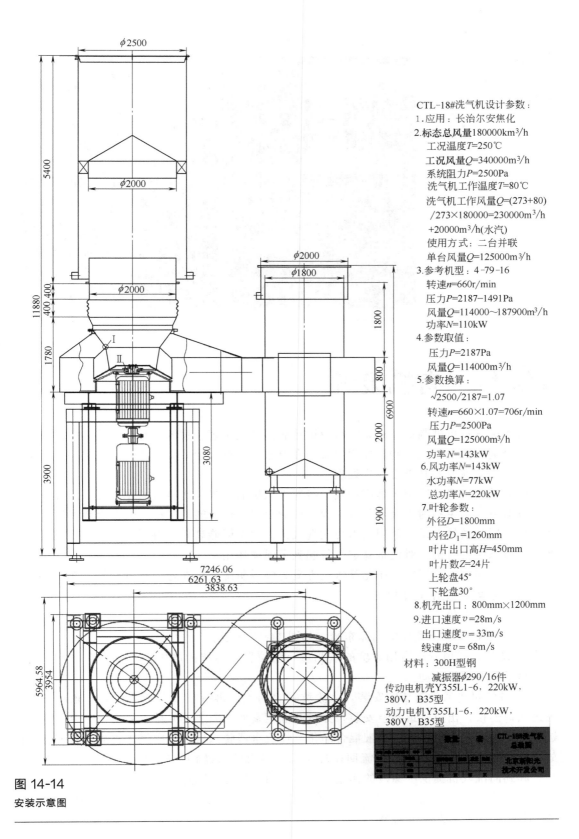

CTL-18#洗气机设计参数：
1.应用：长治尔安焦化
2.标态总风量180000km³/h
　工况温度T=250℃
　工况风量Q=340000m³/h
　系统阻力P=2500Pa
　洗气机工作温度T=80℃
　洗气机工作风量Q=(273+80)
　/273×180000=230000m³/h
　+20000m³/h(水汽)
　使用方式：二台并联
　单台风量Q=125000m³/h
3.参考机型：4-79-16
　转速n=660r/min
　压力P=2187~1491Pa
　风量Q=114000~187900m³/h
　功率N=110kW
4.参数取值：
　压力P=2187Pa
　风量Q=114000m³/h
5.参数换算：
　$\sqrt{2500/2187}$=1.07
　转速n=660×1.07=706r/min
　压力P=2500Pa
　风量Q=125000m³/h
　功率N=143kW
6.风功率N=143kW
　水功率N=77kW
　总功率N=220kW
7.叶轮参数：
　外径D=1800mm
　内径D_1=1260mm
　叶片出口高H=450mm
　叶片数Z=24片
　上轮盘45°
　下轮盘30°
8.机壳出口：800mm×1200mm
9.进口速度v=28m/s
　出口速度v=33m/s
　线速度v=68m/s
材料：300H型钢
　减振器ϕ290/16件
　传动电机壳Y355L1-6，220kW，
　380V，B35型
　动力电机Y355L1-6，220kW，
　380V，B35型

图 14-14
安装示意图

图 14-15
焦化焦炉出焦烟尘
治理实物图

14.6　有机废气

有机废气是机械制造、涂装等行业进行表面处理工艺（喷漆）时产生的，而涂料由树脂、稀释剂（溶剂）及一些添加剂组成。在喷漆时，有大量的漆雾随气流逃逸，为了避免造成大气污染就要对其进行吸集处理。

吸集处理一般是采用水幕帘加吸附装置加风机的方式。水幕帘的作用是将漆雾中的树脂成分分离，以免黏附于吸附装置表面。影响吸附原件功能的发挥，但由于诸多原因其效率很低，影响整体效果，采用强力传质洗气机技术不但能高效地将树脂成分有效吸集，还能取代原系统的风机，对设备稳定运行起到了保障作用。

以某公司东喷漆间空气净化及送风方案为例说明洗气机在处理有机废气方面的应用。

（1）方案示意图（图 14-16）

（2）排风净化

① 洗气机安装于喷漆间内靠东墙，如图 14-16 所示。

② 洗气机进风管道占用漆坑的东北角一块位置，与坑内静压箱连接。漆坑上方的一块铁篦子需要现场改动。

③ 洗气机进风管道架空安装，由漆坑垂直向上，再沿喷漆房墙面横向向东，与洗气机进风口连接。出风管道架空安装，穿过北墙至室外，向上延伸排放。工作时废气气体经进风管道进入洗气机，与洗涤液混合净化，经脱水器脱水后，干净气体直接经管道室外排放。脱除的混合液体经回水管流回循环水箱，经沉淀过滤循环使用。循环水箱安装有水泵，起到向洗气机提供洗涤液的作用。循环水箱需根据工况定期清理排污。

④ 洗气机参数：型号 CTL-5.5，风量 8000～10000m³/h，风压 500～900Pa，电机功率 11kW，循环泵功率 0.2kW。

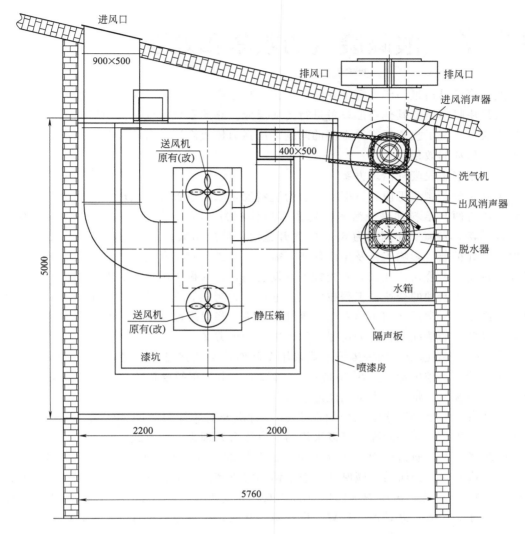

进风口

900×500

排风口

排风口

进风消声器

送风机
原有(改)

400×500

洗气机

出风消声器

脱水器

5000

水箱

送风机
原有(改)

静压箱

隔声板

漆坑

喷漆房

2200

2000

5760

图 14-16
方案示意图

⑤ 洗气机安装进出风消声器，降低运行时的气流噪声。

⑥ 洗气机电控采用变频控制，可调节洗气机各参数，还可起到保护电机的作用。

（3）送风

① 喷漆间送风风机利用原有喷漆间风机，须做改动处理，加装静压箱，吊装于喷漆房上部，风机出风口向下送风。

② 新风取风口在北墙开洞，安装管道至送风静压箱，取室外自然风。

③ 原有送风风机参数：型号 LF-250，风量 $Q=25000\text{m}^3/\text{h}$，压力 $P=250\text{Pa}$，电机功率 $N=1.5\text{kW}$，转速 $n=1400\text{r}/\text{min}$。

（4）喷漆房的隔制与隔壁喷漆间相同，采用彩钢板制作。房顶隔断铺设过滤棉。

14.7　酸碱废气的收集和处理

酸碱废气是造纸、印染等工业中的工艺过程中产生的，属于无机化学成分，常规的处理方法是用喷淋塔或其他塔形设备进行传质反应。它的系统组成是传质塔加风机这种吸集净化方式，出现了投资运行等方面的问题。用强力传质洗气机可取代此项技术方法，并可收到高效低耗的效果。

（1）制浆工段废气治理方案

某制浆分厂制浆工段共三层。一层为洗料池，二层放置七个蒸球，三层为给料层，三层屋顶放置两台给料加碱液装置。每个蒸球体积为 $40m^3$，每个球每次加 6t 棉纤维，2t NaOH 药液，蒸煮工作周期为 6h，每次开盖时，释放出大量有味的高温碱性废气，在车间内外四处扩散，影响工作及生活环境，需要对其进行收集及治理。北京市劳动保护科学研究所科技发展公司，北京新阳光技术开发公司，是取得了国家有关部门各项资质的专业从事大气污染治理的企业。工程技术人员通过实地考察认为我公司生产的 YZL 型净化风机系列产品，非常适合用于蒸煮车间废气的收集、降温凝聚及净化，在不影响生产工艺并结合现场条件的情况下，我公司提出如下废气治理方案。

① 净化设备选型。如按传统方式采用车间整体封闭式排风方案，按车间体积及标准换气次数计算，排风量至少在 $200000m^3/h$ 以上。由于车间要整体封闭，还要考虑增加相应的送风系统，必将造成大量的能源浪费。

据考察，七个蒸球连续工作周期为 6h，每次开盖装卸料时间大约为 15min，可以间隔进行。利用开盖时间间隔，可以采用污染点逐台处理废气的方式。

据现场情况及研讨认为，逐台处理风量应在 $30000m^3/h$ 左右，所以选定 YZL-No9/2 型净化风机两台，为防酸、碱腐蚀，选不锈钢材质制作设备，其主要性能指标为风量 $Q=10087\sim22138m^3/h$，风压 $P=1514\sim2585Pa$，电机功率 $N=22kW$，不锈钢水泵流量 $Q=10T/h$，扬程 20m，功率 $N=3kW$，设备两台并联，在装卸料时常开一台，使车间处于微负压状态，用以排除制浆池中挥发出的气体；另一台在卸料时工作，以满足排气的需要。在每台设备进风管路处安装单向阀。

② 净化系统设计。蒸煮过程使用大量的工业碱，蒸气属于碱性，由于本厂其他工艺排有酸性废水，根据以废治废的原则可引酸性废水作为洗涤液，中和碱性废气。由于洗涤液不需要使用循环液，保持低温，能使系统内的高温蒸气大幅度凝聚降温回收。由于净化洗涤系统用水量较大，需在原有基础上增加脱水设施。净化系统回收的废水可经原有的污水管网去水处理厂进行统一处理。

③ 排风系统设计。在给料层内上顶，安装一套主管线，管道截面积为 $S=0.7m^2$，管内风速 $V=12m/s$，使管道至蒸煮罐的距离最短并尽量相等。

排烟（汽）罩安装在料口上方，在打开装料口密封门的过程中，集汽罩为半封闭，当操作完成后，集汽罩为全封闭式工作，在楼板下部，以装料口为中心，在蒸煮罐四周形成负压区，使蒸煮罐倒料时产生蒸汽在负压区内，防止蒸汽外逸。

集汽后，可将风机及阀门关闭，用天车将集汽罩移开，或放置在下一个将开启的工位上，移动式快接集汽罩可加工两个或两个以上（按需要设计）。

④ 电路控制部分。在电路配制上配有变频器，其作用为保护电机正常运行，可实现软启动，并可在非卸料时间以较低负荷运行，能随时把水池内挥发气体排出，又可节能。

（2）YZL 型净化风机

YZL 型净化风机结构及特点：YZL 净化风机集废气收集、降温凝聚、净化于一体，设备运行自动上水、自动排污，叶轮及内部结构易清洗，防腐蚀，设备运行更稳定，运行系统阻力更低。

在结构及装配设计上，采用了多种噪声与振动控制技术，系统运行能耗低。在外观设计上，采用多种新型复合材料，投资少，安装方便。

YZL 型净化风机的净化机理：YZL 型净化风机其净化机理等效于加压水式文丘里洗涤器，叶轮高速旋转使叶片与气流形成高速相对运动，叶轮线速度为 50～100m/s。在叶轮的上部直接喷洗涤液，在高速气流和高速叶片的作用下，把喷出的洗涤液滴打碎并雾化，颗粒物或有害气体和洗涤液之间发生直接混合、碰撞拦截、凝聚（降温）等过程并发生有效的化学反应。混合物离开叶轮后，开始气、液分离过程。气流切向进入脱水器，在机械及重力作用下使洗涤液沿脱水器壁向下集结流向水池，完成脱水过程。

（3）治理后效果

① 出风管道在气温 20℃ 以下无明显蒸汽。

② 出风管道味道明显减少，出风口外周边 20m 范围外无明显气味。

③ 所安装的净化设备进出口无明显噪声，并对厂界不造成影响。

制浆分厂制浆工段废气处理实物图如图 14-17 所示。

图 14-17
某公司制浆分厂制浆工段废气处理实物图

本章只列举了强力传质洗气机在各个领域应用的几个典型实例，经过 30 多年的研究，强力传质洗气机技术日益成熟，强力传质洗气机产品也是层出不穷，在环保领域和化工传质的应用面大，产品优势明显已是有目共睹。希望在作者和各界同仁的共同努力下，深入研究传质理论，探究传质方法，完善传质技术，有朝一日真正实现"传质革命"，为科技的发展、人类的进步迈出伟大的一步。

参 考 文 献

[1] 陈虎，李先保.矿用湿式除尘风机的研制 [J].机电工程技术，2015，44（12）：50-52.
[2] 段振亚，胡金榜，胡玲玲，等.文丘里洗涤器压力损失试验研究 [J].安全与环境学报，2004，4（6）：70-73.
[3] 郭建明.KSWS 湿式除尘装置在石圪节矿井的应用 [J].煤，2009，6：71-72.
[4] 金龙哲，李晋平，孙玉福，等.矿井粉尘防治理论 [M].北京：科学出版社，2010.
[5] 李德文.粉尘防治技术的最新进展 [J].矿业安全与环保，2000，1：10-12.
[6] 李玢玢，许勤，洪运，等.矿用湿式除尘器的发展与现状 [J].矿山机械，2016，11：4-9.
[7] 李小川，胡亚非，张巍，等.湿式除尘器综合运行参数的影响 [J].中南大学学报（自然科学版），2013，2：862-866.
[8] 李新宏，周新建，陈海安.掘进面引风-喷雾除尘器的设计研究 [J].矿山机械，2010，38（17）：27-29.
[9] 刘建军，章宝华.流体力学 [M].北京：北京大学出版社，2006.
[10] 刘立新，罗晶，司群猛，等.喷嘴数量对文丘里除尘器性能影响的模拟 [J].环境工程学报，2016，9：5063-5068.
[11] 宋马俊.美国矿山粉尘监测的程序 [J].矿业安全与环保，1991，4：48-52.
[12] 续魁昌，王洪强，盖京方.风机手册 [M].北京：机械工业出版社，2010.
[13] 谭天恩，窦梅.化工原理 [M].北京：化学工业出版社，2013.
[14] 孙伟，孙晨.国内选矿厂尘源分析和除尘设备概述 [J].中国矿山工程，2015，6：60-65.
[15] 王富强，张国栋.喷嘴选型改进对湿式除尘系统除尘效果提高的影响 [J].煤矿机械，2010，31（9）：144-146.
[16] 王伟黎.矿用湿式除尘器喷雾结构分析及优化研究 [J].煤矿机械，2015，36（12）：159.160.
[17] 巫亮.湿式除尘器中波纹板脱水技术的研究 [J].煤炭与工，2014，37（7）：67-73.
[18] 巫亮，尹震飚，王伟黎，等.除尘器逆向喷雾雾粒运动轨迹建模与应用研究 [J].矿业安全与环保，2015，42（1）：28-31.
[19] 闫晓霖，张前程.文丘里湿式除尘器在气溶胶分离系统中的应用 [J].内蒙古煤炭经济，2008，6：52-57.
[20] 钟孝贤.国内外矿用湿润层除尘器简介 [J].工业安全与防尘，1989，6：23-25.
[21] A. M. SILVA. Experiments in large scale venturi scrubber [J]. Chemical Engineering & Processing Process，2008，1：424-431.
[22] PETERSEN H H. Performance of electrostatic precipitators [J]. Elsevier，1986：22-23.
[23] AGRANOVSKI I E，WHITCOMBE J M. Optimisation of venturi scrubbers for the removal of aerosol particles [J]. Journal of Aerosol Science，2002：164-165.
[24] RAMSHAW C. Higee distillation-an example of process intensification [J]. Chemical Engineer，1983，2：13-14.
[25] SCHILLER S，SCHMID H J. Highly efficient filtration of ultrafine dust in baghouse filters using precoat materials [J]. Powder Technology，2015，3：96-105.
[26] VISWANATHAN S，ANANTHANARAYANAN N V，AZZOPARDI B J. Venturi Scrubber Modelling and Optimization [J]. The Canadian Journal of Chemical Engineering. 2005：194-203.
[27] TODD D B，MACLEAN D C. Centrifugal vapor-liquid contacting [J]. British Chemical Engineering. 1969，14（11）：598.
[28] AUSTRHEIM T，LARS H. GJERTSEN，A C. An experimental investigation of scrubber internals at conditions of low pressure [J]. Chemical Engineering，2007，5：95-102.
[29] GAMISANS X，SARRÀ M，LAFUENTE F J. Gas pollutants removal in a single-and two-stage ejector-venturi scrubber [J]. Journal of Hazardous Materials，2002：251-266.

结　语

　　《强力传质洗气机技术及应用》一书从流体力学和物理化学相关基础理论出发，到 LAT 径混式风机的设计，再到强力传质洗气机的技术和试验。按照从理论到技术，再到实践的思路，详细阐述了这一新型技术的设计理念和实践成果。

　　在环保领域，强力传质洗气机完全可以与静电式除尘器、袋式除尘器相比拟，成为这一领域三大主流设备之一，并有着重要的地位；在化工传质领域，强力传质洗气机在投资、运营、效率等方面显现出来的优势，可完全替代传统化工行业所用的喷淋塔、孔板塔、填料塔等传质设备，并将占有主导地位。

　　强力传质洗气机技术及设备除了在诸多领域的应用成果外，其中所提出的换乘理论、气液固膜理论、加速度传质场、渗滤、变刚度隔振器以及无基础隔振等理论都属于原始创新。

　　《强力传质洗气机技术及应用》一书是作者三十多年研究的成果。迄今为止，传质技术无论在环保领域还是在化工领域都有着十分重要的地位，可以说是众多新型技术的根本，高效低能耗的传质技术一直以来都是广大科学工作者和技术工作者追求的目标。经过三十余年的研究和实践，强力传质洗气机技术无论从理论设计还是实际应用上都取得了一定的成绩。但是，没有任何一种理论或技术是绝对完美的，强力传质洗气机技术也在随着时代的发展以及相关科技的进步不断完善，这也是作者一直奋斗的动力。

编者